Linux命令行与Shell脚本编程

何伟娜 郝 军 编著

清華大學出版社
北 京

内 容 简 介

现在Linux系统的应用越来越广泛，而在Linux系统下的自动化运维工作也越来越多，使用Shell脚本可以通过自动化运维来提高运维效率。本书是一本纯粹的Linux系统管理与Shell编程入门书，目的是帮助读者理解Linux系统，并学会使用Shell脚本来完成Linux下各种复杂的运维工作。

本书共23章，内容包括初识Linux和Shell、走进Shell、Bash Shell基础命令、更多的Bash Shell命令、变量和环境变量、使用特殊符号、管理文件系统、使用编辑器、结构化命令、Shell 中的循环结构、创建函数、处理数据的输入、处理数据的输出、图形化 Shell 编程、安装软件程序、正则表达式、grep 命令、sed 编程、gawk 编程、脚本控制、Shell 脚本系统管理实战、Shell 脚本数据库操作实战、两个 Shell 脚本编程实战。

本书内容详尽、示例丰富，适合Linux初学者、Shell编程初学者、自动化运维脚本开发人员阅读，可作为Linux系统运维人员的参考书，也可作为高等院校和培训机构计算机相关专业的补充教材。

本书封面贴有清华大学出版社防伪标签，无标签者不得销售。
版权所有，侵权必究。举报：010-62782989，beiqinquan@tup.tsinghua.edu.cn。

图书在版编目（CIP）数据

Linux命令行与Shell脚本编程/何伟娜，郝军编著. —北京：清华大学出版社，2021.7 (2024.2重印)
ISBN 978-7-302-58222-9

Ⅰ. ①L… Ⅱ. ①何… ②郝… Ⅲ. ①Linux操作系统—程序设计 Ⅳ. ①TP316.85

中国版本图书馆CIP数据核字（2021）第098972号

责任编辑： 夏毓彦
封面设计： 王　翔
责任校对： 闫秀华
责任印制： 沈　露

出版发行： 清华大学出版社
网　　址： https://www.tup.com.cn, https://www.wqxuetang.com
地　　址： 北京清华大学学研大厦A座　　**邮　　编：** 100084
社 总 机： 010-83470000　　**邮　　购：** 010-62786544
投稿与读者服务： 010-62776969，c-service@tup.tsinghua.edu.cn
质量反馈： 010-62772015，zhiliang@tup.tsinghua.edu.cn
印 装 者： 三河市君旺印务有限公司
经　　销： 全国新华书店
开　　本： 190mm×260mm　　**印　　张：** 25.25　　**字　　数：** 667千字
版　　次： 2021年7月第1版　　**印　　次：** 2024年2月第3次印刷
定　　价： 119.00元

产品编号：086703-02

前　言

读懂本书

当前 Unix/Linux 操作系统已经占据了操作系统的半壁江山，能操作这些系统的人才却非常缺乏，大部分初学者都习惯使用 Windows。即使许多初学者学会了使用 Linux 系统，对一些 Linux 下的脚本开发和运维技能却无法快速掌握。本书的目的就是解决这两个痛点：

一是让初学者平滑地从 Windows 过渡到 Linux，书中有很多 Windows 和 Linux 系统的对比，初学者可以通过对比深入了解 Linux 系统的文档结构。

二是让初学者掌握 Linux 系统下提高运维效率的工作技巧，这就是使用 Shell 实现更多的自动化运维。目前，掌握 Shell 脚本基本编程技能已经成为各大公司面试运维人员的主要要求。

也就是说，只有学好了 Shell 脚本，才能更高效地做好 Linux 的日常维护工作。

目前图书市场上关于 Shell 编程开发的图书不少，但真正从实际应用出发，能够详尽地介绍相关知识，以供没有任何 Linux 基础的读者来学习的图书却很少。本书使用 Ubuntu Server 20 系统，以简明和入门为主旨，讲解从易到难、由浅及深，让读者全面、深入地理解 Shell 编程开发以及 Linux 系统管理的基本知识，从而从根本上提高读者的系统管理水平，帮助读者掌握利用脚本进行自动化运维的技能。

本书特色

1. 源码单独成章

本书中的源代码按照章节的顺序单独放置，并且每个示例脚本都通过了验证，便于读者借鉴和使用。

2. 涵盖 Shell 编程开发用到的几乎全部常用知识

本书涵盖 Shell 编程开发过程中常用的、几乎全部的知识，内容详尽。既可以作为初级学者的学习教材，也可以作为一般 Linux 系统运维人员的工具书，方便随时查阅。

3. 项目案例典型，实战行强，有较高的应用价值

本书最后三章分别提供了三类脚本实战案例。这些案例来源于作者所开发的实际应用，具有较高的应用价值和参考价值。这些案例功能分析详细，便于读者融会贯通地理解本书中所介绍的脚本编程技术。另外，这些案例稍加修改，便可用于实际脚本开发中。

本书内容

第 1 章　初识 Linux 系统

本章主要介绍 Linux 系统的基础知识。内容包括 Linux 系统基础、文件系统基础、Linux 系统的登录与退出以及系统基本选项配置。

第 2 章　走进 Shell

本章主要介绍 Shell 脚本的基础知识。内容包括 Shell 脚本基础内容、如何使用 Shell 终端、Shell 命令格式，以及如何编写最简单的 Shell 脚本。

第 3 章　Bash Shell 基础命令

本章主要介绍 Shell 命令使用基础。内容包括文件类型、文件路径、文件属性、文件权限、用户和用户组以及几个特殊目录。除此之外，还介绍用户和用户组管理的相关命令、文件和目录操作的相关命令、系统管理的相关命令等。

第 4 章　更多的 Bash Shell 命令

本章主要介绍 Linux 系统下程序监测相关命令、磁盘空间监测相关命令、文件处理相关命令，这些命令能够帮助我们更好地使用 Linux 系统。

第 5 章　变量和环境变量

本章主要介绍如何在 Shell 脚本中使用变量。内容涉及变量的简单使用、如何输入和输出变量、特殊变量的使用、环境变量的设定与使用、特殊的变量数组和字符串的使用。

第 6 章　使用特殊符号

本章主要介绍特殊符号在编写 Shell 脚本时的使用方式。内容涉及引号在 Shell 脚本中的应用（包括单引号、双引号和倒引号）、通配符和元字符的使用、管道的使用、其他特殊字符（如后台运行符、括号、分号等）的使用。

第 7 章　管理文件系统

本章主要介绍如何管理 Linux 文件系统。内容涵盖日志文件系统基础、创建分区、创建文件系统、文件系统的检查与修复等。

第 8 章　使用编辑器

本章主要介绍如何在 Linux 系统中使用文本编辑器进行脚本的编写。内容包括 Linux 系统中常用的文本编辑器 vim、nano、Emacs、GNOME 编辑器的使用。

第 9 章　结构化命令

本章主要介绍结构化命令的使用方式。内容包括条件测试命令的使用、if 分支结构的使用、case 分支结构的使用。

第 10 章　Shell 中的循环结构

本章主要介绍如何在 Shell 脚本中使用循环结构。内容涵盖 for 循环结构的使用、while 循环结构的使用、循环嵌套的使用、循环控制符 break、continue 的使用等。

第 11 章　创建函数

本章主要介绍函数在 Shell 脚本中的使用方式。内容涉及函数的基本用法、函数的返回值、函数中全局变量和局部变量的区别，以及数组在函数的中的作用、函数的递归使用、函数的嵌套。

第 12 章　处理用户输入

本章主要介绍如何在脚本执行时处理用户输入信息。内容涉及命令行参数、特殊参数变量、处理选项、选项标准化、获取用户输入。

第 13 章　呈现数据

本章主要介绍 Shell 编程时如何处理输出信息。内容包括输入和输出的基本知识、重定向输出、重定向输入、创建自己的重定向，以及在处理输出时的常用操作，如列出文件描述符、清空命令输出、记录消息等。

第 14 章　图形化桌面环境中的脚本编程

本章主要介绍如何使用 Shell 脚本来进行图形化编程。内容涉及 dialog 软件包的使用、在 Shell 脚本运行时添加颜色效果、菜单的创建等。

第 15 章　安装软件程序

本章主要介绍如何安装软件程序。内容包括包管理基础、基于 Debian 的包管理以及基于 Red Hat 的包管理。

第 16 章　正则表达式

本章主要介绍正则表达式的使用。内容包括正则表达式的基本介绍、正则表达式中的常用符号，以及正则表达式的实战练习。

第 17 章　grep 命令

本章主要介绍如何在 Shell 脚本中使用 grep 命令。内容涉及 grep 的基本使用方式以及常用选项的使用、grep 命令和正则表达式的协同使用、grep 命令和系统命令的协同使用。

第 18 章　sed 编程

本章主要介绍如何在 Shell 脚本中使用 sed 命令。内容涉及 sed 基本知识、sed 的使用及其使用示例。

第 19 章　gawk 编程

本章主要介绍 gawk 命令的使用方式。内容涵盖 gawk 概述、变量在 gawk 中的使用、各种结构在 gawk 中的使用、函数在 gawk 中的使用。

第 20 章　脚本控制

本章主要介绍如何在 Linux 系统中控制脚本的执行。内容包括 Linux 信号控制机制、开机运行脚本的方法、后台运行脚本的方法、脚本运行优先级管理。

第 21 章　Shell 脚本系统管理实战

本章主要介绍 Shell 脚本来完成系统的管理。内容涉及系统监测脚本的编写、计划任务的实现、网络管理、日志管理。

第 22 章　Shell 脚本数据库操作实战

本章主要介绍如何在 Shell 脚本中操作数据库。内容涵盖 Linux 系统中的基本数据库：SQLite、MySQL、SQL 语言，以及如何在 Shell 中执行 SQL 语句，最后还有一个图书管理系统的操作实例。

第 23 章　两个 Shell 脚本编程实战

本章主要通过创建日志文件和远程复制文件两个操作来介绍 Shell 脚本的编程方法。内容包括 date 命令和 cut 命令、scp 命令和 fput 命令、如何创建日志文件、如何进行远程复制文件。

本书读者

- Linux 系统管理员与网络管理员；
- Linux 系统运维人员；
- Shell 编程初学者；
- Linux 系统初学者；
- 希望提高 Shell 编程水平的人员；
- 高等院校和专业培训机构 Linux 课程教学的师生；
- 需要一本案头必备查询手册的从业人员。

本书作者

本书第 1~15 章由平顶山学院的何伟娜创作，第 16~23 章由郝军创作。

源码下载

源码下载，请用微信扫描右边二维码，可按扫描出来的页面填写自己的邮箱，把链接转发到邮箱中下载。如果学习本书过程中发现问题，请联系 booksaga@163.com，邮件主题为“Linux 命令行与 Shell 脚本编程”。

作者

2021 年 4 月

目　　录

第 1 章

初识 Linux 和 Shell

Shell 脚本的编写依赖于 Linux 系统，因为脚本的编写、执行、修改都需要在 Linux 系统之上。所以在正式介绍 Shell 脚本的相关内容之前，首先介绍 Linux 的基础知识，从而为后面讲解如何编写 Shell 脚本打下基础。

本章的主要内容如下：

- Linux 系统基础介绍
- Linux 系统的文件系统介绍
- Linux 系统的基本使用
- Shell 的初步介绍

1.1 Linux 系统基础

Linux 系统最初源于 Unix 系统，是一套类 Unix（Unix-like）的操作系统，也是 Unix 系统的一种，Linux 系统是一类 Unix 计算机操作系统的统称。Linux 操作系统也是自由软件和开放源代码发展中比较著名的例子，发展到现在已经经历了二十余年，下面将简要介绍 Linux 系统的发展以及它与 Windows 系统的区别。

1.1.1 Linux 系统的发展

对于 Windows 系统来说，其核心代码是不对外公布的。这样虽然对于系统的保密性和安全性起到了一定的作用，但从长远来说，不利于技术的发展和进步。1983 年，理查德·马修·斯托曼（Richard Stallman）创立了 GNU 项目（GNU Project）。这个计划的目标是发展一个完全免费、自由的类 Unix 操作系统，从而打破操作系统的源码只在少数人手中的限制，打破软件技术发展的瓶颈。

1991 年 4 月，芬兰赫尔辛基大学学生林纳斯·托瓦兹（Linus Torvalds）由于不满意 Minix 这个教学用的操作系统，出于个人爱好，开发出了 Linux 系统的第一个版本 Linux 0.01。此时的 Linux 系统还需要运行在 Minix 系统之下，林纳斯宣布该系统可以被任意地下载和修改，希望大家能够对这个系统进行完善。许多专业程序员加入其中，他们自愿地开发 Linux 系统的应用程序，并借助 Internet 拿出来让大家一起修改，所以它周边的程序越来越多，Linux 本身也逐渐发展壮大起来。在所有开发人员的共同努力下，GNU 组件可以运行于 Linux 内核之上。直到 1994 年 3 月，Linux 1.0 版正式发布。自此，Linux 系统以崭新的形式投入到市场中。

Linux 系统是一种免费的操作系统，这种免费不单单指可以自由地从互联网上传、下载 Linux 操作系统，对于大多数人来说，免费最重要的含义是 Linux 系统是一种自由软件，用户可以自由地修改 Linux 系统的源代码，从而满足自己的实际需要。当修改完之后，还可以将修改的内容上传到互联网上，供其他人员学习或修改。这样既提高了个人的能力，也帮助了 Linux 系统修复 BUG 和更新系统，从而提高了 Linux 系统的稳定性和执行效率。

Linux 系统发展至今存在很多的发行版本。在每一种发行版本中都包括 Linux 内核、必备的 GNU 程序库和工具、命令行 Shell、图形界面的 X Window 系统和相应的桌面环境，并且还有数量众多的应用软件和应用程序。Linux 应用范围比较广泛的发行版本如下：

- Ubuntu
- Red Hat
- Suse
- Fedora Core
- Red Flag（红旗）

在上面的 Linux 系统发行版本中，每一种发行版本都可以独立使用。用户可以根据自己的需要来选择使用相应的版本。

1.1.2 Linux 系统和 Windows 系统的区别

在日常工作和生活中，初学者一般使用的操作系统为 Windows 操作系统。如果用一句话概括 Linux 系统与 Windows 的主要区别，那就是：Linux 是自由的软件。

（1）Linux 对硬件要求较低，Windows 要求较高。Windows 一般都要求硬件有最低配置，这个最低配置仅是保证 Windows 系统能够正常运行，安装其他大型软件（如 Photoshop）后可能系统运行很慢。对于 Linux 系统来说，保证 Windows 系统正常运行的最低配置就能够让 Linux 系统运行得非常顺畅，即使增加几个应用程序，也同样可以正常使用。

（2）Linux 系统和 Windows 系统都提供了较好的网络功能，但是在安全与稳定方面却存在着差异。Linux 包括对当前 TCP/IP 协议的完全支持，并且包括对下一代 Internet 协议 IPv6 的支持，Linux 内核还包括 IP 防火墙代码、IP 防伪、IP 服务质量控制及许多安全特性。因此，其网络性能要优于 Windows 系统。

（3）微软的 Windows 产品是专门为桌面系统设计的，面向中、低端用户，友好的界面使其在计算机操作系统市场占据了较高的市场份额。虽然 Linux 有两个不错的图形操作界面（GMONE 和 KDE），也能提供不错的桌面服务，但用起来不及 Windows 系统方便灵活，这严重影响了 Linux 的普及率。

（4）两者 BUG 的多少也是主要区别。由于源代码开放的特点，成千上万的人可以开发 Linux，快速找到并修改其错误代码，而且许多硬件厂商也可以直接阅读其源代码，从而迅速提供对它的支持。Windows 系统在这方面就差多了。

1.1.3 Linux 的启动过程

Linux 系统的启动过程是指从用户通电、开机到可以输入用户名和密码登录系统的这段过程，当计算机执行这段过程时，所有的信息都在屏幕上一闪而过，并且会出现很多的提示信息。因此对于初学者来说，Linux 的系统启动过程会显得非常“神秘”，但是实际上 Linux 的启动并没有想象中的那么复杂。Linux 系统的启动过程如图 1-1 所示。

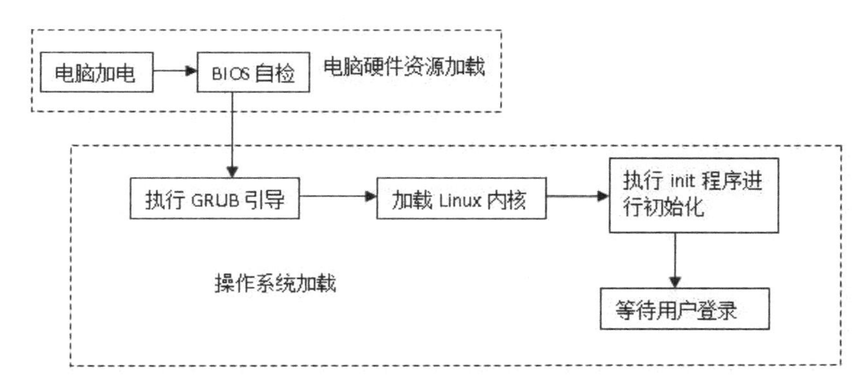

图 1-1　Linux 系统启动示意图

当电脑开机后，首先会启动 BIOS 程序进行系统自检。当自检通过后就会进入到硬盘的 MBR（主引导记录）中执行存储在该区域的程序。这个程序就是 Linux 系统中的 GRUB 程序（系统引导程序），GRUB 程序的主要作用就是确定存储在硬盘中的操作系统从什么地方启动，配置文件 /boot/grub/grub.conf 存储了在硬盘中记录的所有的操作系统以及操作系统的存储信息，该文件的内容如下：

```
# DO NOT EDIT THIS FILE
#
# It is automatically generated by /usr/sbin/grub-mkconfig using templates
# from /etc/grub.d and settings from /etc/default/grub
#

### BEGIN /etc/grub.d/00_header ###
if [ -s $prefix/grubenv ]; then
   load_env
fi
set default="0"
if [ ${prev_saved_entry} ]; then
   set saved_entry=${prev_saved_entry}
   save_env saved_entry
   set prev_saved_entry=
```

```
    save_env prev_saved_entry
    set boot_once=true
fi

function savedefault {
    if [ -z ${boot_once} ]; then
        saved_entry=${chosen}
        save_env saved_entry
    fi
}

//省略部分文件内容

### BEGIN /etc/grub.d/40_custom ###
# This file provides an easy way to add custom menu entries.  Simply type the
# menu entries you want to add after this comment.  Be careful not to change
# the 'exec tail' line above.
### END /etc/grub.d/40_custom ###
```

在配置文件/boot/grub/grub.conf 中，语句 default 是指默认使用哪个操作系统，所有的操作系统都在 GRUB 画面中显示。在启动系统时，GRUB 将直接体现为操作系统选择菜单。在系统启动时，会出现一个操作系统选择菜单，用户可以根据需要进行选择。其基本内容如图 1-2 所示。

图 1-2　操作系统选择菜单

对于图 1-2 所示的操作系统选择菜单来说，光标所在的位置就是马上要进行启动的操作系统。在实际使用时，可以根据实际需要使用上下箭头来选择启动哪个系统。如果在默认的时间内没有选择，系统自动选择两条所在的位置所指示的系统进行启动。该默认时间可以在配置文件 grub.conf 中进行修改。

图 1-2 所示的操作系统选择菜单只有在硬盘中包含多个操作系统时才会出现。而且该菜单显示的内容和本机上安装的是哪些系统有关系，因此，其显示的内容不会完全和图示中的一样。一般情况下，操作系统选择菜单中显示的内容与配置文件 grub.conf 中的 title 后面的内容相同，存在多少个 title，那么在选择菜单中就出现多少个选项。如果只存在一个操作系统，那么在操作系统选择菜单中仅显示一条选项。在配置文件 grub.conf 中设定 default 的数值是多少，那么默认的操作系统就是哪一个。

注　意
default 的初始值为 0，而不是 1，因此在确定默认的操作系统时要注意选项的位置为 default 值再加 1。

在选择了合适的操作系统之后，启动 init 服务对操作系统进行初始化。启动 init 服务实际上就是执行 init 程序，该程序是 Linux 系统运行的第一个程序，也是在 Linux 系统中运行的第一个进程，该程序根据启动模式（run level）来确定如何启动系统。

对于 Ubuntu 系统来说，启动模式一般分为 7 种，其相应的作用如表 1-1 所示。一般情况下，采用的 run level 为 1、3、5 这 3 种启动模式。对于启动模式 0 和 6 来说，一般不会设定启动模式，否则在开机之后就会直接关机或重启，而无法正常使用系统。

表 1-1 Linux 系统的启动模式

启动模式（run level）	作用介绍
0	关机
1	单用户模式，只允许 root 账号登录
2	用户自定义模式登录
3	文本模式登录
4	用户自定义模式登录
5	图形界面方式登录
6	重启

在终端运行如下命令查看本机的启动模式：

```
ben@ubuntu:~$runlevel
N 5
```

这表示启动模式是图形界面。在 RHEL 7 和 Ubuntu 16 之后的版本中，Linux 使用 systemd target 代替了 run level，使用如下命令查看当前启动模式：

```
ben@ubuntu:~$ systemctl get-default
graphical.target
```

表 1-2 是 systemd target 对应的启动模式。

表 1-2 systemd target

启动模式(target)	值	作用介绍
runlevel0.target	poweroff.target	关机
runlevel1.target	rescue.target	单用户模式，只允许 root 账号登录
runlevel2.target	multi-user.target	用户自定义模式登录
runlevel3.target	multi-user.target	文本模式登录
runlevel4.target	multi-user.target	用户自定义模式登录
runlevel5target	graphical.target	图形界面方式登录
runlevel6.target	reboot.target	重启

如果需要更改启动模式为命令行模式，则使用如下命令：

```
ben@ubuntu:~$ sudo systemctl set-default runlevel3.target
```

1.2 Linux 文件系统基础

文件系统是操作系统对系统中所有文件存储空间的组织和分配，是操作系统的基本功能之一。文件系统主要负责文件的存储，并对存入的文件进行保护和检索。具体地说，文件系统实现了对文件的增加、修改、删除以及检索的功能，本节将对 Linux 系统的文件系统结构进行讲解。

注　意
在本书中所有的操作都是基于 Ubuntu 20.04 这一操作系统版本，而其他的操作系统和该版本存在一定的差别，但是其基本的使用方式一致。

1.2.1 必须了解的节点 inode

在任何一个操作系统中都存在着数以千百计的文件，文件系统的作用就是对这些数量众多的文件进行组织和管理，从而及时响应用户的访问，并且使得文件不会丢失。常见的文件系统类型包括：

- FAT 系列
- NTFS
- ext 系列

对于 Linux 系统来说，采用了与 Windows 系统完全不同的文件系统结构，在 Windows 系统中，常用的文件系统类型为 NTFS 或 FAT32 这两种形式，而在 Linux 系统中采用的是 ext 文件系统。ext 文件系统是一种日志式文件系统，使用该类型的文件系统除了保存文件的内容之外，还存储了文件的许多属性和权限，因此，在 Linux 系统中，一般使用节点（inode）的方式来存储文件。

对于任何系统来说，系统中的文件都存储在磁盘中。磁盘中最小的存储单位是扇区，每一个扇区只有 512 个字节。对于现在的磁盘来说，扇区的数量是非常多的，并且不利于文件内容的存储。因此在 Linux 系统中实际上是按照块进行存储的。一个块一般由 8 个连续的扇区组成。在块中，存储着文件的创建者、创建日期、上一次的修改日期、文件的大小等基本信息。这些储存文件基本信息的区域就称为 inode，即索引节点，一个索引节点对应着一个文件，索引节点的内容如下：

- 文件的大小。
- 文件创建者，使用 ID 表示。
- 文件的所属组。
- 文件的读、写、执行权限。
- 文件的时间属性，包括上一次 inode 被修改时间、文件内容上一次修改时间、上一次打开时间。
- 链接数，包括软链接和硬链接两种。
- 文件中数据 block 的位置。

从上面的介绍中可以看出，在 Linux 系统中，一个完整的文件信息包含以下两部分：

- inode 信息。
- 数据信息。

数据信息显然是存储文件的具体数据，而 inode 信息则存储文件的索引信息，该部分信息同样占用硬盘空间。每个 inode 节点的大小一般是 128 字节或 256 字节。inode 节点的总数是在磁盘格式化时指定的。如果指定的 inode 节点全部被使用了，那么就不允许再创建新的文件。

注　　意
使用 stat 命令可以查看文件的索引节点 inode 信息，并且在索引节点中不包含文件名。

1.2.2　Linux 系统文件结构

Linux 系统的文件系统结构采用了一种称为树形结构的组合方式，所谓树型结构就是所有的文件的父级目录最终都能归结到一个相同的目录中，这个目录被称为系统的根目录，使用符号“/”表示，在根目录中存在着其他的子目录。Linux 系统的目录结构如图 1-3 所示。

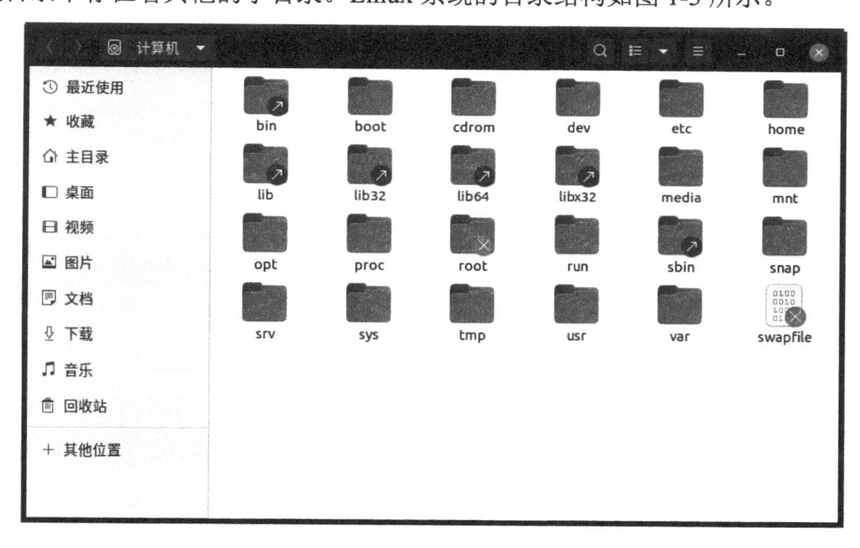

图 1-3　Linux 系统目录结构

从图 1-3 所示可以看出，在根目录中包含很多目录，就像是树的枝叶一样，依赖于根的存在，从而“生枝发芽”。根目录中的每一个目录在 Linux 系统中都有着不可替代的作用。这些目录的作用如表 1-3 所示。

表 1-3　Linux 系统中目录及其作用

目录名称	作　　用
/	系统的根目录，包含系统中其他的所有文件
bin	存放系统启动时需要执行的二进制文件
boot	存放系统启动时需要的文件
cdrom	光驱目录
dev	存放设备驱动程序等文件

（续表）

目录名称	作　用
etc	存放各种配置文件
home	普通用户的主目录，存放普通用户的个人信息。按照系统中用户的登录名而使用不同的目录文件
lib\lib32\lib64\libx32	都是存放系统需要的动态库以及核心模块。一般情况下，系统自动匹配应用程序与其应该调用的位数的库
media	存放媒体文件
mnt	用于挂载系统之外的文件系统。需要提前创建挂载的目录
opt	通常用来安装第三方的软件包
proc	存放 Linux 系统的所有内核参数以及系统的配置信息，按照进程的编号进行存取，是虚拟文件系统
root	root 用户的主目录，存放启动 Linux 系统的核心文件，如操作系统内核、引导程序 GRUB 等
run	存储在内存中的临时文件系统，属于系统运行时文件
sbin	可执行文件目录，存放系统管理的命令，root 用户或具有 root 权限的用户才能执行里面的命令，普通用户无法使用
snap	Ubuntu 全新软件包管理方式，snap 软件包都在这个目录下
srv	服务启动后需要访问的数据目录
sys	跟 proc 一样是虚拟文件系统
tmp	临时文件目录，系统启动后的临时文件均存放在/var/tmp 中
usr	用户目录，存放用户文件
var	包含了运行时要改变的数据

Linux 系统按照表 1-3 中介绍的目录的作用对 Linux 系统中的文件进行处理，将所有的文件进行分门别类，按照每个文件的作用决定文件的存储位置。而对于用户来说，如下几个算是比较重要的目录：

- usr 目录
- var 目录
- etc 目录
- proc 目录

上面 4 个目录中存储了 Linux 系统运行的常用信息，下面分别介绍这 4 个目录中存储的内容及其作用。

（1）usr 目录中存储的内容一般是用户文件，在 usr 目录中每个目录的作用也不尽相同。常用目录的作用如表 1-4 所示。

表 1-4 usr 目录中的内容及作用

目 录	作 用
bin	存放用户可以直接执行的所有的命令
sbin	存放与系统管理员相关的命令，如服务器的程序等，需要 root 用户或具有 root 权限的用户才可以执行
include	存放 C 和 C ++语言的头文件，其他编程语言的相关文件存放在其他的目录中
local	本地安装程序的默认安装目录

（2）var 目录一般包含了运行时要改变的数据，这些数据不通过网络与其他的计算机共享。常用的目录及其作用如表 1-5 所示。

表 1-5 var 目录中的内容及作用

目 录	作 用
local	/usr/local 中安装程序的可变数据
lock	锁定文件，防止当前文件在使用时，被其他的程序修改
log	存储系统的各种日志文件，存储 Linux 系统的所有操作信息，如所有核心和系统程序信息
run	保存到下次引导前有效的、关于系统的信息文件
spool	存储队列，涉及 email、news、打印队列等
tmp	存储临时性文件，存储的文件比/tmp 中的文件要大或存储的时间较长

（3）etc 目录中存放着系统中的所有的配置文件，如各种服务器、网络设备、系统的操作参数等文件，其主要的目录或文件如表 1-6 所示。

表 1-6 etc 目录中的内容及作用

目 录	作 用
rc 或 rc.d 或 rc*.d	存储系统的启动脚本或改变运行级别的脚本
python3	Python 3 版本下的配置
group 文件	存储用户组的相关信息
issue 文件	登录提示符前的输出信息，通常包括系统的一段短说明或欢迎信息。内容由系统管理员设定
shadow 文件	存储用户登录密码，明文和密文相对应，使用 md5 算法进行加密
profile 文件	创建全局变量，一般存放的是环境变量
shells 文件	包含可以使用的 Shell

（4）proc 目录中存放着系统运行时的一些信息，如内存信息、设备信息、CPU 信息等，这些信息记载着系统当前的运行状态，用户可以通过这些文件了解系统当前的运行状况，作为处理其他相关内容时的“参照”。proc 目录的内容如表 1-7 所示。

表 1-7　proc 目录中的内容及作用

目　录	作　用
1 等序列号文件	存储进程 init 的信息，每一个进程号都有相应的目录文件存储相关信息
cpuinfo 文件	存储 CPU 相关信息，如制造商、基本性能参数等
devices 文件	存储当前运行的核心配置的设备驱动列表
dma 文件	显示当前使用的 DMA 通道
loadavg 文件	显示平均负载，指示系统当前的工作量
modules 文件	显示当前系统加载了哪些核心模块
meminfo 文件	存储物理内存和交换内存的实用信息
uptime 文件	系统启动的时间
version 文件	核心版本

上面介绍的几个目录是系统的主要目录，也是在实际应用中操作频率较高的目录，但不表示其他目录不重要，其他目录中存储的信息在某些方面也是用户需要的，因此只有了解了所有的目录和文件的作用，才能在需要的时候找到合适的目录，进而进行各种相应的处理。

注　意

对于除了用户的主目录之外的目录，都需要 root 权限或相应的权限才能读取里面的文件内容，否则会提示“权限不足”。

1.3　学会 Linux 系统的基本使用

前面介绍了 Linux 系统的一些基本知识，如 Linux 系统的发展历史以及与 Windows 系统的区别。本节将详细介绍 Linux 系统的基本使用，如系统的登录与退出、Linux 系统的启动过程、基本的系统选项配置等，这些内容是使用 Linux 系统的基本操作，需要读者熟练掌握。

1.3.1　系统的登录与退出

Linux 系统在使用之前必须成功登录才能进入系统，而在登录时需要输入用户名和密码。用户名和密码是用户在安装系统时设定的，此外还可以选择使用任何合法的用户名登录。所谓的合法用户名，是在 Linux 系统中能够找到并且具有一定权限的用户。登录界面如图 1-4 所示。

在图 1-4 所示的登录界面中，可以使用默认的用户登录，就是显示出来的第一个用户，也可以选择其他用户登录。在登录时不管使用哪个用户登录，都需要输入用户的登录密码。默认用户的登录密码是在安装 Ubuntu 系统时设定的密码，而其他的用户密码可以通过 root 用户来进行设定或修改。

输入密码后系统验证密码以及用户的合法性，如果用户名和密码匹配成功，就会成功登录系统；如果不匹配，就会提示用户名或密码错误，从而阻止用户的登录，如图 1-5 所示。

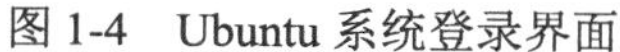
图 1-4 Ubuntu 系统登录界面

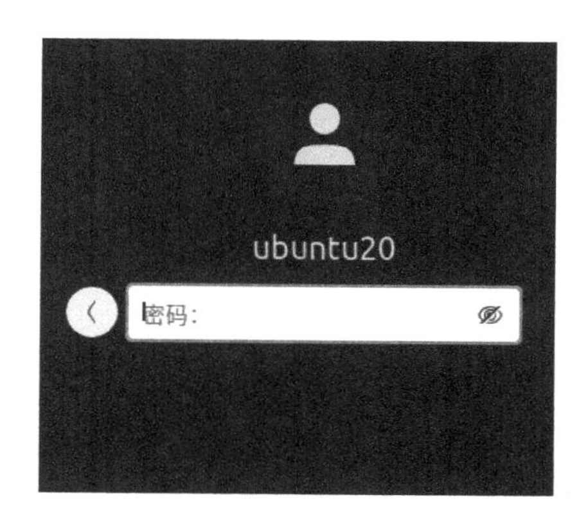

图 1-5 输入用户登录密码错误

在输入用户的登录密码错误之后，会自动回到登录界面，允许再次输入用户名和密码进行登录。

使用默认用户登录之后，执行命令时只有普通用户的权限，除了使用默认的用户登录系统之外，还可以使用系统中存在的其他合法的用户登录系统，可以使用 root 用户登录或者使用其他用户登录。如果需将用户的权限提高，可以使用 root 用户登录，从而将用户的操作权限提到最高，以便对系统进行操作。但是使用 root 用户登录之后，容易对系统造成误操作，从而对系统造成破坏。使用其他用户登录时，也需要输入用户名及其对应的密码才能登录。

注　意

用户的密码可以通过命令进行修改，还可以将用于登录的用户存储在特定的文件中，可以通过查看文件内容来明确哪些用户可以登录。

当系统使用完毕之后，需要退出系统。对于一般的 Linux 系统来说，可以通过以下 3 种方式退出：

- 单击退出图标。
- 使用 init 命令。
- 使用 shutdown 命令。

对于退出 Linux 系统来说，比较简单的方式是使用图形化操作环境，可以直接单击右上角的快捷按钮退出系统，如图 1-6 所示。

在弹出关机界面之后，可以根据需要选择重启系统还是直接退出系统，也可以单击【取消】按钮退出关机操作，如图 1-7 所示。

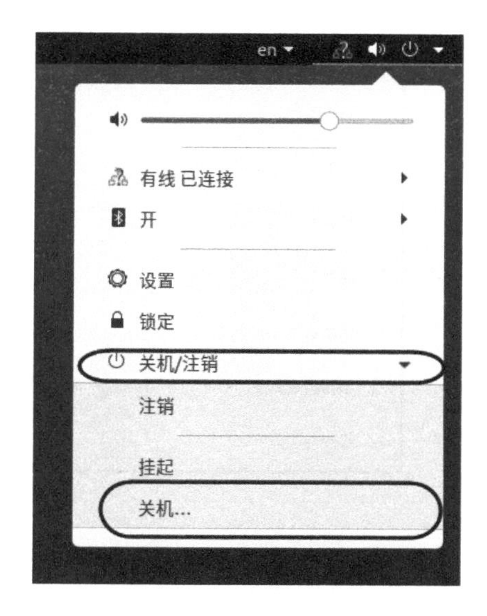

图 1-6 关机界面

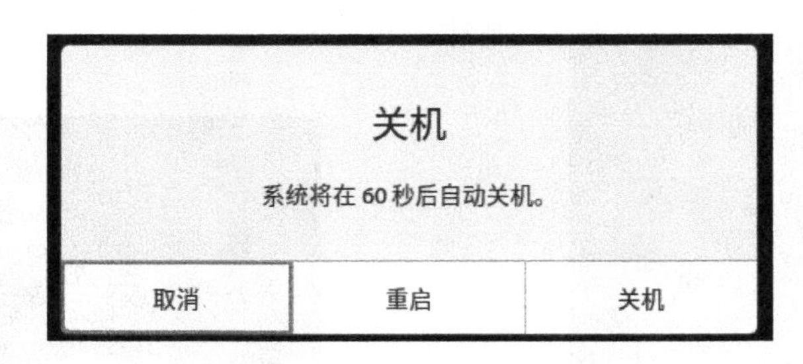

图 1-7　是否关机

1.3.2　系统的基本配置

在成功登录Linux系统之后，可以根据用户的实际需要对系统进行各种设置。在安装的过程中，也需要进行一些必要的设置。对于Linux系统来说，可以在右上角快捷菜单的“设置”窗口中配置，如图1-8所示。

图 1-8　【设置】窗口

图1-8中显示了【设置】窗口的部分内容，这里可以实现网络连接的配置、鼠标的各种属性的配置以及其他常用设备的配置方式。读者可以在实际操作时，将每一个界面点开，查看具体的操作。

1.4　初识 Shell

X Windows 等图形化系统的使用，使得 Linux 系统的操作变得和 Windows 系统一样方便，许多操作使用鼠标就可以完成。然而，许多的 Linux 系统功能必须使用 Shell 命令才能更加方便，并且效率要比使用图形化界面更高。虽然 Shell 没有图形界面那么直观，但是 Shell 伴随着 Unix/Linux 的发展，其功能也日趋完善。而且，在大部分的 Linux 服务器中是没有图形界面的，有的只有 Shell。很多服务器的生产环境也不允许安装其他非 Linux 软件包，此时也只能用 Shell 来完成大部分运维工作。

1.4.1　什么是 Shell

Shell 的中文意思为“贝壳”，在 Linux 系统中，Shell 就类似于 Linux 系统的“贝壳”，在 Linux 系统的外部起着保护系统的作用，同时完成用户与 Linux 系统之间的数据以及信息的交互。对于任何系统来说，内核都是非常重要和脆弱的，如果内核受到损伤，会直接影响系统的稳定性。Shell 的出现就起到了保护内核的作用。因为有了 Shell 之后，用户不会直接和内核进行“交流”，而是通过 Shell 进行信息和数据的转发，从而避免了内核直接暴露在用户面前，防止因为用户误操作造成内核“受伤”。

Shell 实际上是一个命令解释器，将用户的请求进行处理，翻译成 Linux 系统内核能够处理的内容。当需要执行的命令执行结束之后，将执行结果翻译成用户能够看懂的信息，并且显示在屏幕上。

Shell 还是一种编程语言，其源文件一般被称为 Shell 脚本。Shell 脚本类似于 Windows 系统中的批处理文件，能够将需要执行的命令放到脚本中，并且在脚本中能够定义变量、使用各种控制结构对命令的执行顺序做出限制。

1.4.2　Shell 在 Linux 系统中的作用

Shell 在 Linux 系统的作用如图 1-9 所示。

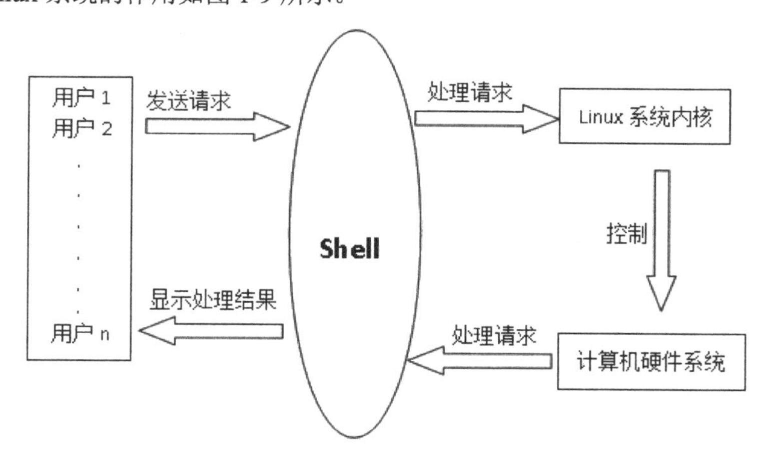

图 1-9　Shell 在 Linux 系统中的作用示意图

从图 1-9 中可以看出，Shell 在 Linux 系统中的作用非常重要。当任何用户需要计算机完成某项功能时，发送的请求以 Shell 命令的方式首先由 Shell 解释成 Linux 内核能够理解的内容，然后才由 Linux 系统内核通过各种控制方式、由特定的硬件设备完成用户的请求。而用户请求的最终结果则首先发送给 Shell，然后由 Shell 解释成用户能够理解的方式并在适当的地方显示出来。

在使用 Linux 系统时，Shell 具有双重含义。一种含义是指代 Shell 解释器，用来将用户输入的命令解释成内核能够“看懂”的语言，并且把命令的执行结果解释成用户能够看懂的信息。另外一种含义就是 Shell 脚本，可以理解为一种程序设计语言，在 Shell 脚本中定义了各种变量、各种内置参数，还能使用循环结构、分支结构等复杂的程序控制结构，可以用来实现“自动化”的处理。

1.4.3 Shell 的种类

随着 Linux 系统的发展，Linux 系统中存在多种 Shell 可以使用，常用的 Shell 的类型如下：

- Bourne Shell
- Bash Shell
- C Shell
- Korn Shell

Bourne Shell 是首个可以使用的 Shell 版本，在 1977 年年底引入。Bourne Shell 既是一个交换式的命令解释器，又是一种命令编程语言。而对于一般的 Linux 系统来说，默认的 Shell 类型是 Bash Shell。该类型的 Shell 源自于 Bourne Shell（即 sh）。Bash 的全名为 Bounce again Shell，是 Linux 系统发展早期较为重要的 Shell 版本，是 GNU 计划的一部分，用来替换 Bourne Shell。当登录时，Shell 会读取/etc/profile 文件和用户主目录中的.profile 文件，从而加载一些特定的信息，如环境变量等。

C Shell 的主要作用是让用户更容易使用交互式功能，并且把 ALGOL 风格的语法变成了 C 语言的风格，从而方便了 C 程序员对 Shell 的操作。相对于 Bourne Shell 来说，C Shell 新增了命令历史、别名、文件名替换以及作业控制等新功能。

在 Linux 系统发展的初期，只有两种 Shell 可以使用，一种是 Bourne Shell，另外一种是 C Shell，为了改变这种局面，Korn Shell 被开发出来。Korn Shell 融合了 Bourne Shell 和 C Shell 的优点，结合了 C Shell 的交互性，融合了 Bourne Shell 的语法，并且增加了数学计算、行内编辑等功能，

对于不同的操作系统来说，默认使用的 Shell 类型也不相同。不同系统的默认 Shell 如表 1-8 所示。

表 1-8　不同系统的默认 Shell

系统名称	默认 Shell 类型
AIX	Korn Shell
Solaris	Bourne Shell
FreeBSD	C Shell
HP_UX	POSIX Shell
Linux	Bash

表 1-8 展示了不同系统中的默认 Shell 类型。本书主要以 Bash 作为默认的 Shell 类型，其他类型的 Shell 脚本的编写方式略有不同，在本书中暂不做介绍。有兴趣的读者可以参照相关的内容进行学习。

注　意

通过环境变量$SHELL 可以判定当前系统默认的 Shell 类型。如:

```
ben@ubuntu:~$ echo $SHELL
/bin/bash
```

1.5 小　结

本章是介绍 Shell 脚本的第 1 章，也是奠定 Shell 脚本基础的一章。本章主要介绍了 Linux 系统的一些基础内容，包括 Linux 系统的发展、Linux 文件系统的结构、Linux 系统的基本使用以及 Shell 的基础。

Linux 系统是一种类 Unix 系统，是林纳斯·托瓦兹出于个人兴趣爱好而开发出来的新系统。该系统是一种 free 系统，它不单单是免费的系统，还可以自由地修改和发布，并且与 Windows 系统存在着本质的区别。

Linux 系统的文件系统采用日志式文件系统 ext 格式，目录结构采用树形结构，每一个目录都存储着和系统相关的部分内容。在系统中文件按照索引节点 inode 来进行存储，索引节点中包含着除文件内容和文件名之外的所有文件的基本信息。

Linux 系统在使用之前需要登录，用户可以使用默认用户登录，还可以使用 root 用户登录。登录时需要输入用户对应的密码。只有用户名和密码相匹配，才可以进入系统。进入系统之后，可以通过【设置】窗口来对系统进行一些个性化设置。

Shell 在 Linux 系统中既是一个“保护壳”，也是一个命令解释器，同时还是一种编程语言。Shell 作为 Linux 内核和用户的沟通桥梁，可以将用户的需求转换成内核能够执行的内容，同时还可以将内核运行的结果转换为用户可以看懂的内容。在不同的系统中，使用的 Shell 版本也不同，可以通过环境变量来查看默认的 Shell 是哪一种。

第 2 章

走进 Shell

在 Windows 系统中经常需要使用批处理文件，就是使用一些 DOS 命令实现特定的功能。在 Linux 系统中，也存在这样的一类“批处理”文件。在这些“批处理”文件中按照一定的格式，填写需要执行的一堆 Shell 命令。这些“批处理文件”就是 Shell 脚本。本章将主要介绍 Shell 脚本的基础知识，后面的章节再逐步展开，介绍如何编写 Shell 脚本。

本章的主要内容如下：

- Shell 脚本语言概述，包括 Shell 脚本基础内容，以及如何使用 Shell 终端
- Shell 命令格式
- 如何编写最简单的 Shell 脚本

2.1 Shell 脚本语言概述

脚本语言是一种是特定的描述性语言，按照特定的格式编写成可执行文件，然后由计算机进行执行。一般来说，每一种系统中都会存在一种或多种脚本语言，以方便用户使用这些语言编写相应的脚本程序，从而完成一些高级语言不适合完成的任务。

2.1.1 Shell 脚本语言的定义

Shell 脚本，类似于 Windows 系统中的批处理命令，按照特定的格式将 Shell 命令放入一个文本文件中，在文件中可以使用正规表达式、管道、重定向等功能，还可以使用分支、循环以及逻辑判断等控制结构，以达到我们所想要的处理目的。通过执行该文本文件，执行放入文件中的相关的命令。这样可以方便系统管理员对系统进行批量化设置和处理，使用 Shell 命令来完成基本的操作，使得其执行效率比其他编程语言更高。

Shell 脚本语言简单、易学、易用，而且还有很多是在 Shell 脚本中使用的小工具，如正则表达式、sed、gawk 等，Shell 脚本特别适合处理文件和目录之类的对象，从而以最简单的方式快速完成某些复杂的事情。

Shell 脚本语言是 Linux/Unix 系统上一种重要的脚本语言，在 Linux/Unix 领域应用极为广泛，熟练掌握 Shell 脚本语言是一个优秀的 Linux/Unix 开发者和系统管理员的成长必经之路。利用 Shell 脚本语言可以简单地实现复杂的操作，而且 Shell 脚本程序往往可以在不同版本的 Linux/Unix 系统上通用。

2.1.2　Shell 终端的基本使用

Shell 命令需要在 Shell 终端中才能运行，Shell 终端实现了命令解释器的功能。在安装完 Ubuntu 系统之后，一般默认安装 Shell 终端。打开 Shell 终端时需要按照下列路径进行：【应用程序】→【工具】→【终端】，或者右击桌面，在弹出的菜单中选择【在终端中打开】。打开 Shell 终端后，其窗口如图 2-1 所示。

图 2-1　打开的 Shell 终端示意图

在 Shell 终端中，输入的内容将从光标处开始，当命令输入完成之后，需要按下 Enter 键，那么 Shell 就将自动解释命令，并执行命令。

Shell 终端的窗口和普通的 Linux 应用程序窗口一样，右上角的 3 个按钮分别是【关闭】按钮、【最小化】按钮、【最大化】按钮，这 3 个按钮对应着窗口的关闭、最小化到任务栏、全屏幕显示的功能，而在窗口上面显示的内容是 Shell 的命令提示符，显示了 Shell 终端当前用户的信息。

Shell 终端的右上角还有一个☰用来设置终端的颜色、背景、大小等。

Shell 终端还包括菜单栏（如果默认没有显示菜单栏，可以右击空白处，在弹出的菜单里选择【显示菜单栏】命令），其中提供了 Shell 终端的常用功能，可以对 Shell 终端进行简单的设置。常用的设置包括设置 Shell 终端的首选项以及查看编码方式等。下面将对这些主要菜单的使用方式进行逐一介绍。

2.1.3　Shell 终端菜单的使用

Shell 终端和普通的窗口一样，也存在菜单栏，在菜单栏中也有一些比较重要的菜单项。对于 Shell 终端来说，其菜单栏如图 2-2 所示。

文件(F)　编辑(E)　查看(V)　搜索(S)　终端(T)　帮助(H)

图 2-2　Shell 终端菜单栏

从图 2-2 中可以看到，Shell 终端的菜单栏中都是些简单并且常用的菜单项。其中比较常用的菜单项有用于对 Shell 终端的基本配置进行修改的菜单【编辑（E）】中的【编辑配置文件】菜单项和用于打开子 Shell 标签的【文件（F）】中的【首选项】菜单项。该菜单项可以对 Shell 终端的基本配置进行修改。在第一次打开该菜单时，需要首先创建配置文件，如图 2-3 所示。

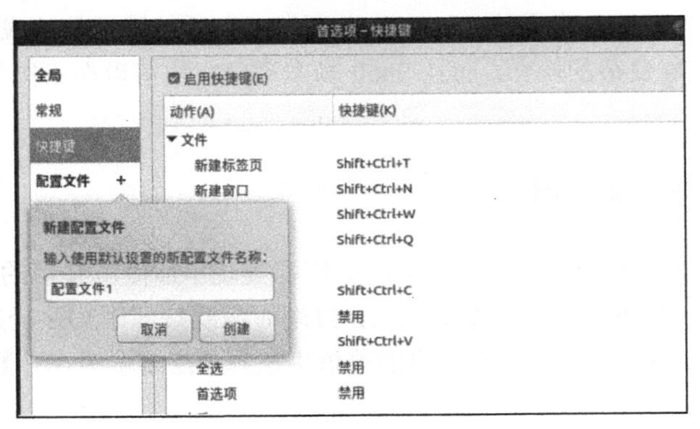

图 2-3　新建配置文件

在创建了新的配置文件之后，其效果如图 2-4 所示。

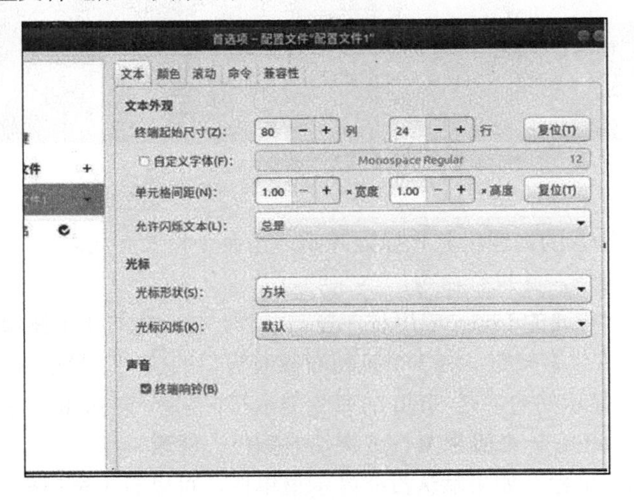

图 2-4　配置文件 1

从图 2-4 可以看出，在子菜单中可以对 Shell 终端进行一些设置，如对文本、颜色、背景色等进行设置。在进行了相应的设置之后，Shell 终端会立即按照最新的配置进行显示，除非再改回原来的配置。

2.2　Shell 命令格式介绍

Shell 脚本的基本元素是 Shell 命令，在 Shell 中执行任何命令都需要注意并不是每个命令的使用方式都是相同的，每个命令有每个命令特定的格式要求，因此需要注意 Shell 命令的格式。

2.2.1 Shell 命令格式

在每一次输入命令之前，在输入光标的前面都会出现同样的文字，这些文字在输入语句的前面始终存在，但是会随着系统中一些信息的变化而发生改变，这些信息的作用如图 2-5 所示。

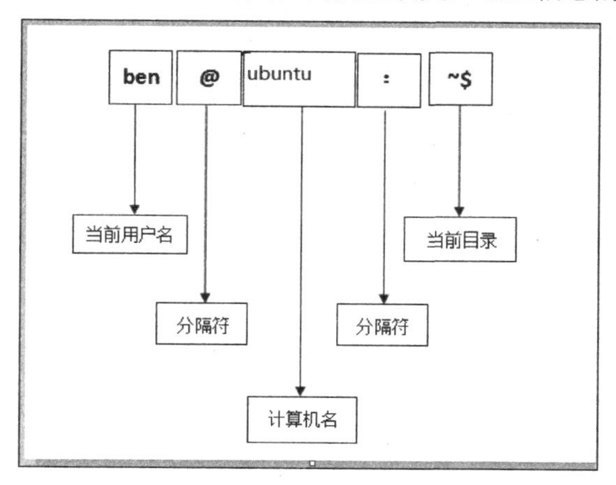

图 2-5 命令提示符中符号的作用

从图 2-5 可以看出，这些内容最前面的部分是当前用户的用户名。在图 2-5 所示的命令行提示符中，可以看到使用的用户名是 ben 用户，在符号“@”的后面是计算机名，这些在安装系统的时候会有专门的界面提示输入。命令行提示符会随着目录的变化而发生变化。当前登录用户发生变化时，符号“$”也会变成其他的字符。在 Linux 系统中，一般只有如下两种用户：

- 普通用户
- 超级用户

普通用户使用的提示符是美元符号“$”，而超级用户使用的符号是波浪线“~”，因此可以通过 Shell 终端中的命令提示符来判定当前的用户是普通用户还是超级用户，从而进一步得出是否具有操作某些命令的权限。

2.2.2 命令行界面介绍

命令行界面就是在提示符下输入命令的界面，如打开的 Shell 终端界面以及在 Windows 系统中使用的 DOS 界面等。在命令行界面中没有图形化的操作环境，只能使用系统能够执行的命令来完成一定的操作。虽然其操作不是很方便，但是其执行速度要比图形化操作更快，功能也更加强大。其缺点就是需要了解系统中存在哪些可以使用的命令，并需要了解每个命令的使用方法及其作用。

传统的 Unix 环境就是 CLI（Command Line Interface，命令行界面），包括 Linux 系统也使用命令行界面。在命令行界面中，只能在命令行下键入相应的命令来执行想要的操作。对于初学者来说，没有了鼠标的辅助操作后，只能依靠于键盘的操作，这样的操作显然是非常复杂的，但是其操作效率却比图形界面高，功能也更强大。

在 Ubuntu 系统中，除了存在桌面环境以外，还同时存在 6 个命令行界面，在命令行界面中，没有方便的鼠标操作和绚丽的图形化操作环境。在命令行环境中，只能使用系统支持的 Shell 命令来完成所有的操作，不能使用鼠标进行操作，类似于 Windows 操作系统中的 DOS 环境。在跳转到命令行环境时，首先需要使用正确的用户和密码进行登录，只有通过验证的用户才可以对系统进行操作。在输入密码的时候，输入的内容是不可见的，因此要注意输入的正确性。登录后的界面如图 2-6 所示。

```
Your Hardware Enablement Stack (HWE) is supported until April 2023.

The programs included with the Ubuntu system are free software;
the exact distribution terms for each program are described in the
individual files in /usr/share/doc/*/copyright.

Ubuntu comes with ABSOLUTELY NO WARRANTY, to the extent permitted by
applicable law.

ben@ubuntu:~$
```

图 2-6　命令行界面的登录

从图 2-6 中显示的内容可以看出，在登录系统的时候也需要使用输入登录用户的密码，只有输入正确密码后才能使用系统。登录成功后，直接进入命令行界面。命令行界面和 DOS 界面类似，只能使用 Shell 命令来完成操作。而不再有图形化的操作环境。因此，在命令行界面进行操作，需要详细了解 Ubuntu 系统和常用的 Shell 命令，否则，在没有图形界面的环境中，操作将会变得极为困难。

从图 2-6 中可以看出登录成功后，就可以对系统进行操作了。在进行操作时，只能使用 Shell 命令来完成各种操作，其操作方式如图 2-7 所示。

图 2-7　Ubuntu 系统的命令行界面

从图 2-7 中显示的内容可以看出，在登录系统的时候也需要使用输入登录用户的密码，只有输入正确密码后才能使用系统。登录成功后，直接进入命令行界面。命令行界面和 DOS 界面类似，都是只能使用 Shell 命令来完成操作。而不再有图形化的操作环境。因此，在命令行界面进行操作，需要详细了解 Ubuntu 系统和常用的 Shell 命令，否则，在没有图形界面的环境中，操作将会变得极为困难。

2.2.3　在 Linux 系统中如何获取帮助

在 Linux 系统中，有一些命令类似于 Windows 系统中的 F1 键，通过它们能够获取相关的帮助信息，可以帮助用户了解特定命令的使用方式或其他信息。熟练使用帮助命令可以使得初学者更快地学会 Shell 的使用以及 Shell 命令，从而为 Shell 脚本的编写打好基础。常用的帮助命令包括 man、info 等，关于这些帮助命令的使用，下面将一一进行介绍。

man 命令可以获取某个命令的在线帮助手册，然后按照特定的格式进行输出。其使用方式一般为 man 命令+待查找命令，man 命令的使用方法如下：

```
ben@ubuntu:~$ man man
```

在上面的示例中，实现了查找 man 命令的帮助手册，其显示的内容如下：

```
MAN(1)                        手册分页显示工具                        MAN(1)

名称
       man - 在线参考手册的接口

概述
       man [-C 文件] [-d] [-D] [--warnings[=警告]] [-R 编码] [-L 区域] [-m 系
       统[,...]] [-M 路径] [-S 列表] [-e 扩展] [-i|-I] [--regex|--wildcard]
       [--names-only] [-a] [-u] [--no-subpages] [-P 分页程序] [-r 提示] [-7]
       [-E 编码] [--no-hyphenation] [--no-justification] [-p 字符串] [-t]
       [-T[设备]] [-H[浏览器]] [-X[dpi]] [-Z] [[章节] 页[.章节] ...] ...
       man -k [apropos 选项] 正则表达式 ...
       man -K [-w|-W] [-S list] [-i|-I] [--regex] [章节] 词语 ...
       man -f [whatis 选项] 页 ...
       man -l [-C 文件] [-d] [-D] [--warnings[=警告]] [-R 编码] [-L 区域] [-P
       分页程序] [-r 提示] [-7] [-E 编码] [-p 字符串] [-t] [-T[设备]] [-H[浏
       览器]] [-X[dpi]] [-Z] 文件 ...
       man -w|-W [-C 文件] [-d] [-D] 页 ...
       man -c [-C 文件] [-d] [-D] 页 ...
       man [-?V]

描述
       man 是系统的手册分页程序。指定给 man 的页选项通常是程序、工具或函数
       名。程序将显示每一个找到的相关 手册页。如果指定了章节，man 将只在手册
       的指定章节搜索。默认将按预定的顺序查找所有可用的章节(默认是“1 n l
       8 3 2 3posix 3pm 3perl 3am 5 4 9 6 7”，除非被/etc/manpath.config 中的
       SECTION 指令覆盖)，并只显示找到的第一个页，即使多个章节中都有这个
-----省略部分内容
历史
       1990, 1991 - 原作者 John W. Eaton (jwe@che.utexas.edu)

       1992 年 12 月 23 日: Rik Faith (faith@cs.unc.edu) 应用了 Willem Kasdorp
       (wkasdo@nikhefk.nikef.nl) 提供的 bug 补丁

       1994 年 4 月 30 日 - 2000 年 2 月 23 日: Wilf. (G.Wilford@ee.surrey.ac.uk) 在
       几位热心人的帮助下开发和维护这个包

       1996 年 10 月 30 日 - 2001 年 3 月 30 日: Fabrizio Polacco <fpolacco@debian.org>
       为 Debian 项目维护并增强了这个包，过程中得到整个社区的帮助

       2001 年 3 月 31 日 - 今天: Colin Watson <cjwatson@debian.org> 开发和维护着
       man-db

2.9.1                          2020-02-25                          MAN(1)
 Manual page man(1) line 559/581 (END) (press h for help or q to quit)
```

上面的内容是整个 man 命令的在线帮助手册，NAME 部分表示该手册是关于该命令的在线帮助手册；SYNOPSIS 部分是该命令的大体用法，里面包括常用的选项以及选项组合；DESCRIPTION 部分是对该命令的详细描述，在该部分内容中详细介绍了命令的使用以及在使用过程中的注意事项。通过该部分内容的介绍可以了解当前命令的使用方式；OPTIONS 部分介绍了该命令可以使用的选项以及选项含义。

在帮助手册的最后面为一个英文冒号“:”，在冒号的后面可以输入相应的命令，对帮助手册进行操作，而一般的操作就是使用回车键查看当前屏幕中未显示的部分，还可以使用 q 字母键退出帮助手册。冒号以外的部分是不允许进行任何操作的。

当遇到不熟悉的命令时，可以使用 man 命令查找在线帮助手册，从而详细了解该命令的使用方法。

在 Shell 中使用的任何命令都是事先存储在系统中的，如果使用的命令在系统中不存在，就会出现如下错误提示：

```
ben@ubuntu:~$ no_exist
no_exist: 未找到命令
ben@ubuntu:~$
```

当出现上述的错误时，说明使用的命令在系统中不存在。此时需要通过安装中心或使用 apt-get 工具安装当前使用的命令。关于 apt-get 工具的使用方式，将在后面的章节中讲解。

2.3 第一个 Shell 程序：Hello，Bash Shell

任何编程语言都会有一个入门程序，对于其他编程语言来说，一般使用 hello world 作为入门程序，本节的 Shell 脚本也不例外。

2.3.1 创建 Shell 脚本

Shell 脚本的创建可以按照一定的流程进行操作，如图 2-8 所示。

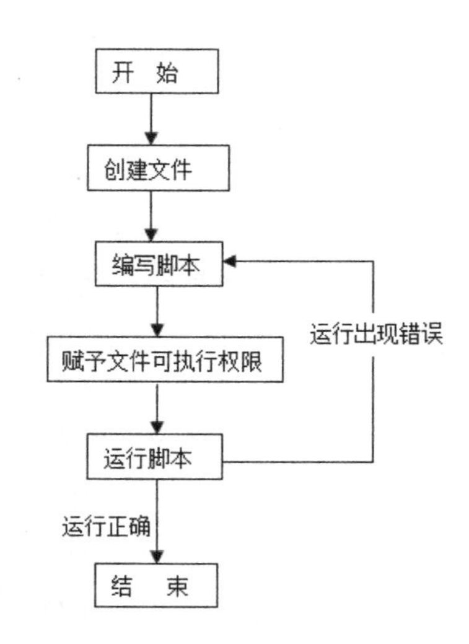

图 2-8 Shell 脚本创建过程

从图 2-8 中可以看出，在编写 Shell 脚本时，首先要创建脚本文件。脚本文件实际上为普通的文本文件，因此可以使用 touch 命令直接创建脚本文件，也可以通过使用文本编辑器 Gedit、vi（vim）等新建的方式创建 Shell 脚本，甚至可以使用鼠标右键快捷方式创建脚本文件。本节选择使用 Gedit 编辑器来创建第一个脚本文件。

首先打开 Gedit 编辑器（【应用程序】→【文本编辑器】），系统会自动创建一个文本文件，其文件名默认为“无标题文档 1”，如图 2-9 所示。

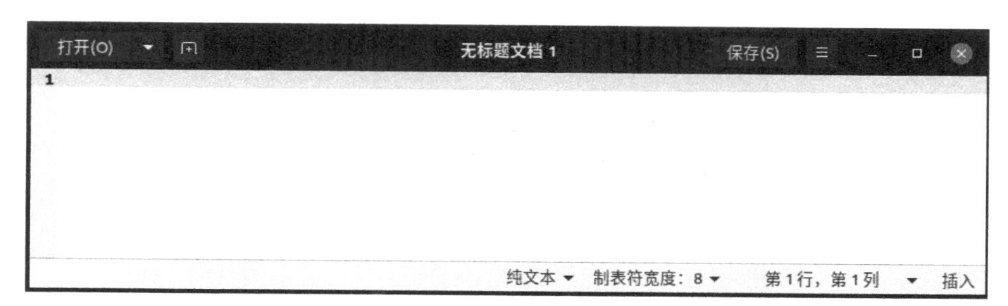

图 2-9　空白脚本文件示意图

在打开的文件中我们可以编写脚本了，编写的内容可以先跳到后面的【示例 2-1】查看。

在编写完成之后，需要保存文件，并重命名。文件保存的方式可以单击右上角的【保存(s)】按钮，也可以使用快捷键 Ctrl+S 保存。在保存之前，系统会提示需要选择保存文件的路径，同时也会实现文件的重命名，如图 2-10 所示。

图 2-10　文件保存并重命名

在图 2-10 中可以看出，编写好的文件重命名为 2-1.sh，而保存到 ben 目录文件下来的名称为“2”的目录文件中。在选择好之后，单击右上角的【保存】按钮，即可完成整个脚本文件的创建。

一般情况下，脚本文件名的命名方式要尽量能够描述脚本的作用，这样通过文件名就可以大体知道脚本的功能，从而提高 Shell 脚本的可读性。本书为了方便读者练习，采用了脚本出现的顺序作为文件名的方式。

如果系统中存在很多的文本编辑器，还可以选择默认的文本编辑器。选择默认的文本编辑器的方式是右击，在打开的快捷菜单中选择【属性】，在【打开方式】选项卡中选择合适的打开方式。笔者一般是选用 Gedit 编辑器作为默认编辑器。选用方式如图 2-11 所示。

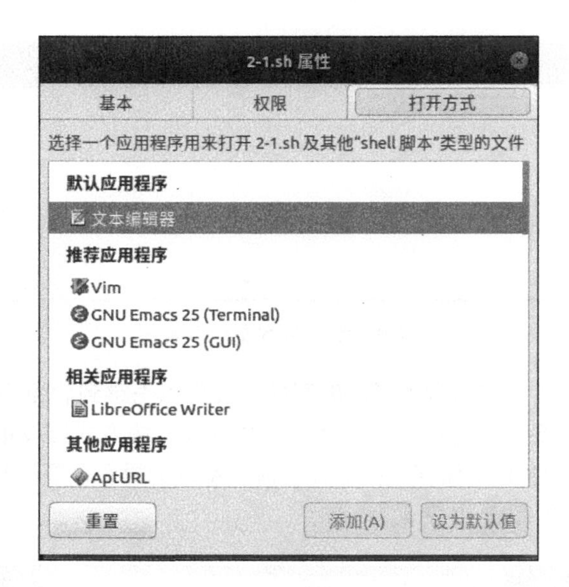

图 2-11 设置默认属性

打开文件后，根据需要执行何种操作及实现何种功能来编写 Shell 脚本文件。编写脚本时要注意每一条语句在文件中要占单独一行，而且在每一行的最后不需要添加任何符号，所以在一行中不要使用多个命令，防止 Shell 无法进行解析。如果想在一行中出现多个语句，那么就需要在语句之间使用分号进行分隔，防止 Shell 将多条语句看作一条语句，从而产生不必要的错误。

注 意

在 Gedit 文本编辑器中，Shell 脚本中的不同内容会显示不同的颜色，可以通过颜色的不同来对脚本内容进行分辨。

在编写完脚本后，还需要赋予脚本可执行权限，否则脚本不能被 Shell 执行。在 Linux 系统中，任何需要执行的程序都要具有可执行权限。当脚本获得了可执行权限后，才能被 Shell 执行。

Shell 脚本在执行之前，程序员不知道编写的脚本是否正确，只有在执行的过程中才能知道编写的 Shell 脚本是否正确。如果执行结果不正确，那么就需要根据执行结果进行适当的修改，直至达到最终的目标。

按照上面的流程创建示例 2-1.sh，其内容如下。

【示例 2-1.sh】

```
#示例 2-1.sh  Hello Bash 例子

# 第一个 Shell 脚本，功能是输出字符串"Hello, Bash Shell"
#! /bin/bash
echo "Hello, Bash Shell"
echo
```

在上面的脚本中，第 1 句为注释部分，用来说明该脚本只是显示字符串“Hello，Bash Shell”；第 2 句用来表示使用/bin/bash 来解释执行该脚本，即使用 Bash 解释执行脚本中的命令；第 3 句和第 4 句分别显示字符串“Hello，Bash Shell”和一个空行，从而在 Shell 命令行界面中显示字符串“Hello，Bash Shell”。

如果在首次使用 Gedit 编辑器的时候，脚本文件不显示行号，可以添加行号。Gedit 编辑器添加行号的方式是在编辑器的右下角单击行列提示区域，然后在弹出的项目中勾选上“显示行号”复选框，即可完成添加行号，如图 2-12 所示。

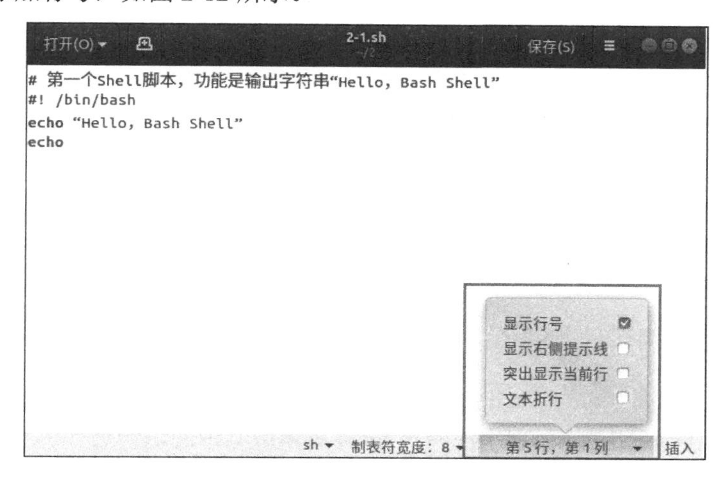

图 2-12　添加行号

行号显示效果如图 2-13 所示。

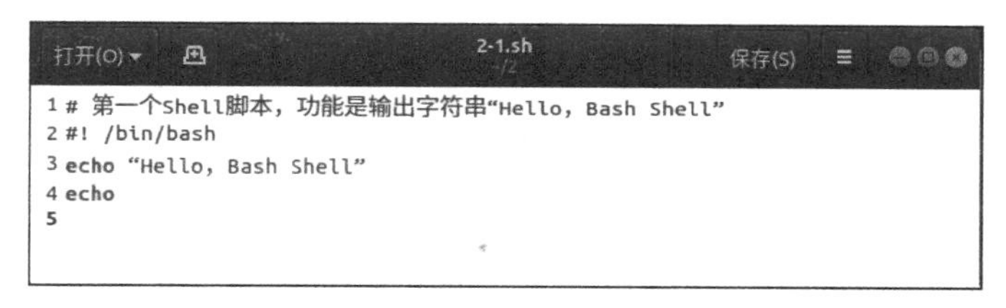

图 2-13　带行号的脚本

注　意

在 Gedit 编辑器右下角选项中，有一项是【制表符宽度】，可以设置使用 4 个空格代替 TAB 键，从而消除因 TAB 键表示的长度不同而造成脚本布局不美观的情况。

命令 echo 的作用是将命令后面的字符串输出到显示器上，一般用来显示提示性的信息或是命令或语句的执行结果等。除了能在显示器上显示结果以外，还可以在其他地方显示，这涉及 Linux 的重定向的功能，将在后面的章节中进行讲解。

在赋予脚本可执行权限后，运行示例 2-1.sh 的结果如下：

```
ben@ubuntu:~/2$ chmod u+x 2-1.sh
ben@ubuntu:~/2$ ./2-1.sh
"Hello, Bash Shell"

ben@ubuntu:~/2$
```

注　意

脚本名称前面有个./（点和斜杠）符号，下一小节会介绍。

上面的脚本展示了脚本从创建到最终成功运行的整个过程，对于所有的新建脚本来说，都需要遵循上面的过程进行编写。而对于脚本中的一些特殊内容将在接下来的小节中详细介绍。

注　意

关于 echo 命令的选项的使用方法，将在第 5 章详细介绍。

2.3.2 Shell 脚本中的格式

在示例 2-1.sh 中出现了一些符号，这些符号在 Shell 脚本中被赋予了特殊的含义和作用。下面将对这些符号进行讲解。

1. 注释符号的使用

在示例 2-1.sh 中的第一句为 Shell 脚本中的注释。注释的作用就是说明当前 Shell 脚本所实现的功能。注释行不会被 Shell 执行。使用注释对 Shell 脚本或其中的语句进行说明是非常有必要的，否则在经过一段时间之后再看该脚本就会忘记该脚本到底实现了什么功能。

2. 符号“#!”的使用

在每个 Shell 脚本的第一行几乎都使用符号“#!”开始，该符号并不是注释的符号，而是告知 Shell 终端执行当前 Shell 脚本需要使用哪种 Shell，是 Bash 还是其他的 Shell。如果没有这一行，一般的 Shell 会使用系统默认类型的 Shell 来执行该脚本。

注　意

通过查看环境变量$SHELL 就可以获得系统的默认 Shell 类型。而对于大部分 Linux 系统来说，默认的 Shell 为 Bash。

2.3.3 如何执行 Shell 程序

当 Shell 脚本编写完毕后就可以执行脚本，但是在执行脚本之前需要首先赋予这个脚本可执行权限，否则在执行脚本时会出现如下错误：

```
ben@ubuntu:~ $ ./2-1.sh
-bash: . /2-1.sh: 权限不够
ben@ubuntu:~ $
```

出现这种错误的原因是此时的脚本文件还只是一个普通的文本文件，只是文件的内容是 Shell 脚本的内容，要想使脚本能够顺利执行，需要使用 chmod 命令赋予脚本可执行权限，如下所示：

```
ben@ubuntu:~ $chmod u+x  2-1.sh
```

上面语句的作用是为脚本 2-1.sh 赋予可执行权限，但是只有用户本身具有可执行权限，其他的用户仍然不具有可执行权限，如果其他的用户也需要执行该脚本，那么就要根据实际需要赋予脚本文件不同的可执行权限。关于如何使用 chmod 命令赋予脚本权限，将在下一章中详细介绍。

在赋予了脚本可执行权限后，就可以运行脚本，从而按照顺序执行脚本中的命令了。脚本运行的方式如下：

```
ben@ubuntu:~ $ ./2-1.sh
"Hello, Bash Shell"
ben@ubuntu:~ $
```

这种方式使用的是"./"运算符来执行脚本，表示执行的脚本文件在当前的目录中，离开了当前的目录再使用"./"符号就不能执行脚本，如果强制执行，会提示找不到需要执行的脚本，如下所示：

```
ben@ubuntu:~$ ./2-1.sh
bash: ./2-1.sh: 没有那个文件或目录
ben@ubuntu:~$ cd 2
ben@ubuntu:~/2$ ./2-1.sh
"Hello, Bash Shell"

ben@ubuntu:~/2$
```

在上面的执行结果中，第 1 次执行脚本时，在当前的目录中没有脚本文件 2-1.sh，因此在运行时，Bash 会提示没有这个文件或目录。而第 2 次运行时，是在 2-1.sh 文件所在的目录 2 中运行的，因此能够正常运行。

上面执行脚本的方式是使用系统默认的 Shell 执行脚本，此外，还可以使用直接指定特定的 Shell 来执行脚本。可以使用系统中存在的任意类型的 Shell 执行当前的脚本。但是也需要在脚本文件存在的路径下才可以执行，否则在执行脚本时也会提示找不到脚本文件。使用特定的 Shell 执行脚本如下：

```
ben@ubuntu:~ $ sh test.sh
"Hello, Bash Shell"
ben@ubuntu:~ $
```

在上面的示例中，第一句使用了 sh 来解释 Shell 脚本程序，在使用特定的 Shell 时，基本方式如下：

```
shell 名称　脚本名称
```

除了使用 sh 来运行 Shell 脚本以外，还可以使用其他类型的 Shell 来运行脚本，如 ksh、csh 等。

注　意
使用其他类型的 Shell 来执行脚本时，是按照当前使用的 Shell 类型来解释这些命令的，因此尽量使用通用的语法编写脚本，以防因为 Shell 类型不同而造成脚本不能正常执行。

如果想在任何的目录中都可以执行某个脚本，那么就需要使 Shell 能够找到这个脚本，这样就需要将脚本所在的路径放到环境变量中。关于如何更改环境变量，将在第 5 章详细讲解。

2.4 小　　结

本章主要介绍了 Shell 脚本的入门知识，首先介绍了脚本语言的基本知识以及 Shell 终端的基本使用方式。然后介绍了 Shell 命令的格式以及命令行。最后使用最简单的“Hello，Bash Shell”脚本介绍了 Shell 脚本的编写过程以及运行方式。

脚本语言在每一种操作系统中都存在，在 Linux 系统中，最常用的是 Shell 脚本。Shell 脚本从根本上来说，就是将基本的 Shell 命令放到一块，使用各种控制结构将这些命令组合到一块，从而构成 Shell 脚本程序。当脚本执行时，就会按照 Shell 命令的先后顺序依次执行。

Shell 命令需要在 Shell 终端中执行。在 Shell 终端打开后，在输入光标的前面存在一系列的字符，这些字符表示当前终端的一些信息，如当前使用的用户以及当前的路径，这些信息能够对脚本的正确运行起到辅助作用。

Shell 脚本在编写时要按照一定的顺序进行，并且脚本的内容也需要按照特定的格式来进行编写。

第 3 章

Bash Shell 基础命令

在编写 Shell 脚本时，Linux 系统中的命令是脚本编写的基础，而且在 Linux 系统中常用的命令也是使用 Linux 系统的基础。因此熟悉常用的 Shell 命令，既能编写出高质量的脚本程序，又能熟练掌握 Linux 系统的使用。

本章的主要内容如下：

- 用户和用户组管理相关命令介绍
- 文件和目录操作相关命令介绍
- 系统管理相关命令介绍

3.1　Shell 命令使用基础

Shell 命令的使用建立在 Linux 系统基础之上，因此，在介绍 Shell 命令之前，首先介绍一些 Linux 系统的基础内容，如文件的基本知识等，这样可以更加深刻地理解 Shell 命令的功能及使用方法。

3.1.1　文件类型

在 Linux 系统中，所有的内容都被看作文件来处理，如在 Windows 系统中的文件夹在 Linux 系统中被称为目录文件，而常用的设备（如磁盘、串口等）也被当作文件来处理。这样可以简化系统对不同设备的处理，从而提高处理的速度。在 Linux 系统中，一般包括 4 类文件：普通文件、目录文件、设备文件和链接文件。

普通文件可以认为是常见的文本文件，如 Windows 系统中的 txt 文件、word 文件等，此外，在 Linux 系统中普通文件还包括二进制文件等。

目录文件就是 Windows 系统中的文件夹，目录文件不但包括本身的文件名以及其他的属性，还包括存储在该目录文件中子文件的名称、大小等属性。因此，对目录文件的操作不会涉及文件的内容，而只是对文件名以及存储位置等进行各种操作。

设备文件用来表示 Linux 系统中的所有的硬件设备，这些硬件设备可以分为块设备和字符设备两种类型。块设备文件是指设备在读取时按照块为单位进行读取，如硬盘等。而字符设备则指代在读取时按照字符的顺序进行读取的设备，如键盘等。所有的设备文件都存储在/dev 目录中，使用这种方式大大地方便了用户对硬件设备的直接操作。

链接文件类似于 Windows 系统中的快捷方式，但是链接文件比快捷方式功能更加强大，链接文件实现了对不同目录、不同系统中文件的直接访问，对于不同机器上的文件也可以使用链接文件进行直接访问。

链接文件按照其特性可以分为硬链接和软链接两种方式。硬链接引用的是源文件的物理索引，也可以称为节点。这就相当于为文件创建了一份备份文件，即使源文件被删除，通过硬链接文件也可以访问文件，直到所有的硬链接都被删除后，该文件才会被删除。而软链接引用的是文件的位置，类似于 Windows 系统中的快捷方式。当通过软链接访问文件时，实际上访问的还是源文件本身。当源文件被删除后，软链接文件随之失效，因此软链接又可称为符号链接。

注　意

硬链接只能引用同一文件系统中的文件，而软链接不但可以引用不同文件系统中的文件，还可以引用远程机器上不同文件系统中的文件。

在 Linux 系统中使用一些特殊的符号表示不同的文件类型，这些符号以及对应的文件类型如表 3-1 所示。

表 3-1　常用的文件类型及其符号表示

符　号	文件类型	作　用
-	普通文件	普通的文本文件，储存文本
d	目录文件	类似于文件夹，包含子目录文件
c	设备文件	对应 Linux 系统中的每一个硬件设备
l	链接文件	快捷方式文件

关于文件的详细信息，将在第 7 章介绍。

3.1.2　绝对路径和相对路径

不管是对何种文件进行操作，首先要找到文件在系统中的存储位置，然后才能进行操作。因为对电脑来说，它不会自动去所有的目录文件中寻找需要操作的文件，而只会在当前的目录或指定的目录中进行寻找。如果找不到需要操作的文件，就不会进行任何操作。

在 Linux 系统中一般采用绝对路径和相对路径两种方式表示文件的路径。绝对路径从根节点开始，直至找到本文件的路径。相对路径是以当前的路径为基准点，需要找到的文件相对于基准点的路径。关于绝对路径和相对路径的关系，可参见下面的示例：

```
/
/home/ben
/home/ben/test
/home/ben/test/test.sh
```

对于上面列出的 4 个路径来说，第 1 个路径为 Linux 文件系统的根目录，第 2 个路径为 ben 用户的主目录，而第 3 个路径为目录文件 test 的路径，最后一个路径为文件 test.sh 的路径。上面的 4 个路径都是从根节点开始，因此这 4 个路径都是绝对路径。而通过第 4 个路径可以在系统任意的位置找到 test.sh 的位置。如果当前的目录为第 2 个目录，即在用户主目录中时，为了简单地表示 test.sh 的位置，可以使用相对路径表示。

使用相对路径表示文件位置时，一般是将当前的目录作为基准点，而需要确定位置的目录相对于基准点的位置就是该文件相对于当前目录的路径。为了能够找到 test.sh，假设当前的路径为 /home/ben，那么 test.sh 的相对位置就在 test 目录文件中，因此，其相对路径就为 test/test.sh。而如果当前的目录为根目录时，test.sh 的相对路径就变成了 ben/test/test.sh。由此可见，相对路径不但和文件本身的位置相关，还与作为基准点的当前目录相关。

注　意
在相对路径的前面不要添加反斜杠“/”，否则会被认为是 Linux 系统的根目录。

3.1.3 文件属性和文件权限

在 Linux 系统中，文件属性表示文件的一些基本的特性，如文件的节点、种类、权限模式、链接数量、所归属的用户和用户组、最近访问或修改的时间等内容，通过右击文件，在弹出的快捷菜单中选择属性，就可以显示文件的属性，也可以通过 Linux 命令 ls 获取，关于命令 ls 的使用将在下面的小节中详细介绍。

文件权限表示什么用户可以对文件进行何种操作。在 Linux 系统中，文件权限包括可读（使用字母 r 表示）、可写（使用字母 w 表示）、可执行（使用字母 x 表示）和没有任何权限（可以使用短线代替）共 4 种权限。用户所具有的对某个文件的权限，可以是这 3 种权限的任意组合，可以只有一种权限，可以具有 3 种权限，也可以没有任何权限。不管对文件进行何种操作，只有具有相应的权限才可以对文件进行相应的操作，没有权限的操作是不可以实现的。

对于普通文件来说，可读权限是具有此种权限的用户可以对文件进行读操作，可以读取文件中的内容。而可写操作是指用户可以对文件进行写操作，也就是可以向文件中添加某些内容，也可以删除文件中的某些内容。而对于可执行权限来说，比较直观的特点是双击可以运行。如对于在第 2 章中出现的 Shell 脚本来说，既可以读取其中的内容，也可以对其进行修改，还可以使用“./”的方式运行该脚本，使其完成特定的功能。而对于目录文件来说，可读权限是指可以访问目录文件以及目录文件中的子文件，如查看文件的属性等，而可写权限则是表示可以在目录文件中创建新的文件，也可以删除其中的文件，而此时的可执行权限则表示允许进入目录文件的内部进行各种操作。

文件的权限除了使用特殊的字符表示之外，还可以使用数字来表示。在 Linux 系统中，一般将可读权限用数字 4 表示，可写权限用数字 2 表示，而可执行权限用数字 1 表示。如果不具有某项权限，那么该权限对应的数字就是 0。文件所具有的权限是这 3 个数字的和，如果某个文件所具有的权限为可读可写，但是不能执行，那么该文件的权限可以记为“rw-”，还可以记为 6。由此可见，使用数字表示文件的权限要比使用字符表示文件的权限方便得多，但是需要对权限对应的数字有一定的认知才能知道表示的是什么权限，因此其可读性相对较差。在实际使用时，可以参照实际的要求选择使用何种表示方式。

3.1.4 用户和用户组

用户和组的概念与学校里每一个学生和所在的班级之间的关系类似。在学校中，每一名学生都会有一个属于自己的小组，而每一个小组中也会包含很多的学生。在 Linux 系统中也包含许多的“学生”，这些“学生”就是可以自由使用 Linux 系统的用户，而许多用户可以组成一个用户组，如某一个公司的某一个项目组的所有员工就称为一个组，这样在同一个用户组中的用户就享有操作 Linux 系统的同样的权限。

在每一个班级中都有一个花名册，用来标注该班级中的所有的学生。而在 Linux 系统中，也包含这样类似的“花名册”。对于用户来说，这个“花名册”就是配置文件/etc/passwd 和/etc/shadow，其中前者用来存储存在哪些用户，而后者用来存储登录系统时需要输入的密码。

1. /etc/passwd

/etc/passwd 的部分内容如下：

```
ben@ubuntu:~$ cat /etc/passwd
root:x:0:0:root:/root:/bin/bash
daemon:x:1:1:daemon:/usr/sbin:/usr/sbin/nologin
bin:x:2:2:bin:/bin:/usr/sbin/nologin
sys:x:3:3:sys:/dev:/usr/sbin/nologin
sync:x:4:65534:sync:/bin:/bin/sync
games:x:5:60:games:/usr/games:/usr/sbin/nologin
man:x:6:12:man:/var/cache/man:/usr/sbin/nologin
lp:x:7:7:lp:/var/spool/lpd:/usr/sbin/nologin
mail:x:8:8:mail:/var/mail:/usr/sbin/nologin
news:x:9:9:news:/var/spool/news:/usr/sbin/nologin
uucp:x:10:10:uucp:/var/spool/uucp:/usr/sbin/nologin
proxy:x:13:13:proxy:/bin:/usr/sbin/nologin
www-data:x:33:33:www-data:/var/www:/usr/sbin/nologin
backup:x:34:34:backup:/var/backups:/usr/sbin/nologin
list:x:38:38:Mailing List Manager:/var/list:/usr/sbin/nologin
irc:x:39:39:ircd:/var/run/ircd:/usr/sbin/nologin
gnats:x:41:41:Gnats Bug-Reporting System (admin):/var/lib/gnats:/usr/sbin/
nologin
nobody:x:65534:65534:nobody:/nonexistent:/usr/sbin/nologin
systemd-network:x:100:102:systemd Network Management,,,:/run/systemd/
netif:/usr/sbin/nologin
systemd-resolve:x:101:103:systemd Resolver,,,:/run/systemd/resolve:/usr/
sbin/nologin
syslog:x:102:106::/home/syslog:/usr/sbin/nologin
messagebus:x:103:107::/nonexistent:/usr/sbin/nologin
```

```
    _apt:x:104:65534::/nonexistent:/usr/sbin/nologin
    uuidd:x:105:111::/run/uuidd:/usr/sbin/nologin
    avahi-autoipd:x:106:112:Avahi autoip daemon,,,:/var/lib/avahi-autoipd:/
usr/sbin/nologin
    usbmux:x:107:46:usbmux daemon,,,:/var/lib/usbmux:/usr/sbin/nologin
    dnsmasq:x:108:65534:dnsmasq,,,:/var/lib/misc:/usr/sbin/nologin
    rtkit:x:109:114:RealtimeKit,,,:/proc:/usr/sbin/nologin
    cups-pk-helper:x:110:116:user for cups-pk-helper service,,,:/home/
cups-pk-helper:/usr/sbin/nologin
    speech-dispatcher:x:111:29:Speech Dispatcher,,,:/var/run/
peech-dispatcher:/bin/false
    whoopsie:x:112:117::/nonexistent:/bin/false
    kernoops:x:113:65534:Kernel Oops Tracking Daemon,,,:/:/usr/sbin/nologin
    saned:x:114:119::/var/lib/saned:/usr/sbin/nologin
    pulse:x:115:120:PulseAudio daemon,,,:/var/run/pulse:/usr/sbin/nologin
    avahi:x:116:122:Avahi mDNS daemon,,,:/var/run/avahi-daemon:/usr/
sbin/nologin
    colord:x:117:123:colord colour management daemon,,,:/var/lib/colord:/usr/
sbin/nologin
    hplip:x:118:7:HPLIP system user,,,:/var/run/hplip:/bin/false
    geoclue:x:119:124::/var/lib/geoclue:/usr/sbin/nologin
    gnome-initial-setup:x:120:65534::/run/gnome-initial-setup/:/bin/false
    gdm:x:121:125:Gnome Display Manager:/var/lib/gdm3:/bin/false
    ben:x:1000:1000:ben,,,:/home/ben:/bin/bash
    ben@ubuntu:~$
```

上面显示的是配置文件/etc/passwd 中的内容，文件中的每一行代表一条用户信息。每一条信息由若干个字段组成，字段和字段之间使用冒号“:”隔开。其中第 1 个字段表示登录名，就是在登录时使用的用户名。第 2 个字段都是 x，该字段用来表示该用户对应的密码，而密码存在于配置文件/etc/shadow 中，为了保密起见，在该文件中使用 x 来表示。因此这个字符仅代表在该位置需要存储用户的密码，而并不指代其具体的密码内容。第 3 个字段表示该用户的用户标识，一般使用 UID（User ID）表示，UID 可以唯一地表示某个用户。第 4 个字段表示用户所在组的标识，一般使用 GID（Group ID）表示，GID 可以唯一地表示某个用户所在的组。第 5 个字段用来表示用户名全称，这是可选的字段，可以根据实际的需要确定是否进行设置。如对于 gdm 这个用户，用户的全称是 Gnome Display Manager，而 ben 这个用户没有设置全称，因此为空。第 6 个字段为用户的主目录所在位置，如 gdm 用户的主目录是/var/lib/gdm3，而 ben 用户的主目录则是/home/ben。第 7 个字段表示用户所用 Shell 的类型，如果不需要设定该字段，可以设置为/bin/false ，而对于用户 ben 来说，使用的默认 Shell 为/bin/sh。

2. /etc/gshadow

对于用户组来说，这个“花名册”就是配置文件/etc/group 和/etc/gshadow，前者表示存在哪些用户组以及用户组的基本信息，后者是前者的加密文件，用来保证其中的内容不会被任意更改。配置文件/etc/group 的内容如下：

```
ben@ubuntu:~$ cat /etc/group
root:x:0:
daemon:x:1:
bin:x:2:
sys:x:3:
adm:x:4:syslog,ben
tty:x:5:
disk:x:6:
lp:x:7:
mail:x:8:
news:x:9:
uucp:x:10:
man:x:12:
proxy:x:13:
kmem:x:15:
dialout:x:20:
fax:x:21:
voice:x:22:
cdrom:x:24:ben
floppy:x:25:
tape:x:26:
sudo:x:27:ben
audio:x:29:pulse
dip:x:30:ben
www-data:x:33:
backup:x:34:
operator:x:37:
list:x:38:
irc:x:39:
src:x:40:
gnats:x:41:
shadow:x:42:
utmp:x:43:
video:x:44:
sasl:x:45:
plugdev:x:46:ben
staff:x:50:
games:x:60:
users:x:100:
nogroup:x:65534:
systemd-journal:x:101:
systemd-network:x:102:
systemd-resolve:x:103:
input:x:104:
crontab:x:105:
```

```
syslog:x:106:
messagebus:x:107:
netdev:x:108:
mlocate:x:109:
ssl-cert:x:110:
uuidd:x:111:
avahi-autoipd:x:112:
bluetooth:x:113:
rtkit:x:114:
ssh:x:115:
lpadmin:x:116:ben
whoopsie:x:117:
scanner:x:118:saned
saned:x:119:
pulse:x:120:
pulse-access:x:121:
avahi:x:122:
colord:x:123:
geoclue:x:124:
gdm:x:125:
ben:x:1000:
sambashare:x:126:ben
ben@ubuntu:~$:
```

对于文件/etc/group来说，第一个字段就是用户名，而最后一个字段则是用户所属的组，同一个组中的用户具有相同的权限；而文件/etc/gshadow则表示一个密码文件，在用户登录时会访问这个文件的内容，如果转换后的密文和文件中记录的密文一样，那么用户才能登录。为了更好地保护登录用户的密码，直接访问这个文件是没有权限的，需要使用管理员用户才能访问。而且这个文件中的内容也是不会展示具体的密码内容，而是由符号代替。文件中的内容如下所示：

```
ben@ubuntu:~$ cat /etc/gshadow
cat: /etc/gshadow: 权限不够
ben@ubuntu:~$ sudo cat /etc/gshadow
[sudo] ben 的密码:
root:*::
daemon:*::
bin:*::
sys:*::
adm:*::syslog,ben
tty:*::
disk:*::
lp:*::
mail:*::
news:*::
uucp:*::
```

```
man:*::
proxy:*::
kmem:*::
dialout:*::
fax:*::
voice:*::
cdrom:*::ben
floppy:*::
tape:*::
sudo:*::ben
audio:*::pulse
dip:*::ben
www-data:*::
backup:*::
operator:*::
list:*::
irc:*::
src:*::
gnats:*::
shadow:*::
utmp:*::
video:*::
sasl:*::
plugdev:*::ben
staff:*::
games:*::
users:*::
nogroup:*::
systemd-journal:!::
systemd-network:!::
systemd-resolve:!::
input:!::
crontab:!::
syslog:!::
messagebus:!::
netdev:!::
mlocate:!::
ssl-cert:!::
uuidd:!::
avahi-autoipd:!::
bluetooth:!::
rtkit:!::
ssh:!::
lpadmin:!::ben
whoopsie:!::
```

```
scanner:!::saned
saned:!::
pulse:!::
pulse-access:!::
avahi:!::
colord:!::
geoclue:!::
gdm:!::
ben:!::
sambashare:!::ben
ben@ubuntu:~$
```

3.1.5　特殊目录介绍

在 Linux 系统中，包含一些使用特殊符号表示的目录，这样可以非常方便地跳转到这些特殊的目录，这些目录包括根目录、用户主目录、当前目录和上一层目录。下面就分别介绍这 4 个目录及其表示方式。

根目录就是 Linux 系统的根目录，一般使用符号“/”表示，在根目录中包含 Linux 系统中的所有内容，类似于 Windows 系统中的“计算机”，可以在根目录中找到任何存在于系统中的文件。

用户主目录就是在目录“/home/”中和用户登录名一致的目录，一般使用符号“~”表示。当前用户的主目录可以使用符号“~”表示，而如果要表示其他用户的主目录，需要添加相应的用户名，这样就可以表示对应用户的主目录。如使用符号“~root”可以表示 root 用户的根目录。

注　　意
如果需要访问其他用户主目录中的文件，必须具有 root 权限，否则不允许访问其他用户文件中的任何内容。

当前目录就是指当前操作所在的目录，一般使用符号“.”表示，当前目录可以通过命令 pwd 获取，而在使用时一般使用符号“.”表示，如在执行 Shell 脚本时的第一个字符就是表示需要执行的 Shell 脚本在当前的目录中。

上一层目录表示当前目录的上一层目录，一般使用符号“..”表示，如目录/home 的上一层目录就是根目录，而目录/home/ben 的上一层目录就是用户主目录/home。上层目录和当前目录一般不会显示，只有使用 ls 命令的-a 选项时才会显示，如下列语句所示：

```
ben@ubuntu~/test /$ ls -a
.  ..  test  test1  test2
```

使用这些特殊符号表示特定的目录，可以减少书写时的字符数，并且使指令通俗易懂，提高可读性，如下列语句所示：

```
ben@ubuntu~/test /$ls -a
.  ..  test  test1  test2
ben@ubuntu~/test /$ cd
```

```
ben@ubuntu :~$ cd ..
ben@ubuntu :/home$
```

注　　意
根目录没有上一层目录，只包含当前目录。

3.2 用户和用户组管理

Linux 系统像一个精密的仪器在准确地运转。而这台机器的操作者就是 Linux 系统中的用户，多个用户还可以组成用户组。不同的用户具有对 Linux 系统不同的操作方式和操作权限，有的用户仅可以进行“读”操作，而有的用户却可以进行“读写”操作，这就需要熟练地对用户和用户组进行管理，从而使得 Linux 这台“机器”运转得更加顺畅。

3.2.1 用户管理常用命令

1. useradd/adduser 命令

（1）作用

useradd 和 adduser 命令可以用于创建用户登录账号或更新用户的信息。在 Linux 系统登录时，可以输入新添加的用户名或其他的已经存在的用户名，在输入了正确密码之后，才可以直接进入 Linux 系统。adduser 命令和 useradd 命令的使用方式类似，下面以 useradd 命令为例进行讲解。

（2）格式

```
useradd [-c comment] [-d home_dir]
          [-e expire_date] [-f inactive_time]
          [-g initial_group] [-G group[,...]]
          [-m [-k skeleton_dir] | -M] [-s shell]
          [-u uid [ -o]] [-n] [-r] login

useradd -D [-g default_group] [-b default_home]
          [-f default_inactive] [-e default_expire_date]
          [-s default_shell]
```

（3）使用说明

使用该命令时，需要在/home 中创建名称为登录名的目录文件，作为新添加用户的主目录。可以使用-d 选项指定一个目录为用户的主目录。当使用该用户登录后，用户的主目录就成为每一个打开的 Shell 终端的默认目录。使用 useradd 命令的常用选项如表 3-2 所示。

表 3-2　useradd 命令常用选项

选　　项	功能介绍
-name filename	搜索文件名中包含 filename 的文件
-uid n	搜索 uid 为 n 的文件
-size n	搜索大小为 n 的文件，n 可以添加适当的单位
-amin n	搜索过去 n 分钟内访问过的文件
-atime n	搜索最近 n 天内未访问的文件
-user username	搜索用户名为 username 的文件

（4）使用示例

```
ben@ubuntu:~$ useradd ben
useradd: cannot lock /etc/passwd; try again later.
ben@ubuntu:~$ sudo useradd ben
[sudo] password for ben:
ben@ubuntu:~$
```

在添加用户时，只有 root 用户才有添加用户的权限，其他用户不能添加新用户。使用户具有 root 权限的方式有两种，一种是使用命令 sudo 进行临时的权限提升，当命令执行完毕后，下一个命令仍然不具有 root 权限；另外一种是使用具有 root 权限的用户登录系统，这样所有的操作都具有 root 权限，而不需要在执行命令时添加 sudo 命令来提升命令的执行权限。

注　　意

新添加的用户必须在设定密码后才能正常使用，否则不能正常使用。添加成功后，在配置文件/etc/passwd 中就会出现相应的记录。

2. passwd 命令

（1）作用

设定或更改用户的密码。

（2）格式

```
passwd [options] [LOGIN]
```

（3）使用说明

使用 passwd 命令时可以使用选项，也可以不使用选项。如果不使用选项，则默认操作为更改用户的密码，如果不存在用户名，默认的操作为修改当前用户的密码。在更改密码时，需要输入两次密码，第一次和第二次的输入必须完全相同，才能正确地进行用户密码设置。在输入密码的过程中，不会像其他输入密码时会显示星号或其他字符，而是在终端看不到任何的输入信息。

注　　意

在输入密码时看不到输入的内容，使用 read 命令的一个特定选项就可以实现。关于 read 命令的使用将在第 4 章中进行讲解。

passwd 命令的常用选项如表 3-3 所示。

表 3-3 passwd 命令常用选项

选　项	功能介绍
-d	删除密码
-s	列出密码相关的信息
-l	锁定用户的密码
-u	解锁被锁住的密码

（4）使用示例

```
ben@ubuntu:~$ passwd ben
passwd：您不能查看或更改 ben 的密码信息。
ben@ubuntu:~$ sudo passwd ben
输入新的 UNIX 密码：
重新输入新的 UNIX 密码：
passwd：已成功更新密码
ben@ubuntu:~$
```

从上面的示例可以看出，在使用 passwd 进行密码的修改时，也需要 root 权限。否则不允许进行密码的修改。

注　意
在每一个示例的最后都存在一行“ben@ubuntu:~$”，该行的作用是表明命令执行完毕，在后面的章节中也会使用类似的方式来进行说明。

3．userdel 命令

（1）作用

删除用户登录账号以及相关的信息。

（2）格式

```
userdel [-r] login
```

（3）使用说明

使用 userdel 命令可以实现用户的删除。在 Linux 系统登录时不能使用已删除的用户登录系统。在删除用户时，要保证删除的用户不是当前正在使用的用户。只有未被使用的用户才能删除成功。

使用 userdel 命令时一般只有-r 选项，该选项的作用是将用户主目录中的内容一并删除，而在其他位置的相关内容也会被删除。

（4）使用示例

```
ben@ubuntu:~$ userdel ben
/usr/sbin/userdel：只有 root 才能从系统中删除用户或组。
ben@ubuntu:~$ sudo userdel ben
 [sudo] password for ben:
```

```
正在删除用户 ' ben '...
警告：组" ben "没有其他成员了。
完成。
ben@ubuntu:~$
```

从上面的示例可以看出，删除用户也需要 root 权限。当删除了用户后，如果用户所在组没有其他的成员，系统将会进行提示，以防止误操作的发生。

注　　意
在执行所有的用户管理命令时，都必须具有 root 权限，否则在命令执行时会提示操作被禁止。

3.2.2　用户组管理常用命令

在 Linux 系统中，用户一般是按照用户组的方式进行管理，而用户组的操作也包括用户组的创建、删除等基本的操作，下面将一一介绍用户组操作相关命令的使用。

1．groupadd 命令

（1）作用

添加用户组。

（2）格式

```
groupadd [-g gid [-o]] [-r] [-f] groupname
```

（3）使用说明

在使用 groupadd 命令时，可以不适用任何的选项，但是必须指定 groupname。当命令执行完之后，groupname 对应的用户组就存在于系统中，可以查看配置文件/etc/group 是否存在和 groupname 相关的信息。

groupadd 命令的常用选项如表 3-4 所示。

表 3-4　groupadd 命令常用选项

选　　项	功能介绍
-g	指定用户组标识 gid
-o	重复使用用户组标识
-r	创建系统组
-f	强制创建已存在的组

表 3-4 的选项中，-g 选项指定用户的组标识符（GID），也可以不使用该选项而由系统自动进行分配。

（4）使用示例

```
ben@ubuntu:~$ cat /etc/group
root:x:0:
daemon:x:1:
```

```
bin:x:2:
sys:x:3:
adm:x:4:ben
tty:x:5:
disk:x:6:
lp:x:7:
mail:x:8:
……
ben:x:1002:
ben@ubuntu:~$ sudo groupadd testgroup
ben@ubuntu:~$ cat /etc/group
root:x:0:
daemon:x:1:
bin:x:2:
sys:x:3:
adm:x:4:ben
tty:x:5:
disk:x:6:
lp:x:7:
mail:x:8:
……
ben:x:1002:
testgroup:x:1003:
```

从上面的示例可以看出，在创建新的用户组以前，配置文件/etc/group 中包含当前系统中存在的用户组；而使用 groupadd 命令创建了新的用户组之后，配置文件/etc/group 就会在文件的最后添加相应的信息。

2. groupdel 命令

（1）作用

删除特定的用户组。

（2）格式

```
groupdel groupname
```

（3）使用说明

使用 groupdel 命令删除指定的用户组时，不需要使用任何选项。而 groupname 既可以使用文字表示的用户组名，也可以使用用户组标识符 gid。

（4）使用示例

```
ben@ubuntu:~$ cat /etc/group
root:x:0:
daemon:x:1:
bin:x:2:
```

```
sys:x:3:
adm:x:4:ben
tty:x:5:
disk:x:6:
lp:x:7:
mail:x:8:
……
ben:x:1002:
ben@ubuntu:~$ sudo groupdel testgroup
ben@ubuntu:~$ cat /etc/group
root:x:0:
daemon:x:1:
bin:x:2:
sys:x:3:
adm:x:4:ben
tty:x:5:
disk:x:6:
lp:x:7:
mail:x:8:
……
ben:x:1002:
```

3.2.3　其他常用命令

对于用户和用户组的相关命令，除了上面介绍的创建、修改、删除这些基本操作之外，还有很多常用的命令，本小节仅对其中使用比较频繁的命令进行介绍。至于其他命令的使用方法，读者可以通过阅读相关帮助文档进行学习。

1. su 命令

（1）作用

更改登录用户。

（2）格式

```
su [OPTION]... [-] [USER [ARG]...]
```

（3）使用说明

使用 su 命令可以更改登录用户。如在使用普通用户登录后，对某些系统文件缺少操作权限，这时可以使用该命令更改登录用户为 root，这样可以提高操作权限。

注　意
更改用户时，同样也需要输入登录密码。

（4）使用示例

```
ben@ubuntu:~$ su root
密码：
>pwd
/root
>exit
ben@ubuntu:~$
```

2. sudo 命令

（1）作用

临时更改某条命令的执行权限，使其作为其他的用户执行当前的命令。但是除当前执行的命令以外，在执行其他的命令时，其权限以及用户不会发生改变。

（2）格式

```
sudo -h | -K | -k | -L | -V

sudo -v [-AknS] [-a auth_type] [-p prompt]

sudo -l[l] [-AknS] [-a auth_type] [-g groupname|#gid] [-p prompt]
[-U username] [-u username|#uid] [command]

sudo [-AbEHnPS] [-a auth_type] [-C fd] [-c class|-]
[-g groupname|#gid] [-p prompt] [-r role] [-t type]
[-u username|#uid] [VAR=value] [-i | -s] [command]

sudo edit [-AnS] [-a auth_type] [-C fd] [-c class|-]
[-g groupname|#gid] [-p prompt] [-u username|#uid] file ...
```

（3）使用说明

虽然 sudo 命令可以选择使用的选项非常多，而且也可以临时地作为其他用户进行各种操作，但是经常使用的是作为 root 用户执行命令，这样可以在执行命令时获得更高的权限。

关于 sudo 命令，在前面的示例中已经多次使用，因此不再列举示例。对 sudo 命令的使用不是很熟悉的读者可以参看前面的示例。

3. who 命令

（1）作用

显示登录用户的信息。

（2）格式

```
who [OPTION]... [ FILE | ARG1 ARG2 ]
```

（3）使用说明

使用 who 命令可以列举出当前是哪个用户登录使用系统，并且可以显示出用户的登录时间、运行级别等信息。

（4）使用示例

```
ben@ubuntu:~$ who -a
           系统引导 2020-05-21 19:11
           运行级别 5 2020-05-21 19:12
ben      ? :0          2020-05-21 19:14   ?         1389 (:0)
ben      - tty3        2020-05-22 01:39              3188
登录     tty6        2020-05-22 01:42             3205 id=tty6
登录     tty5        2020-05-22 01:42             3206 id=tty5
登录     tty4        2020-05-22 01:42             3207 id=tty4
ben@ubuntu:~$
```

4．which 命令

（1）作用

确定命令的路径。通俗的说法是查看命令的存储路径。

（2）格式

```
which [-a] filename ...
```

（3）使用说明

使用 which 命令时一般不需要使用任何选项，而只需要添加要查看的命令名即可准确定位。如果查找的命令不存在，则会提示不存在该命令。

（4）使用示例

```
ben@ubuntu:~$ which which
/usr/bin/which
ben@ubuntu:~$ which su
/bin/su
ben@ubuntu:~$which 123
ben@ubuntu:~$
```

从上面的执行结果可以看出，使用 which 命令能够发现执行的命令使用的到底是哪个命令，即对使用的命令进行定位，从而避免当存在多个相同的名称时，用户不知道执行的是哪一个命令。

注　意
当命令不存在，或者无法对需要定位的命令进行定位时，which 命令不会显示任何的内容。

3.3 文件和目录操作

文件是Linux系统中的基本内容,在Linux系统中,所有的内容包括硬件设备都被认为是文件,因此,对于文件的操作就变得非常重要。

操作普通文件和目录文件时一般使用不同的命令,因此将其分开进行介绍。虽然在Linux系统中所有的内容都是文件,但是每一类文件具有不同的特点,因此不能采用同一种操作方式。

3.3.1 文件操作常用命令

在进行操作之前,必须保证被操作的文件是存在的,不存在的文件不允许被操作。常用的文件操作包括创建文件、查看文件的内容、向文件中添加内容以及删除文件等,下面就一一介绍这些常用的命令。

注　意
在本小节中所表述的文件为普通文件,即 Windows 中的文本文件,对于其他的文件操作将在后面的章节中进行介绍。

1. touch 命令

(1)作用

创建普通文本文件。

(2)格式

```
touch [OPTION]... FILE...
```

(3)使用说明

使用 touch 命令时,直接添加需要创建的文件的文件名,即可实现文本文件的创建。当执行完该命令后,会在当前执行命令的目录文件中创建文件名为 filename 的文本文件。该命令还可以用来创建多个文件,在创建多个文件时,需要将 filenamelist 中的 filename 使用空格或逗号隔开。

使用 touch 命令的常用选项如表 3-5 所示。

表 3-5　touch 命令常用选项

选　　项	功能介绍
-a	改变文件的读取时间记录
-m	改变文件的修改时间记录
-c	假如目的文件不存在,不会建立新的文件。与--no-create 的效果一样
-d	设定时间与日期,可以使用各种不同的格式

(4)使用示例

```
ben@ubuntu:~$  pwd
/home/ben
```

```
ben@ubuntu:~$  touch test
ben@ubuntu:~$  ls
test
ben@ubuntu:~$  touch test1 test2
test  test1 test2
```

文件当前的目录为/home/ben，当执行完创建文件 test 后，在目录中出现了文本文件 test。当需要一次创建多个文件时，可以使用空格分隔，用来区别不同的文件名。

2. cat 命令

（1）作用

查看文件中的内容，并将文件的内容在显示器上显示。

（2）格式

```
cat [OPTION]... [FILE]...
```

（3）使用说明

文件创建后，可以使用 cat 命令查看文件中的内容，文件的内容会显示在当前的终端中。

注　意
如果查看的文件不存在，那么在使用 cat 命令时会出现相应的提示。

（4）使用示例

```
ben@ubuntu:~$  cat test.sh
#第一个 shell 脚本
#! /bin/bash
echo "hello world"
echo
ben@ubuntu:~$  cat 1
cat: 1: 没有那个文件或目录
```

3. tail 命令

（1）作用

查看文件中最后的部分内容。

（2）格式

```
tail [OPTION]... [FILE]...
```

（3）使用说明

直接使用 tail 而不加选项可以直接查看文件倒数 10 行。如果需要显示特定的行数，可以使用选项“+”或“-”表示显示的行数。“+num”一般表示显示从 num 行后的内容，而“-num”表示文件中的倒数 num 行。

（4）使用示例

```
ben@ubuntu:~$ tail /etc/passwd
kernoops:x:113:65534:Kernel Oops Tracking Daemon,,,:/:/usr/sbin/nologin
saned:x:114:119::/var/lib/saned:/usr/sbin/nologin
pulse:x:115:120:PulseAudio daemon,,,:/var/run/pulse:/usr/sbin/nologin
avahi:x:116:122:Avahi mDNS daemon,,,:/var/run/avahi-daemon:/usr/sbin/nologin
colord:x:117:123:colord colour management daemon,,,:/var/lib/colord:/usr/
sbin/nologin
hplip:x:118:7:HPLIP system user,,,:/var/run/hplip:/bin/false
geoclue:x:119:124::/var/lib/geoclue:/usr/sbin/nologin
gnome-initial-setup:x:120:65534::/run/gnome-initial-setup/:/bin/false
gdm:x:121:125:Gnome Display Manager:/var/lib/gdm3:/bin/false
ben:x:1000:1000:ben,,,:/home/ben:/bin/bash
ben@ubuntu:~$
```

4. more/ less 命令

（1）作用

more 命令的作用是使文件分屏显示。less 的作用与 more 命令相反，more 命令的作用是最多显示多少行，而 less 命令的作用是至少显示多少行。两者在使用方式上是相同的，因此下面仅以 more 命令为例进行介绍。

（2）格式

```
more [-dlfpcsu] [-num] [+/pattern] [+linenum] [file ...]
```

（3）使用说明

这两个命令一般用于当显示的内容超过整个屏幕，但是需要多屏才能显示完全的情形。该命令一次只显示满屏幕的内容，如果需要显示的内容没有充满屏幕，就会被全部显示出来，而不会再分屏显示。在分屏显示时，屏幕的下方显示“—more--”字样，用来提示后面还有内容。用户可以使用向上方向键、回车键查看后面的内容，使用向下方向键查看前面的内容。如果想退出分屏显示，需要按下 q 键或 Esc 键。

more 命令常用选项如表 3-6 所示。

表 3-6 more 命令常用选项

选 项	功能介绍
-p	在显示下一屏之前清屏
-d	显示更加详细的提示性信息
-s	将连续的空白行作为一个空白行显示
-num	显示行号

（4）使用示例

```
ben@ubuntu:~$more -7 /etc/passwd
root:x:0:0:root:/root:/bin/bash
```

```
daemon:x:1:1:daemon:/usr/sbin:/bin/sh
bin:x:2:2:bin:/bin:/bin/sh
sys:x:3:3:sys:/dev:/bin/sh
sync:x:4:65534:sync:/bin:/bin/sync
games:x:5:60:games:/usr/games:/bin/sh
man:x:6:12:man:/var/cache/man:/bin/sh
```

5. wc 命令

（1）作用

wc 命令是 Linux 系统中常用的文件操作命令，一般用来对文件中的字符进行计算。

（2）格式

```
wc   [选项]   待处理文件
```

（3）使用说明

该命令根据使用选项的不同，来对待处理文件中的某项参数进行统计。如果不指定文件名，就从标准输入中获取待统计的信息。wc 命令常用的选项如表 3-7 所示。

表 3-7　wc 命令的常用选项

选　　项	作　　用	备　　注
-c	显示字节数	同选项--bytes 和-chars
-l	显示列数	同选项--lines
-w	显示字数	同选项--words
-L	显示文件中最长行的长度	无
-m	显示文件中的字符数	无

从表 3-7 中可以看出，wc 命令使用不同的选项，就能获得文件中不同的信息。而在进行统计时，字是由空格字符区分开的最大字符串，每行结尾处的换行符也算一个字符，空格也算一个字符，而一个汉字被转换为 3 个字节。

【示例 3-1.sh】

```
#示例 3-1.sh  wc 命令的使用
#! /bin/bash
echo 显示行数
wc -l 3-1.sh

echo 显示文件中最长行的长度
wc -L 3-1.sh

echo 显示 Bytes 数
wc -c 3-1.sh
```

对示例 3-1.sh 赋予可执行权限后执行脚本，结果如下：

```
ben@ubuntu:~ # chmod  u+x 3-1.sh
ben@ubuntu: ~ # ./3-1.sh
```

```
显示行数
11 3-1.sh
显示文件中最长行的长度
27 3-1.sh
显示 Bytes 数
157 3-1.sh
```

从脚本 3-1.sh 的运行结果可以看出，使用 wc 命令能够计算出文件中的行数、最长行的长度、字节数等各种基本信息。

注　意
运行结果将根据使用的选项来进行不同的处理，在输出处理结果时，首先输出统计结果，然后显示操作的文件名。

3.3.2 目录操作常用命令

目录文件的操作也需要先创建，然后才能进行各种操作。常用的目录文件操作包括目录的创建、显示目录中的文件、目录的跳转、目录文件（包括普通文件）的复制/移动/重命名以及删除文件等。下面将逐个进行讲解。

1. pwd 命令

（1）作用

用于显示当前的操作所在的目录。

（2）格式

```
pwd [OPTION]...
```

（3）使用说明

该命令一般不需要使用任何参数，当执行该命令之后，会以绝对路径的方式显示当前操作所在的路径，该命令一般用来确定当前操作的位置。

（4）使用示例

```
ben@ubuntu:~$ pwd
/home/ben
```

2. mkdir 命令

（1）作用

创建目录文件。

（2）格式

```
mkdir [OPTION]... DIRECTORY...
```

（3）使用说明

使用该命令可以创建一个或多个目录文件，当需要一次创建多个目录文件时，需要使用空格将不同的文件名分开。如果不指定目录文件的存储位置，那么新创建的目录文件的位置为当前目录；如果需要更改目录文件的存储位置，那么需要使用绝对路径或相对路径进行目录文件位置的重新确定。

（4）使用示例

```
ben@ubuntu:/home$ mkdir ben
ben@ubuntu:~/test$ mkdir ben/test1 test2
ben@ubuntu:~/test$ ls
ben  test2
ben@ubuntu:~/test$ls ben
test1
```

注　意
表示路径的字符串部分不允许出现空格，否则 Shell 会将其当作多个文件。

3. ls 命令

（1）作用

显示目录文件信息，包括文件的属性等。

（2）格式

```
ls [OPTION]... [FILE]...
```

（3）使用说明

ls 命令是 Linux 系统中常用的命令，用于显示目录文件中的子文件列表，也可以递归列出子文件中的所有文件。常用的选项包括“-s”、“-a”、“-i”和“-l”，这 4 个选项分别用来显示目录文件中的全部文件（包括隐藏文件）、文件属性等详细信息。

（4）使用示例

```
ben@ubuntu:~/test$ ls -l
总计 8
drwxr-xr-x 2 ben ben 4096 2013-08-04 21:40 test1
drwxr-xr-x 2 ben ben 4096 2013-08-04 21:40 test2
ben@ubuntu:~$ ls -sail /home
总用量 12
4194306 4 drwxr-xr-x  3 root root 4096 2013-08-19 22:09 .
      2 4 drwxr-xr-x 26 root root 4096 2012-08-20 22:54 ..
4194307 4 drwxr-xr-x 39 ben  ben  4096 2014-03-18 21:06 ben
```

在使用 ls 命令时，Shell 终端会将不同类型的文件按照不同的颜色进行显示，这样即使不使用 -l 选项，也可以看出在当前目录文件中的文件都属于什么类型，常用的文件类型和颜色的匹配关系如表 3-8 所示。

表 3-8 文件类型和颜色的匹配关系

颜色种类	表示的文件类型
白色	普通文件
蓝色	目录文件
绿色	可执行文件
红色	压缩文件
浅蓝色	链接文件
黄色	设备文件
灰色	其他文件
红色闪烁	有问题的链接文件

从表 3-8 中可以看出，在 Shell 终端中使用了不同的颜色来表示不同的文件类型，而通过颜色就可以看出默认的文件类型，如图 3-1 所示（关于不同的颜色，请读者在终端上试一下，本图为黑白两色示意）。

```
ben@ubuntu:~$ ls
12  2   Desktop           index.html  text1  公共的  视频  文档  音乐
13  23  examples.desktop  snap        text8  模板    图片  下载  桌面
ben@ubuntu:~$ ls /dev
agpgart        loop14   sda1      tty32  tty9       urandom
autofs         loop15   sg0       tty33  ttyprintk  userio
block          loop16   sg1       tty34  ttyS0      vcs
bsg            loop17   shm       tty35  ttyS1      vcs1
btrfs-control  loop18   snapshot  tty36  ttyS10     vcs2
bus            loop19   snd       tty37  ttyS11     vcs3
cdrom          loop2    sr0       tty38  ttyS12     vcs4
cdrw           loop20   stderr    tty39  ttyS13     vcs5
char           loop3    stdin     tty4   ttyS14     vcs6
console        loop4    stdout    tty40  ttyS15     vcs7
```

图 3-1 使用 ls 命令显示的文件颜色

从终端操作可以看出，使用 ls 命令之后，不同的文件类型是由不同的颜色进行表示，因为没有改变默认的环境变量，因此在图 3-1 中显示的颜色和表 3-8 中的颜色与文件类型是相匹配的。

注 意

使用 ls 命令显示的文件的颜色由环境变量 LS_COLORS 来控制，如果修改了这个变量，那么不同文件显示的颜色也会发生变化。

4. mv 命令

（1）作用

文件移动，还可以进行文件的重命名。既可以用于目录文件，也可以用于普通文件。

（2）格式

```
mv [OPTION]... [-T] SOURCE DEST
mv [OPTION]... SOURCE... DIRECTORY
mv [OPTION]... -t DIRECTORY SOURCE...
```

（3）使用说明

使用 mv 命令进行普通文件移动时，不需要使用任何的选项。如果移动的是目录文件，那么需要添加-r 选项，否则无法完成目录文件的移动。

（4）使用示例

```
ben@ubuntu:~/test$ mv test1 ben
ben@ubuntu:~/test$ ls
test2  ben
ben@ubuntu:~/test$ mv ben/test1 test2ben
ben@ubuntu:~/test$ ls
test2  test2ben  ben
ben@ubuntu:~/test$ ls ben
ben@ubuntu:~/test$
```

5. cp 命令

（1）作用

文件复制命令，既可以用于目录文件，也可以用于普通文件。

（2）格式

```
cp [OPTION]... [-T] SOURCE DEST
cp [OPTION]... SOURCE... DIRECTORY
cp [OPTION]... -t DIRECTORY SOURCE...
```

（3）使用说明

使用 cp 命令进行普通文件复制时，不需要使用任何的选项。如果复制的是目录文件，那么需要添加-r 选项，否则无法完成目录文件的复制。

（4）使用示例

```
ben@ubuntu:~/test$ ls ben
ben@ubuntu:~/test$ cp test* ben
cp: 略过目录 "test2"
cp: 略过目录 "test2ben"
ben@ubuntu:~/test$ cp -rf test* ben
ben@ubuntu:~/test$ ls
test2  test2ben  ben
ben@ubuntu:~/test$ ls ben
test2  test2ben
ben@ubuntu:~/test$
```

6. rm 命令

（1）作用

删除目录文件，既可以用于目录文件，也可以用于普通文件。

（2）格式

```
rm [OPTION]... FILE...
```

（3）使用说明

使用 cp 命令进行普通文件删除时，不需要使用任何的选项。如果删除的是目录文件，那么需要添加-r 选项，这样可以递归地删除目录文件中的子文件，否则无法完成目录文件的复制。

（4）使用示例

```
ben@ubuntu:~ $ ls
test2  test2ben
ben@ubuntu:~ $ rm *
rm: 无法删除 "test2": 是一个目录
rm: 无法删除 "test2ben": 是一个目录
ben@ubuntu:~ $ rm -rf  test2
ben@ubuntu:~ $ ls
test2ben
ben@ubuntu:~ $
```

3.3.3 文件权限管理常用命令

1. chmod 命令

（1）作用

更改文件的访问权限，所适用的文件既包括普通文件，也包括目录文件。

（2）格式

```
chmod  [role] [+ | - | =] [mode] filename        符号模式
chmod [mode] filename                            绝对模式
```

（3）使用说明

在使用 chmod 改变文件的访问权限时，可以使用符号模式，也可以使用绝对模式。使用符号模式就是使用符号表示文件权限，而绝对模式使用数字表示文件权限的每一个集合。一般对于初学者来说，使用数字模式更加有效，而且系统也是使用这种方式表示文件权限的。

选项中的 role 由字母“u”（表示文件所有者）、“g”（表示和用户同用户组的其他用户）、“o”（表示其他用户）、“a”（表示所有用户）组合而成。操作符“+”、“-”、“=”则分别表示赋予、收回、赋予某个特定权限并且收回其他所有的权限，只能选择其中的一种。选项 mode 则表示文件具有的 3 种属性，即可读权限（r）、可写权限（w）和可执行权限（r）的任意组合。

在使用 chmod 的绝对模式时，需要将文件的属性使用八进制表示，并且需要使用 3 个数字分别表示文件所有者、用户所有者同组的用户、其他用户相应的权限，最终的数字是 3 种权限的数字之和。

（4）使用示例

```
ben@ubuntu:~ $ touch test2
```

```
ben@ubuntu:~ $ ls -l
总计 0
-rwxrwxrwx 1 ben ben 0 2013-08-04 21:45 test
-rwxrwxrwx 1 ben ben 0 2013-08-04 21:45 test1
-rw-r--r-- 1 ben ben 0 2013-08-04 21:46 test2
ben@ubuntu:~ $ chmod g+w test2
ben@ubuntu:~ $ ls -l
\总计 0
-rwxrwxrwx 1 ben ben 0 2013-08-04 21:45 test
-rwxrwxrwx 1 ben ben 0 2013-08-04 21:45 test1
-rw-rw-r-- 1 ben ben 0 2013-08-04 21:46 test2
ben@ubuntu:~ $
```

2. chown 命令

（1）作用

将指定的文件所有者改变为指定的用户或组。

（2）格式

```
chown [OPTION]... [OWNER][:[GROUP]] FILE...
chown [OPTION]... --reference=RFILE FILE...
```

（3）使用说明

在使用 chown 命令时，选项-R 表示递归地改变目录文件中所有的子目录以及子文件的所属用户或所属组。filename 可以表示一个文件，也可以表示多个文件，当需要更改多个文件时，文件和文件之间使用空格隔开。

（4）使用示例

```
ben@ubuntu:~ $ chown root:root test2
chown: 正在更改 "test2" 的所有者: 不允许的操作
ben@ubuntu:~ $ sudo chown root:root test2
ben@ubuntu:~ $ ls -l
总计 0
-rwxrwxrwx 1 ben ben 0 2013-08-04 21:45 test
-rwxrwxrwx 1 ben ben 0 2013-08-04 21:45 test1
-rw-rw-r-- 1 root    root    0 2013-08-04 21:46 test2
ben@ubuntu:~ $
```

3. file 命令

（1）作用

查看文件类型，为文件“验明正身”。

（2）格式

```
file [-bchikLnNprsvz] [--mime-type] [--mime-encoding] [-f namefile]
   [-F separator] [-m magicfiles] file
```

```
file -C [-m magicfile]
file [--help]
```

（3）使用说明

file 命令一般不需要使用参数，而直接添加需要确定类型的文件即可。当命令执行后会显示文件的基本特性，如属于什么类型的文件等。

（4）使用示例

```
ben@ubuntu:~ $ file test
test: empty
ben@ubuntu:~ $ file test2
test2: empty
ben@ubuntu:~ $ file /etc/passwd
/etc/passwd: ASCII text
ben@ubuntu:~ $ sudo file /bin/cat
/bin/cat: ELF 32-bit LSB executable, Intel 80386, version 1 (SYSV), dynamically
linked (uses shared libs), for GNU/Linux 2.6.15, stripped
ben@ubuntu:~ $
```

从上面的执行结果可以看出，使用 root 权限和不使用 root 权限得到的文件信息是不同的。一般情况下，具有 root 权限的用户使用 file 命令得到的文件信息要比普通用户使用这个命令获取到的信息量要多。

3.3.4 查找文件常用命令

1. find 命令

（1）作用

在特定的目录中查找文件。

（2）格式

```
find [-H] [-L] [-P] [-D debugopts] [-Olevel] [path...] [expression]
```

（3）使用说明

在使用 find 命令时，首先需要指定需要搜寻文件的路径，keyword 表示需要查找的关键词，常用的选项如表 3-9 所示。

表 3-9 find 命令的常用选项

选　项	功能介绍
-name filename	搜索文件名中包含 filename 的文件
-uid n	搜索 uid 为 n 的文件
size n	搜索大小为 n 的文件，n 可以添加适当的单位
-amin n	搜索过去 n 分钟内访问过的文件
-atime n	搜索最近 n 天未访问的文件
-user username	搜索用户名为 username 的文件

从表 3-9 中可以看出，find 命令在使用选项之后，进行文件检索的功能将更加强大，可以直接按照文件的大小和用户编号进行检索，还可以按照用户名以及仅对某个时间段之内的文件进行检索。

（4）使用示例

```
ben@ubuntu:~ $ find /home  test
/home/ben
test
ben@ubuntu:~ $
```

上面的示例表示如何在目录/home 中查找文件名为 test 的文件，最终在目录中找到了文件 test，并且表示出了是哪个目录中存在该文件。

2. grep 命令

（1）作用

查找符合特定表达式的字符或字符串。

（2）格式

```
grep [OPTIONS] PATTERN [FILE...]
grep [OPTIONS] [-e PATTERN | -f FILE] [FILE...]
```

（3）使用说明

grep 命令一般需要和正则表达式一起使用，正则表达式就是需要匹配的字符串，也就是目标字符串。

（4）使用示例

```
ben@ubuntu:~ $ ls -l | grep *1*
-rwxrwxrwx 1 ben ben 0 2021-08-04 21:45 test1
ben@ubuntu:~ $
```

3.4　系统管理

对于 Linux 系统来说，系统管理是 Linux 系统操作中非常重要的部分。因为系统就像 Linux 系统的骨架，用来支撑基于系统的各种操作。编写良好的 Shell 脚本也离不开 Linux 系统管理的支持。

3.4.1　网络操作常用命令

1. ping 命令

（1）作用

向目标主机发送数据请求回应。

（2）格式

```
ping [-LRUbdfnqrvVaAB] [-c count] [-i interval] [-l preload] [-p
pattern] [-s packetsize] [-t ttl] [-w deadline] [-F flowlabel] [-I
interface] [-M hint] [-Q tos] [-S sndbuf] [-T timestamp option] [-W
timeout] [hop ...] destination
```

（3）使用说明

ping 命令一般用来判定网络连接是否通畅。如果网络连接通畅，那么发送的数据就能到达目标主机，并且能够收到目标主机发送的应答消息。如果目标主机不存在或通信链路发生故障，就不会收到任何应答的数据。

（4）使用示例

```
ben@ubuntu:~ $ ping 127.0.0.1
PING 127.0.0.1 (127.0.0.1) 56(84) bytes of data.
64 bytes from 127.0.0.1: icmp_seq=1 ttl=64 time=4.48 ms
64 bytes from 127.0.0.1: icmp_seq=2 ttl=64 time=0.178 ms
64 bytes from 127.0.0.1: icmp_seq=3 ttl=64 time=0.082 ms
^C
--- 127.0.0.1 ping statistics ---
3 packets transmitted, 3 received, 0% packet loss, time 2001ms
rtt min/avg/max/mdev = 0.082/1.581/4.483/2.052 ms
ben@ubuntu:~ $
```

使用 ping 命令一般不会自动退出，需要按下 Ctrl+C 键终止命令的运行，从而得出数据的传输信息。

2. ifconfig 命令

（1）作用

基本的网络配置命令。

（2）格式

```
ifconfig [-v] [-a] [-s] [interface]
ifconfig [-v] interface [aftype] options | address ...
```

（3）使用说明

ifconfig 命令单独使用时可以用来显示当前的网络配置信息，而添加选项后可以对网络信息进行各种配置，如配置 IP 地址、默认网关等。

（4）使用示例

```
ben@ubuntu:~ $ ifconfig eth0 192.168. 142.128
ben@ubuntu:~ $ ifconfig
eth0      Link encap:以太网  硬件地址 00:0c:29:02:3e:a1
   inet 地址:192.168.142.128  广播:192.168.142.255  掩码:255.255.255.0
```

```
    inet6 地址: fe80::20c:29ff:fe02:3ea1/64 Scope:Link
    UP BROADCAST RUNNING MULTICAST  MTU:1500  跃点数:1
    接收数据包:286 错误:0 丢弃:0 过载:0 帧数:0
    发送数据包:49 错误:0 丢弃:0 过载:0 载波:0
    碰撞:0 发送队列长度:1000
    接收字节:27411 (27.4 KB)  发送字节:6870 (6.8 KB)
    中断:19 基本地址:0x2024

lo Link encap:本地环回
    inet 地址:127.0.0.1  掩码:255.0.0.0
    inet6 地址: ::1/128 Scope:Host
    UP LOOPBACK RUNNING  MTU:16436  跃点数:1
    接收数据包:14 错误:0 丢弃:0 过载:0 帧数:0
    发送数据包:14 错误:0 丢弃:0 过载:0 载波:0
    碰撞:0 发送队列长度:0
    接收字节:984 (984.0 B)  发送字节:984 (984.0 B)
```

3. route 命令

（1）作用

用于显示或配置路由表信息。

（2）格式

```
route [-CFvnee]
route  [-v] [-A family] add [-net|-host] target [netmask Nm] [gw Gw]
[metric N] [mss M] [window W] [irtt I] [reject]  [mod]  [dyn]
[reinstate] [[dev] If]
route  [-v] [-A family] del [-net|-host] target [gw Gw] [netmask Nm]
[metric N] [[dev] If]
route  [-V] [--version] [-h] [--help]
```

（3）使用说明

一般用来显示路由信息或进行路由表的配置。

（4）使用示例

```
ben@ubuntu:~ $ route
内核 IP 路由表
目标           网关  子网掩码        标志    跃点    引用    使用    接口
192.168.142.0  *     255.255.255.0  U       1       0       0       eth0
link-local     *     255.255.0.0    U       1000    0       0       eth0
default  192.168.142.2  0.0.0.0  UG   0    0  0 eth0
ben@ubuntu:~ $
```

4．netstat 命令

（1）作用

用于显示网络相关信息，如网络连接、路由表、接口状态等。

（2）格式

```
netstat [option]
```

（3）使用说明

netstat 命令可以单独使用，也可以使用特定的选项。当单独使用该命令时，其显示的内容可以分为两部分，一部分是 Active Internet connections，也可以称为有源 TCP 连接；另一部分是 Active UNIX domain sockets，也可以称为有源 Unix 域套接口。对于这两部分内容的具体含义，读者可以不必关心。因为在使用 netstat 命令时，一般需要和特定的选项一起使用，从而显示特定的内容。

netstat 命令的常用选项如表 3-10 所示。

表 3-10　netstat 命令的常用选项

常用选项	功能介绍
-a (all)	显示所有选项，默认不显示 Listen 相关
-c	每隔一个固定时间，执行该 netstat 命令
-l	仅列出有在 Listen（监听）的服务状态
-r	显示路由信息、路由表
-s	按照协议进行统计
-t(tcp)	仅显示 tcp 相关的信息
-u (udp)	仅显示 udp 相关的信息

表 3-10 中列出了 netstat 命令常用的选项及其作用，可以根据自己的实际需要选择使用哪个选项。

（4）使用示例

在 Shell 终端依次运行下列命令，netstat 命令执行的结果如下所示：

```
ben@ubuntu:~$ netstat -u
激活 Internet 连接 (w/o 服务器)
Proto Recv-Q Send-Q Local Address    Foreign Address  State
ben@ubuntu:~$ netstat -r
内核 IP 路由表
Destination     Gateway     Genmask     Flags       MSS Window  irtt Iface
192.168.0.0     *           255.255.255.0  U        0 0         0 eth1
link-local      *           255.255.0.0    U        0 0         0 eth1
default  vrouter  0.0.0.0  UG 0 0   0 eth1
ben@ubuntu:~$
ben@ubuntu:~$ netstat -t
激活 Internet 连接 (w/o 服务器)
Proto       Recv-Q  Send-Q  Local Address       Foreign Address   State
```

```
tcp      0      344     ubuntu:57018     37.61.54.158:www       ESTABLISHED
tcp      0      1       ubuntu:38006     123.125.70.108:www     FIN_WAIT1
tcp      0      0       ubuntu:55366     219.239.88.110:www     ESTABLISHED
tcp      0      0       ubuntu:55388     219.239.88.110:www     ESTABLISHED
tcp      0      0       ubuntu:55376     219.239.88.110:www     ESTABLISHED
tcp      0      0       ubuntu:55363     219.239.88.110:www     ESTABLISHED
tcp      0      0       ubuntu:55386     219.239.88.110:www     ESTABLISHED
tcp      0      1       ubuntu:53891     180.76.22.49:www       FIN_WAIT1
tcp      0      0       ubuntu:55374     219.239.88.110:www     ESTABLISHED
tcp      0      0       ubuntu:55365     219.239.88.110:www     ESTABLISHED
tcp      0      0       ubuntu:55385     219.239.88.110:www     ESTABLISHED
tcp      0      0       ubuntu:55383     219.239.88.110:www     ESTABLISHED
^C
```

在使用 netstat 命令时，有时候会显示很多的内容，如在使用-t 选项的时候。此时可以与 grep 命令一起使用，从而只输出需要的部分，略过不需要的内容。

3.4.2 磁盘信息查看常用命令

fdisk 命令

（1）作用

显示磁盘分区或磁盘信息命令。

（2）格式

```
fdisk [-uc] [-b sectorsize] [-C cyls] [-H heads] [-S sects] device
fdisk -l [-u] [device...]
fdisk -s partition...
fdisk -v
fdisk -h
```

（3）使用说明

fdisk 可以用于显示磁盘信息，如柱面信息、分区数等，还能对磁盘进行分区。在进行磁盘分区时，采用问答式界面，而不是图形化的处理，因此操作不是很方便，但是其功能和图形化的操作完全相同。

（4）使用示例

```
ben@ubuntu:~ $ fdisk -l
ben@ubuntu:~ $ sudo fdisk -l
[sudo] password for ben:

Disk /dev/sda: 16.1 GB, 16106127360 bytes
255 heads, 63 sectors/track, 1958 cylinders
Units = cylinders of 16065 * 512 = 8225280 bytes
Sector size (logical/physical): 512 bytes / 512 bytes
```

```
I/O size (minimum/optimal): 512 bytes / 512 bytes
Disk identifier: 0x00097ffe

Device Boot      Start    End     Blocks      Id     System
/dev/sda1   *    1        1871    15021056    83     Linux
/dev/sda2        1871     1958    704513      5      Extended
/dev/sda5        1871     1958    704512      82     Linux swap / Solaris
```

注　意

使用 fdisk 命令时，一般使用-l 选项来显示磁盘的详细信息，并且需要使用 root 用户进行操作，否则，显示的内容将为空。

3.5 小　结

本章主要介绍了 Shell 命令以及在使用 Shell 命令时涉及的 Linux 系统的基础知识，Shell 是 Linux 系统重要的组成部分，而 Shell 命令是 Shell 完成各种功能的基础，因此为了更好地进行 Shell 脚本的学习，必须熟练掌握 Shell 命令。

Shell 命令的基础是 Linux 系统的基本知识，如 Linux 系统中的文件类型、文件属性和文件权限的含义、用户和用户组的概念以及根目录和用户主目录的关系。掌握这些内容是学好 Shell 命令的基础。

编写 Shell 脚本可以近似地理解为将使用的 Shell 命令放到 Shell 脚本中执行，Shell 命令是 Shell 脚本的基础。这些命令可以分为 3 类，即用户和用户组管理相关命令、文件和目录操作相关命令以及系统管理相关命令，在每一类中又包含许多命令。这些命令在使用时可以添加选项，也可以单独使用。这就需要读者不断地使用这些命令，从而达到熟练使用的目的。

第 4 章 更多的 Bash Shell 命令

在第 3 章中我们介绍了很多 Shell 命令，这些命令能够帮助我们实现很多的操作。然而在日常的操作和学习过程中，掌握这些命令是远远不够的。本章我们将继续介绍一些常用的命令，这些命令能够帮助我们更好地使用 Linux 系统。

本章的主要内容如下：

- 程序监测相关命令介绍
- 磁盘空间监测相关命令介绍
- 文件处理相关命令介绍

4.1 监测程序

对系统运行的程序占用的资源进行监控，是系统管理必不可少的工作。在 Windows 系统中，一般使用任务管理器来实现该功能。而在 Linux 系统中，使用 Shell 命令是非常便捷的选择。下面分别介绍如何使用 Shell 命令来对程序进行监测。

4.1.1 探查进程——ps 命令

（1）作用

静态显示当前的进程信息。

（2）格式

```
ps [options]
```

（3）使用说明

使用 ps 命令可以添加选项，也可以不添加选项，如果不使用选项，那么显示的结果为当前活动的进程，而添加选项后，会根据不同的选项而获取不同的结果。经常使用的选项组合为“a”、“u”、“x”，这 3 个选项分别显示系统中的全部进程、以用户为主进行显示、显示所有的程序，不区分终端。

（4）使用示例

```
ben@ubuntu:~ $ ps
  PID TTY   TIME CMD
 1944 pts/0    00:00:01 bash
 2388 pts/0    00:00:00 ps
ben@ubuntu:~ $
ben@ubuntu:~ $ ps aux | more
USER     PID  %CPU  %MEM  VSZ   RSS   TTY  STAT  START    TIME   COMMAND
root      1   0.0   0.1   2800  1660   ?   Ss     21:22   0:02   /sbin/init
root      2   0.0   0.0    0     0     ?   S      21:22   0:00   [kthreadd]
root      3   0.0   0.0    0     0     ?   S      21:22   0:00   [migration/0]
root      4   0.0   0.0    0     0     ?   S      21:22   0:00   [ksoftirqd/0]
root      5   0.0   0.0    0     0     ?   S      21:22   0:00   [watchdog/0]
root      6   0.0   0.0    0     0     ?   S      21:22   0:00   [migration/1]
root      7   0.0   0.0    0     0     ?   S      21:22   0:00   [ksoftirqd/1]
root      8   0.0   0.0    0     0     ?   S      21:22   0:00   [watchdog/1]
root      9   0.0   0.0    0     0     ?   S      21:22   0:00   [events/0]
root     10   0.0   0.0    0     0     ?   S      21:22   0:00   [events/1]
root     11   0.0   0.0    0     0     ?   S      21:22   0:00   [cpuset]
root     12   0.0   0.0    0     0     ?   S      21:22   0:00   [khelper]
root     13   0.0   0.0    0     0     ?   S      21:22   0:00   [netns]
root     14   0.0   0.0    0     0     ?   S      21:22   0:00   [async/mgr]
root     15   0.0   0.0    0     0     ?   S      21:22   0:00   [pm]
```

4.1.2 实时监测进程——top 命令

（1）作用

动态显示所有的进程。

（2）格式

```
top -hv | -bcHisS -d delay -n iterations -p pid [, pid ...]
```

（3）使用说明

top 命令一般单独使用，命令执行后，屏幕每隔一定时间就会刷新一次，将不存在的进程信息去掉，并且添加新的进程信息。

（4）使用示例

```
ben@ubuntu:~ $ top
top - 12:38:33 up 50 days, 23:15,  7 users,  load average: 60.58, 61.14, 61.22
Tasks: 984 total,   1 running, 983 sleeping,   0 stopped,   0 zombie
Cpu(s):  0.1%us,  0.2%sy,  0.0%ni, 99.7%id,  0.0%wa,  0.0%hi,  0.0%si,  0.0%st
Mem:  98957812k total, 92327516k used,  6630296k free,  1727676k buffers
Swap: 33554424k total,16k used, 33554408k free, 87178292k cached

  PID   USER     PR  NI  VIRT    RES  SHR S   %CPU    %MEM    TIME+   COMMAND
17960   app_usr  15  0   13428   1800     816 R   1.3     0.0     0:00.33 top
18566   app_usr  15  0   46672   11m 7116    S   0.3     0.0 122:24.48
syncSqlite
    1   root     15  0   10368   680 572 S   0.0     0.0     0:06.81   init
    2   root     RT  -5  0       0   0   S   0.0     0.0     0:02.34
migration/0
    3   root     34  19  0       0   0   S   0.0     0.0     0:00.25
ksoftirqd/0
```

运行结果的最前面是统计信息区，这些信息依次是当前时间、当前系统运行的时间、当前登录用户数、系统负载（包括1分钟、5分钟、15分钟前CPU负载的平均值）。

在统计区的下面是进程和CPU的信息，当存在多个CPU时，出现的内容可能会超过两行，第1行的内容包括进程总数、正在运行的进程数、睡眠的进程数、停止的进程数、僵尸进程数；第2行的内容包括CPU信息，主要是过去1分钟、5分钟、15分钟的CPU占用率以及CPU空闲率等；第3行主要是内存的相关信息，包括内存总量、使用量、空闲内存数、缓存数等；第4行表示交换分区的相关信息，包括交换分区总数、交换分的使用量、空闲交换分区数以及缓存数等。

在统计信息的下面是进程的相关信息，展现的内容如表4-1所示。

表4-1 top进程区字段含义

字 段	含 义	字 段	含 义
PID	进程号	USER	启动进程的用户
PR	优先级	NI	进程nice值
VIRT	进程使用的虚拟内存总量	RES	进程使用的、未被换出的物理内存大小
SHR	共享内存大小	S	进程状态
%MEM	内存占用率	%CPU	CPU占用率
TIME+	运行时间	COMMAND	运行的命令

进程的状态主要包含以下几种：

- D，表示不可中断的睡眠状态。
- R，表示运行状态。
- S，表示睡眠状态。
- T，表示跟踪/停止状态。
- Z，表示僵尸进程状态。

4.1.3 结束进程——kill 命令

（1）作用

结束进程或者向进程发送某个信号。

（2）格式

```
kill [option] [PID/GPID]
```

（3）使用说明

kill 命令可以单独使用，不使用任何的选项就可以直接用来结束某个进程。如果进程很“顽强”，不能轻易地结束掉，可以使用 SIGKILL(9)信息尝试强制删除程序，或者使用“kill -9 进程号”的方式来进行结束。

如果为进程发送某个信号，可以使用-l 选项查看当前系统支持哪些信号，然后再选择合适的信号进行发送。

（4）使用示例

```
ben@ubuntu:~ $ top
top - 12:38:33 up 50 days, 23:15,  7 users,  load average: 60.58, 61.14, 61.22
Tasks: 984 total,   1 running, 983 sleeping,   0 stopped,   0 zombie
Cpu(s):  0.1%us,  0.2%sy,  0.0%ni, 99.7%id,  0.0%wa,  0.0%hi,  0.0%si,  0.0%st
Mem:  98957812k total, 92327516k used,  6630296k free,  1727676k buffers
Swap: 33554424k total,16k used, 33554408k free, 87178292k cached

  PID    USER    PR  NI  VIRT    RES SHR S   %CPU    %MEM    TIME+   COMMAND
17960   app_usr 15  0   13428   1800    816 R   1.3      0.0      0:00.33 top
18566   app_usr 15  0   46672   11m 7116    S   0.3      0.0 122:24.48
syncSqlite
    1    root    15  0   10368   680 572 S   0.0     0.0     0:06.81  init
    2    root    RT  -5  0       0   0   S   0.0     0.0     0:02.34
migration/0
    3    root    34  19  0       0   0   S   0.0     0.0     0:00.25
ksoftirqd/0
```

说　明
PID 或者 GPID 可以通过 top 或 ps 命令获取。

4.1.4 查看内存空间——free 命令

（1）作用

显示内存空间的使用情况。

（2）格式

```
free [-b | -k | -m | -g] [-o] [-s delay ] [-t] [-V]
```

（3）使用说明

使用 free 可以显示系统的内存使用情况。

（4）使用示例

```
ben@ubuntu:~ $ free -m
        total   used    free    shared      buffers     cached
Mem:    1001    569     432     0           56          347
-/+ buffers/cache: 165 836
Swap:   687   0 687
ben@ubuntu:~ $
ben@ubuntu:~ $ free -k
      total       use     dfree       shared  buffers     cached
Mem:1025992       583484  442508      0       58388       356148
-/+ buffers/cache:        168948  857044
Swap:704504       0       704504
ben@ubuntu:~ $ free
      total       used        free        shared      buffers cached
Mem:1025992       583484      442508  0   58396       356144
-/+ buffers/càche:        168944  857048
Swap:704504               0       704504
ben@ubuntu:~ $
```

4.2　监测磁盘空间

监测磁盘空间，简单来说就是现在的硬盘中已经使用了多少空间，还有多少空间能够使用。这个指标对于所有的系统来说，都是非常重要的，因此我们需要学习必要的磁盘空间监测命令，来明确磁盘的使用情况，并对其进行跟踪。下面介绍 4 个磁盘空间监测命令。

4.2.1　挂载外部存储——mount 命令

Linux 系统和 Windows 系统的区别就是系统在启动之后，只有根目录是自动挂载到系统中的，而 Windows 系统则是将所有的存储通过盘符的形式挂载到系统中的。即使存在类似 U 盘之类的外部存储，Windows 系统也会自动进行挂载，而在 Linux 系统中，需要通过 mount 命令进行手工挂载。

（1）基本格式

```
mount [-t vfstype] [-o options]  设备名称 挂载目录
```

（2）说明

mount 命令一般用来挂载 Linux 系统外部的存储。其中“.-t vfstype” 指定文件系统的类型，通常不必指定。mount 会自动选择正确的类型。-o options 主要用来描述设备或文件的挂接方式。常用的参数有：

- loop：用来把一个文件当成硬盘分区挂接上系统
- ro：采用只读方式挂接设备
- rw：采用读写方式挂接设备
- iocharset：指定访问文件系统所用字符集

设备名称就是需要挂载的设备，这个名称可以在目录/dev 目录下进行查询，而挂载目录就是设备在系统上的挂载点。当挂载成功之后，就可以通过访问目标目录来达到访问外部存储的功能。

（3）使用示例

下面我们通过挂载一个 U 盘的示例来说明如何使用 mount 命令来进行存储的挂载。首先将 U 盘插入到电脑的 USB 接口中，然后获取/dev 目录中的设备名称，进行挂载。其操作过程如下所示：

```
ben@ubuntu:~ $ fdisk -l
Disk /dev/sda: 21.5GB, 21474836480 bytes
#省略系统硬盘部分
Disk/dev/sdb: 8022 MB, 8022654976 bytes 94 heads, 14 sectors/track, 11906 cylinders Units = cylinders of 1316 * 512 = 673792 bytes Sector size (logical/physical): 512 bytes / 512 bytes I/O size (minimum/optimal): 512 bytes / 512 bytes Disk identifier: 0x00000000 Device Boot Start End Blocks Id System /dev/sdb1 1 11907 7834608 b W95 FAT32
ben@ubuntu:~ $ mkdir /mnt/usb
ben@ubuntu:~ $  mount -t vfat /dev/sdb1 /mnt/usb/
ben@ubuntu:~ $ ls /mnt/usb/
```

在上面的示例中，/dev/sda 为系统硬盘，省略的部分是系统硬盘的介绍信息，而/dev/sdb 就是识别出来的刚插入的 U 盘，其大小为 8GB。而/dev/sdb1 是系统给 U 盘分配的设备文件名。因为挂载的 U 盘是 Windows 分区，所以需要使用 vfat 文件系统格式来进行挂载。

说　明
笔者挂载的是个空的 U 盘，因此不显示任何的内容。

4.2.2 卸载外部存储——umount 命令

Linux系统的外部存储可以通过mount命令进行挂载。当不再使用外部存储时，可以通过umount来进行卸载，并将其从系统中移除。

（1）格式

```
umount [挂载目录 | 设备名称]
```

（2）使用说明

umount 命令可以通过设备名称或者挂载目录名称来实现设备的卸载。如果设备中包含了任何打开的文件，则系统将不允许卸载它。需要首先将打开的文件关闭，然后才能正常地进行卸载。

（3）使用示例

对外部存储设备的卸载使用 umount 命令非常简单，其使用方式如下所示：

```
ben@ubuntu:~ $umount  /dev/sda1
ben@ubuntu:~ $umount  /mnt/usb/
```

卸载时可以使用上面两种方式中的任意一种，而在执行了命令之后，如果提示设备正忙，不允许卸载，那么说明有文件没有被及时关闭从而不能卸载，当关闭了相应的文档之后，就能正常的执行卸载操作。

4.2.3 显示剩余磁盘空间——df 命令

（1）作用

显示剩余磁盘空间。

（2）格式

```
df [OPTION]... [FILE]...
```

（3）使用说明

使用 df 命令可以查看所有磁盘（物理文件系统）的使用信息，这些信息包括已用空间、可用空间（即剩余空间）、挂载点等信息。df 命令可以单独使用，也可以和选项一起使用。在单独使用时效果和选项-a 类似，可以显示所有物理文件系统的使用信息。

（4）使用示例

```
ben@ubuntu:~ $ df -m
文件系统      1M-块    已用    可用    已用%       挂载点
/dev/sda1     14439    5268    8438    39%         /
none          497      1497    1%                  /dev
none          501      1501    1%                  /dev/shm
none          501      1501    1%                  /var/run
none          501      0501    0%                  /var/lock
none          501      0501    0%                  /lib/init/rw
ben@ubuntu:~ $
```

4.2.4 计算磁盘使用量——du 命令

（1）作用

计算文件的磁盘用量，通俗意义将就是计算文件的大小，如果作用于目录文件，则计算该目录的总的磁盘使用量。

（2）格式

```
df [OPTION]... [FILE]...
```

（3）使用说明

使用 du 命令可以显示目录或文件的大小，并且能显示指定的目录或文件所占用的磁盘空间。常用的选项为‘h’，即在展示使用量时以 K、M、G 为单位，以提高信息的可读性。

（4）使用示例

```
ben@ubuntu:~ $ df -m
文件系统      1M-块   已用      可用       已用%    挂载点
/dev/sda1     14439   5268      8438       39%      /
none          497     1497         1%               /dev
none          501     1501         1%               /dev/shm
none          501     1501         1%               /var/run
none          501     0501         0%               /var/lock
none          501     0501         0%               /lib/init/rw
ben@ubuntu:~ $
```

4.3 处理数据文件

在 Linux 系统中，文件的处理操作占据了很大的比例，常见的操作一般包含排序、搜索、压缩和归档四类。Linux 系统也提供了相关的操作的命令，掌握这些命令的用法给能够非常方便地对文件进行相应的处理。下面我们将介绍如何使用这些命令。

4.3.1 排序数据——sort 命令

（1）作用

在 Linux 系统中，一般使用 sort 命令实现排序操作。sort 命令可以将文本文件内容加以排序，一般是针对文本文件的内容，以行为单位来排序。比较原则是从首字符向后，依次按 ASCII 码值进行比较，最后将它们按升序输出。

（2）格式

```
sort [option] 文件
```

（3）使用说明

如果不使用任何选项，则根据默认的方式进行排序，即将文本文件的第一列以 ASCII 码的次序排列，并将结果输出到标准输出。常用的选项如下所示：

-u　在输出行中去除重复行。
-o <输出文件>　将排序后的结果存入指定的文件
-r　以相反的顺序来排序。

（4）使用示例

我们将对文件中的内容进行排序，在文件中提前写入了部分字符，文件内容如下所示：

```
ben@ubuntu:~/4$ cat sort.txt
ASD
!@#
hello
```

```
123
ASD
!@#
ben@ubuntu:~/4$
```

我们使用sort命令对这个文件中的内容进行默认排序，排序后文件中的内容如下所示：

```
ben@ubuntu:~/4$ sort sort.txt
!@#
!@#
123
ASD
ASD
hello
ben@ubuntu:~/4$
```

如果以相反的顺序来进行排序，那么排序后文件中的内容如下所示：

```
ben@ubuntu:~/4$ sort -r  sort.txt
hello
ASD
ASD
123
!@#
!@#
ben@ubuntu:~/4$
```

像上面中如果出现重复的数据，可以使用选项-u来去掉重复的内容，执行后如下所示：

```
ben@ubuntu:~/4$ sort -ru  sort.txt
hello
ASD
123
!@#
ben@ubuntu:~/4$
```

4.3.2 搜索数据——grep命令

（1）作用

在任何系统中都需要根据特定的关键字进行搜索（查找）操作。在Linux系统中一般使用grep命令来实现根据特定的关键字在特定的路径下进行查找操作。

（2）格式

```
grep [option] 关键字 路径
```

（3）使用说明

grep 命令用于搜索模式参数指定的内容，并将匹配的行输出到屏幕或者重定向文件中。常用选项如表4-2所示。

表 4-2　grep 命令的常用选项

选　项	作　用
-r	递归
-v	反取
-i	忽略大小写
-n	显示行号
-c	计数
-w	匹配一个词

（4）使用示例

我们使用 grep 命令来对文件进行常见的查找操作。首先创建一个文件，在文件中添加如下内容：

```
ben@ubuntu:~/4$ cat grep.txt
heLLo
asd
123
ASD
!@#
hello
ben@ubuntu:~/4$
```

下面用脚本的方式来展示如何使用 grep 命令。如示例 4-1.sh 所示。

【示例 4-1.sh】

```
#示例 4-1.sh  grep 命令的使用
ben@ubuntu:~/4$ cat 4-1.sh
#! /bin/bash
echo '使用 -v 选项查询 hello'
grep -v hello grep.txt
echo
echo '使用 -n 选项查询 hello'
grep -n hello grep.txt
echo
echo '使用 -c 选项查询 hello'
grep -c hello grep.txt

ben@ubuntu:~/4$
```

对示例 4-1.sh 赋予可执行权限后执行脚本，结果如下：

```
ben@ubuntu:~/4$ chmod +x 4-1.sh
ben@ubuntu:~/4$ ./4-1.sh
使用 -v 选项查询 hello
heLLo
asd
123
```

```
ASD
!@#

使用 -n 选项查询 hello
6:hello

使用 -c 选项查询 hello
1
ben@ubuntu:~/4$
```

在示例 4-1.sh 中，我们首先使用-v 选项来反向输出匹配 hello 的内容，即不是 hello 的内容被显示出来，而字符串 hello 没有输出。使用-n 选项时，除了显示字符串的内容之外，还显示了字符串所在的行号。而-c 选项则输出了 hello 字符串在目标文件中出现的次数。

除了示例中的选项之外，grep 命令的其他选项也有很广泛的用处。需要读者在实际操作时灵活掌握，从而达到熟练运用的目的。

4.3.3　压缩数据——gzip 命令

（1）作用

gzip 命令一般用来对文件进行压缩和解压缩操作。所谓压缩操作就是按照一定的算法将一个较大的文件压缩成一个小的文件，达到减少占用磁盘的目的。

（2）格式

```
gzip [option] 压缩文件
```

（3）使用说明

使用 gzip 进行压缩时，最终生成的压缩文件会多出一个 .gz 后缀。gzip 命令对文本文件有 60%～70%的压缩率。常用的参数如表 4-3 所示。

表 4-3　gzip 命令的常用选项

选　项	作　用
-c	保留源文件
-d	解压.gz 文件
-v	打印操作详细信息
-l	列出压缩文件详细信息
-h	在线帮助

gzip 命令有一些常用的使用方式，使用这些常用的方式可以直接用来解决日常系统管理的一些操作问题，而不用再考虑使用什么选项。这些常用的方式如表 4-4 所示。

表 4-4　gzip 常用的命令格式

指　令	作　用
gzip 文件	压缩
gzip -dv 压缩文件	解压并打印执行过程

（续表）

指　　令	作　　用
gzip -c 待压缩文件 > 带压缩文件.gz	压缩文件并保留源文件
gzip *	批量压缩
gzip -dv *	批量解压

（4）使用示例

```
ben@ubuntu:~/4$ gzip grep.txt
ben@ubuntu:~/4$ ls -l
总用量 12
-rwxr-xr-x 1 ben ben 201 Aug  3 23:27 4-1.sh
-rw-r--r-- 1 ben ben  57 Aug  3 20:20 grep.txt.gz
-rw-r--r-- 1 ben ben  26 Aug  3 19:57 sort.txt
ben@ubuntu:~/4$ gzip -d grep.txt.gz
ben@ubuntu:~/4$ ls -l
总用量 12
-rwxr-xr-x 1 ben ben 201 Aug  3 23:27 4-1.sh
-rw-r--r-- 1 ben ben  28 Aug  3 20:20 grep.txt
-rw-r--r-- 1 ben ben  26 Aug  3 19:57 sort.txt
```

上面的示例中展示了 gzip 最简单的用法，首先不使用任何选项来对 grep.txt 文件进行压缩，压缩后生成了 grep.txt.gz 压缩文件。然后再使用-d 选项完成了文件的解压缩。

4.3.4 打包数据——ar 命令

（1）作用

数据的打包处理，简单来说就是将需要打包的数据放到一个文件中，便于后期对文件进行各种操作。常用的打包归档命令为 tar。该命令可用于建立、还原、查看、管理文件，也可方便地追加新文件到备份文件中，或仅更新部分的备份文件，以及解压、删除指定的文件。

说　　明
压缩和打包属于两种方式。打包是将若干个文件打包处理成一个文件，在打包的过程中不改变文件的大小。而压缩则是根据一定的算法，按照一定的压缩比来减少文件的大小。

（2）格式

```
tar [option] [tarfile] [other-files]
```

（3）使用说明

tar 命令在使用时一般需要指定打包后的文件名，即 tarfile 的名称。需要打包的文件放在 tarfile 后面。tar 命令常用的选项如表 4-5 所示。

表 4-5 tar 命令的常用选项

选　项	作　用
-A	新增压缩文件到已存在的压缩
-c	建立新的压缩文件
-r	添加文件到已经压缩的文件
-x	从压缩的文件中提取文件
-t	显示压缩文件的内容
-z	支持 gzip 解压文件
-v	显示操作过程

tar 命令常用的操作方式如表 4-6 所示。

表 4-6 tar 命令的常用操作方式

指　令	作　用
tar cf ****.tar ****	对文件进行打包
tar czf ****.tar.gz **** #	压缩打包
tar ztvf ***.tar.gz	查看文件
tar tvf ***.tar	查看文件
tar xf ***.tar ***	解压文件

（4）使用示例

```
ben@ubuntu:~/4$ ls
4-1.sh  4-1.tar  grep.txt  sort.txt
ben@ubuntu:~/4$ rm *.tar
ben@ubuntu:~/4$ ls
4-1.sh  grep.txt  sort.txt
ben@ubuntu:~/4$ tar -cvzf 4-1.tar 4-1.sh
4-1.sh
ben@ubuntu:~/4$ ls
4-1.sh  4-1.tar  grep.txt  sort.txt
ben@ubuntu:~/4$
```

上面的示例展示了如何使用 tar 命令对文件进行打包处理。在进行文件的归档或者转移时，为了操作方便，会经常对文件进行打包处理，从而达到删繁就简的目的。

4.4 小　结

本章主要介绍了程序监测、磁盘空间监测以及文件处理常用的 Shell 命令。这些命令能够帮助我们在使用 Linux 系统时更加方便快捷地完成相应的操作，因此学习并掌握这些命令是非常有必要的。像第 3 章的命令一样，需要读者不断地使用练习这些命令，从而达到熟练使用的目的。

程序检测命令主要用来对运行在系统中的进程进行操作，如查看进程占用的内存、是否还是活动进程以及结束进程等，除此之外还能查看当前系统的内存空间，便于我们对系统有一个更深入的了解。

磁盘空间监测对于系统管理来说也是非常常用的。我们可以使用命令来对其进行监控剩余空间，还可以进行挂载和卸载一些需要的外部空间，这些都是我们在日常使用 Linux 系统时经常会遇到的操作。因此需要熟练掌握这些命令的使用。

在系统中存在着很多的文件，对文件进行排序、搜索、压缩、打包等操作也是经常性的工作。熟练掌握这些常用的命令，能够帮助我们更快捷更高效地处理文件操作，而不会陷入到文件的海洋中不能自拔。

第5章

变量和环境变量

在编写 Shell 脚本时，经常会遇到某些数值不确定的情形，如在功能不变的前提下，本次操作处理/home 目录，而下次有可能就会处理其他的目录。这种情况下不可能为了简单的目录改变而重新编写脚本。此时就需要使用一个特殊的标记来表示本次处理哪个目录，这个特殊标记就是 Shell 脚本中的变量。本章将重点介绍变量在 Shell 脚本中的使用方式。

本章的主要内容如下：

- 变量的简单使用，如何输入和输出变量
- 特殊变量的使用
- 环境变量的设定与使用
- 特殊的变量数组和字符串的使用

5.1 变量的简单使用

变量的使用是 Shell 脚本编程中重要的内容，可以根据情景的不同来确定变量的最终数值，而在编写脚本时，在需要实际值的地方使用变量名来代替，而在实际使用时，参与脚本执行的是变量的值，而不是变量名。本节将重点介绍变量的简单使用，以及变量的输入和输出。

5.1.1 变量的使用

在任何编程过程中，使用变量表示在编程过程中需要动态确定的值。在 Shell 编程中，也可以使用变量表示一些在程序运行中可能会变化的量。变量的使用方式如下面的表达式所示。

```
变量名=变量值
```

在上面的表达式中，变量名用来表示在脚本中需要使用的变量，变量值表示变量具体的数值，在脚本中使用变量名的地方都将用变量值代替。等号（=）的两边不允许出现空格或其他符号，否则会产生错误，如示例 5-1.sh 所示。

【示例 5-1.sh】

```
#示例 5-1.sh  变量赋值的正确形式和错误形式
#! /bin/bash

echo 正确的变量赋值方式
num=10                #为变量 num 赋值为整数 10
str="10"              #为变量 num 赋值为字符串"10"

echo 错误的变量赋值方式
error = "error"           #错误的赋值形式，等号两边出现空格
```

对示例 5-1.sh 赋予可执行权限后执行脚本，结果如下：

```
ben@ben-laptop:~    # chmod  u+x5-1.sh
ben@ben-laptop: ~   # ./5-1.sh
./5-1.sh: line 7: error: 找不到命令
```

脚本 5-1.sh 中变量 num、str 分别被赋予了整型数值 10 和字符串“10”，而第 3 种方式则因为等号的两边出现了空格，所以会出现运行结果中的错误。因此在变量赋值时，等号的两边不能出现任何符号。

在 Shell 中也可以使用变量，与 C/C++中的变量类似。变量的命名方式与 C/C++中类似，组成变量名的字符只能是字符、数字和下画线，并且数组不能用于变量名的开头。但是不允许包括空字符、“:”、“#”、“=”等字符，这些字符不能出现在变量名中。在 Shell 中，变量是区分大小写的，如“abc”、“Abc”和“ABC”分别代表 3 个不同的变量名。

在 Shell 中使用的变量也有各自的作用域，在 Shell 编程中一般会出现 3 种类型的作用域，第 1 种是在 Shell 脚本中的变量，这类变量只能在 Shell 脚本中使用，在 Shell 脚本以外不能使用脚本中的变量；第 2 种是 Shell 终端中使用的局部变量，该类型的变量范围是从在变量声明之后到当前的终端关闭之前；最后一种是在 Shell 终端中使用的全局变量，这类变量在所有的终端和所有的脚本中都可以使用。

Shell 脚本中使用的变量和其他编程语言的不相同。在其他的编程语言中，需要首先定义变量，只有定义后的变量才能使用。而对于 Shell 编程来说，使用变量之前不需要提前定义，直接使用即可。在 Shell 编程中，没有变量类型的定义，可以直接为变量赋予各种类型的数据，而且可以对同一个变量名赋予各种类型的变量值，如示例 5-2.sh 所示。

【示例 5-2.sh】

```
#示例 5-2.sh  为同一个变量名赋予不同类型的数值
#! /bin/bash

echo 为变量 num 赋值为整数值
num=10
```

```
echo $num

echo 为变量 num 赋值为字符串
num ="10"
echo $num

echo 为变量 num 赋值为浮点型数值 1.2
num=1.2
echo $num
```

对示例 5-2.sh 赋予可执行权限后执行脚本，结果如下：

```
ben@ben-laptop:~ # chmod  u+x5-2.sh
ben@ben-laptop: ~ # ./5-2.sh
为变量 num 赋值为整数值
10
为变量 num 赋值为字符串
"10"
为变量 num 赋值为浮点型数值 1.2
1.2
```

从程序运行结果可以看出，在 Shell 脚本中使用变量，不需要像其他高级语言那样需要在定义变量以后才能使用。在 Shell 脚本中，可以直接使用变量，并且可以多次为变量赋值，变量最终的数值是最后一次赋值的结果。

5.1.2　变量的输入

在 Shell 编程过程中，除了示例 5-1.sh 和示例 5-2.sh 所表示的直接赋值的情形以外，还可以采用间接赋值的方式为变量指定具体的数据。在间接赋值时，需要在脚本执行过程中为变量输入不同的数值。对变量赋值可以使用 read 命令。read 命令的使用方式如下：

```
read [option] 变量名
```

可以单独使用 read 命令，也可以添加选项。关于一些常用选项的具体使用将在后面详细介绍。

变量在脚本的运行过程中，会产生各种中间变量，在脚本中可以使用 echo 命令输出这些中间变量的值，而需要在变量的前面添加符号“$”，如示例 5-3.sh 所示。

【示例 5-3.sh】

```
#示例 5-3.sh  变量的输入和输出
#! /bin/bash

echo -n 输入变量的值：
read num                #为变量 num 赋值为整数 10
echo 变量的值为$num
echo
```

```
echo -n 输入变量的值：
read num          #为变量 num 赋值为字符串"10"
echo 变量的值为$num
echo

echo -n 输入变量的值：
read  num         #为变量 num 赋值浮点型数值 1.2
echo 变量的值为$num
```

对示例 5-3.sh 赋予可执行权限后执行脚本，结果如下：

```
ben@ben-laptop:~ # chmod  u+x5-3.sh
ben@ben-laptop: ~ # ./5-3.sh
输入变量的值： 10
10
输入变量的值： "10"
"10"
输入变量的值： 1.2
1.2
```

从示例 5-3.sh 的执行结果可以看出，在 Shell 编程中，变量不需要声明而可以直接使用。在变量的赋值过程中，脚本不关心变量值属于何种数据类型，而只是用变量值替换变量名，这样可以将变量的使用过程大大地简化。

read 命令和 echo 命令都包含很多选项，这些选项可以使 read 命令和 echo 命令的用途更加广泛，下面详细介绍 read 命令的常用选项。

read命令的一般使用方式是接收来自标准输入（即键盘）的输入，或其他文件描述符的输入（文件描述符将在第6章中详细介绍）。在获取输入数据之后，将数据放入一个标准变量中，如示例5-4.sh中read命令的使用。如果不指定变量名称，那么输入的数值将保存在环境变量$REPLY中。

【示例 5-4.sh】

```
#示例 5-4.sh  不指定变量名输入数据，使其保存在环境变量$REPLY 中
#! /bin/bash

echo "指定变量 num"
read num              #指定变量 num 接收数值
echo '$num='$num
echo "未指定变量"
read                  #不指定变量名，使数据保存在环境变量$REPLY 中
echo '$num='$num
echo '$REPLY'=$REPLY
```

对示例 5-4.sh 赋予可执行权限后执行脚本，结果如下：

```
ben@ben-laptop:~ # chmod  u+x5-4.sh
ben@ben-laptop:~ # ./5-4.sh
"指定变量 num"
```

```
10
$num=10

"未指定变量"
100
$num=10
$REPLY=100
```

此外，read 命令还可以使用一些选项，以便在接收数据的过程中更加贴近于实际需要，常用的选项及其功能如表 5-1 所示。

表 5-1　read 命令的常用选项以及功能

选　　项	功能描述
-p	允许在 read 命令行中直接指定一个提示，可以同时为多个变量赋值
-t	指定 read 命令等待输入的秒数。当计时满时，read 命令返回一个非零状态，并且直接退出等待输入过程
-n	指定接收到的字符个数，当达到指定个数后就退出输入状态，不管有没有按下回车键
-s	使 read 命令中输入的数据不显示在监视器上

在默认状态下，read 命令一次只能为一个变量赋值，而使用-p 选项可以同时为多个变量赋值。在为多个变量赋值时，变量和变量之间需要使用逗号或空格隔开，从而区分多个变量。在赋值过程中，按照变量出现的先后顺序依次为每一个变量赋值，如示例 5-5.sh 所示。

【示例 5-5.sh】

```
#示例 5-5.sh  使用-p 选项为多个变量赋值
#! /bin/bash

echo "使用-p 选项为多个变量赋值"
read  -p "输入 3 个数值: " num1, num2 num3         #为多个变量赋值
echo "输出第 1 个变量的值: "
echo "num1 = "$num1
echo "输出第 2 个变量的值: "
echo "num2 = "$num2
echo "输出第 3 个变量的值: "
echo "num3 = "$num3
echo

echo "交换赋值顺序"
read  -p "输入 3 个数值: " num3, num1 num2         #为多个变量赋值
echo "输出第 1 个变量的值: "
echo "num1 = "$num1
echo "输出第 2 个变量的值: "
echo "num2 = "$num2
echo "输出第 3 个变量的值: "
echo "num3 = "$num3
```

对示例 5-5.sh 赋予可执行权限后执行脚本，结果如下：

```
ben@ben-laptop:~ # chmod  u+x 5-5.sh
ben@ben-laptop:~ # ./5-5.sh
使用-p 选项为多个变量赋值
输入 3 个数值： 10 20 30
输出第 1 个变量的值：
num1 = 10
输出第 2 个变量的值：
num2 = 20
输出第 3 个变量的值：
num3 = 30

交换赋值顺序
输入 3 个数值： 10 20 30
输出第 1 个变量的值：
num1 = 20
输出第 2 个变量的值：
num2 = 30
输出第 3 个变量的值：
num3 = 10
```

从示例 5-5.sh 的执行结果可知，read 命令在同时为多个变量赋值时，按照变量出现的先后顺序对变量赋值，因此要特别注意变量出现的顺序。

在使用 read 命令为变量的赋值时，如果没有为变量赋值，那么将一直停留在等待数据输入的状态而不再执行其他的操作。如果用户一直没有输入数据，那么脚本将不再继续向下执行，这样显然是不符合实际情况的。在使用-t 选项后就可以避免此类的问题。-t 选项用来限定等待输入的时间，一般以秒为单位。当到达指定的时间后，read 命令就直接退出输入状态，而继续执行后面的命令，如示例 5-6.sh 所示。

【示例 5-6.sh】

```
#示例 5-6.sh  使用-t 选项限定等待时间
#! /bin/bash

echo "设定等待时间为 4 秒"
read -t4  num1                    #限定等待时间为 4 秒
echo "num1 = "$num1
echo "不限定时间输入"
read num1                         #不限定时间输入
echo  "num1 = "$num1
```

对示例 5-6.sh 赋予可执行权限后执行脚本，结果如下：

```
ben@ben-laptop:~ # chmod  u+x 5-6.sh
ben@ben-laptop:~ # ./5-6.sh
设定等待时间为 4 秒
```

```
num1 =
不限定时间输入
10
num1 = 10
```

从示例 5-6.sh 的运行结果可知，使用了-t 选项之后，在规定的时间内，不管是否输入数据，都会继续执行后面的命令，从而避免了无休止的等待。

当为变量赋予字符串类型的数值时，有时候会出现需要 3 个字符但是却输入了 5 个字符的情形。对于其他的编程语言来说，可以通过限定字符的个数来控制变量实际接收的字符个数。但是 Shell 脚本却不具备这个功能，不管输入多少个字符，变量都会直接接收。使用-n 选项则可以避免这种状况的发生。在该选项的后面添加一个整数，该整数用来限定变量实际接收的字符个数，如示例 5-7.sh 所示。

【示例 5-7.sh】

```
#示例 5-7.sh  使用-n 选项限定输入字符个数
#! /bin/bash

echo "使用-n 选项限定输入字符个数"
read -n4  num1                          #限定为 4 个字符
echo "num1 = "$num1
echo "不限定字符个数，输入 10 个字符"
read num1                               #不限定时间输入
echo  "num1 = "$num1
```

对示例 5-7.sh 赋予可执行权限后执行脚本，结果如下：

```
ben@ben-laptop:~ # chmod  u+x 5-7.sh
ben@ben-laptop: ~# ./5-7.sh
使用-n 选项限定输入字符个数
1234"num1 = "1234
不限定字符个数，输入 10 个字符
1234567890
num1 = 1234567890
```

从脚本 5-7.sh 的运行结果可知，在不使用-n 选项时，可以无限制地为变量输入数据，但是使用了-n 选项后，则将变量实际接受的数据长度限定在一个范围之内，使得变量不会接受所有的输入内容。

在使用 read 命令输入数据时，输入的内容默认显示在终端上。然而在某些情况下，如在输入密码时，一般不需要显示输入的内容，此时可以使用-s 选项，这样就可以使得输入的内容不会在终端上显示，如示例 5-8.sh 所示。

【示例 5-8.sh】

```
#示例 5-8.sh  使用-s 选项不显示输入的内容
#! /bin/bash
```

```
echo "使用-s 选项不显示输入的内容"
read -s  num1                            #不显示输入的内容
echo "num1 = "$num1
echo "正常显示输入内容"
read num1                                #显示输入的内容
echo  "num1 = "$num1
```

对示例 5-8.sh 赋予可执行权限后执行脚本，结果如下：

```
ben@ben-laptop:~ # chmod  u+x 5-8.sh
ben@ben-laptop:~ # ./5-8.sh
使用-s 选项不显示输入的内容
num1 =12345
正常显示输入内容
12345
num1 =12345
```

从脚本 5-8.sh 运行结果可知，使用了-s 选项之后，输入的内容变得不可见了，当不使用该选项时，仍然可以看到输入的内容。因此，在实际使用过程中，需要按照实际的需求确定是否使用-s 选项。

注　意

使用-s 选项时，数据仍然显示，只是 read 命令将文本颜色设置成与背景相同的颜色，从而使得用户无法看到输入的数据。

5.1.3　变量的输出命令 echo

在 Linux 系统中，一般使用 echo 命令来进行变量的输出操作。echo 命令用于在标准输出上输出传递给 echo 命令的所有参数（即在 echo 命令后面的内容，选项参数除外）。echo 命令的使用方式如下：

```
echo [选项]  输出字符串
```

使用 echo 命令时，也可以使用多个选项，常用的选项如表 5-2 所示。

表 5-2　echo 命令的常用选项

选　　项	作　　用	使用示例
-n	输出文字后不换行	echo -n "hello"
-e	输出某些特殊字符	echo -e
--help	显示帮助	echo --help
--version	显示版本信息	echo --version

echo 命令默认在输出结束之后，会输出一个换行符，即回车键，而在某些时候却不需要这个换行符，可以使用-n 选项取消换行符，从而使得下一个命令还能在当前行执行，如示例 5-9.sh 所示。

【示例 5-9.sh】

```
#示例 5-9.sh  使用-n 选项不输出换行符
#! /bin/bash

echo "不使用-n 选项输出换行符"
echo "输入数值："
read  num1
echo  "输入的数值为："$num1

echo  "使用-n 选项不输出换行符"
echo  -n "输入数值："
read  num1
echo  "输入的数值为："$num1
```

为脚本 5-9.sh 赋予可执行权限后执行脚本，执行结果如下：

```
ben@ben-laptop:~ # chmod  u+x 5-9.sh
ben@ben-laptop: ~ # ./5-9.sh
不使用-n 选项输出换行符
输入数值：
10
输入的数值为：10
使用-n 选项不输出换行符
输入数值：10
输入的数值为：10
```

从示例 5-9.sh 的执行结果可以看出，当使用了-n 选项之后，输入的内容不再回显到屏幕上，而是和背景采用同样的颜色，从而使得输入的内容不可见。在 Linux 系统中，一般使用这种方式来输入密码，从而避免密码泄露。

在使用 echo 命令的-e 选项时，某些特殊字符不再显示字符本身，而是按照特殊的功能进行显示。这些特殊的字符以及作用如表 5-3 所示。

表 5-3　特殊的字符及其作用

字　符	作　用
\a	发出警告声，一般是蜂鸣声
\b	删除前一个字符
\c	最后不加上换行符号
\f（或\v）	换行但光标仍旧停留在原来的位置
\n	换行且光标移至行首
\t	插入 tab
\r	光标移至行首，但不换行
\\	插入\字符
\nnn	插入 nnn（八进制）所代表的 ASCII 字符

在使用-e 选项时，如果字符串中出现了表 5-3 中的字符，那么就按照特殊功能进行显示，而不会再按照普通字符进行显示，如示例 5-10. sh 所示。

【示例 5-10.sh】

```
#示例 5-10.sh  使用-e 选项输出特殊字符
#! /bin/bash

echo -e warning:\a
echo -e \"this is shell script\"
echo "插入反斜杠"
echo -e  this \\is
```

对示例 5-10.sh 赋予可执行权限后执行脚本，结果如下：

```
ben@ben-laptop:~ # chmod  u+x 5-10.sh
ben@ben-laptop:~ #./5-10.sh
warning:
"this is shell script"
this \\is
```

在前面的示例中，输出的内容都是连续的字符，字符与字符之间没有间断，而在实际的使用过程中，一个字符串可能由多个子串组成，如字符串“hello World”就由子字符串“hello”、“World”以及中间的空格组成，对于这种情况，需要使用引号将作为字符串的部分括起来，防止出现二义性，如示例 5-11.sh 所示。

【示例 5-11.sh】

```
#示例 5-11.sh  使用-s 选项不显示输入的内容
#! /bin/bash

echo hello world           #输出字符串
echo "hello world"
str= hello world
echo $str                  #输出变量
str="hello world"
echo $str
```

对示例 5-11.sh 赋予可执行权限后执行脚本，结果如下：

```
ben@ben-laptop:~ # chmod  u+x 5-11.sh
ben@ben-laptop:~ #./5-11.sh
hello world
hello world
./5-11.sh: line 4: world: 找不到命令
hello world
```

从脚本 5-11.sh 的执行结果可以看出，在直接使用 echo 命令进行输出时，有没有引号不受影响，但是输出变量的值时，如果不使用引号，那么 echo 命令会将空格后面的字符串作为一个单独的命令来进行处理，从而发生各种意想不到的错误。

注　意

在 Shell 脚本中，引号包括单引号、双引号、倒引号 3 种形式，而用来说明字符串的引号一般为双引号。单引号将会有其他的用途。至于引号在 Shell 脚本中的使用方式，将在后面章节中进行详细介绍。

在使用 echo 命令时，如果不添加任何的选项和输出内容，在单独执行一个 echo 命令之后，就会输出一个空行，即一个回车键，如示例 5-12.sh 所示。

【示例 5-12.sh】

```
#示例 5-12.sh  使用-s 选项不显示输入的内容
#! /bin/bash

echo hello world          #输出字符串
echo
echo "hello world"
echo
str= hello world
echo $str                 #输出变量
echo
str="hello world"
echo $str
```

对示例 5-12.sh 赋予可执行权限后执行脚本，结果如下：

```
ben@ben-laptop:~ # chmod  u+x 5-12.sh
ben@ben-laptop:~ #./5-12.sh

hello world

hello world
```

从示例 5-12.sh 的执行结果可以看出，使用 echo 命令可以在输出字符的最后输出一个换行符；而单独使用 echo 命令将会输出一个空行，该空行一般用来隔开上下两部分输出，从而提高输出内容的可读性。

注　意

echo 命令可以使用重定向的方式将输出内容显示到其他的文件中，而不显示到计算机的屏幕上。关于如何使用重定向，将在后面的章节中进行讲解。

5.2 Shell 中特殊变量的使用

上一节中讲解的变量只能用于当前 Shell 或当前的脚本中，在此范围之外，变量不能被使用。而在 Shell 中，只使用这些局部变量显然是不符合实际需要的。在某些场合，如在记录位置参数以及其他的环境变量时，这些变量在所有的脚本中都会用到，因此这些变量被称为全局变量。这些变量在 Shell 脚本中具有特殊的功能，因此，也可称这些变量是特殊变量。

注　意
全局变量一般可以看作是环境变量，关于环境变量的内容将在下一小节中进行讲解。

5.2.1 位置参数介绍

在 Shell 编程中，每一个脚本也可以使用一些参数。在 Shell 编程中存在一类参数，这些参数按照出现的先后顺序不同而进行赋值，因此一般被称为位置参数，常用的位置参数如表 5-4 所示。

表 5-4　Shell 脚本中的位置参数

参数名称	功能介绍
$0	脚本名称
$1~$9	脚本执行时输入的第 1 至第 9 个参数
$#	输入的参数个数
$?	脚本返回值
$*	参数的具体内容

表 5-4 中列出了 Shell 中常用的位置参数，这些参数记录了在 Shell 脚本执行时输入参数的详细信息，其中$#表示输入的参数的个数，$0 则表示脚本的名称，而$1~$9 则表示在各个位置上出现的参数的具体内容。如果在某个位置不存在参数，那么该符号表示的内容为空，如示例 5-13.sh 所示。

【示例 5-13.sh】

```
#示例 5-13.sh  使用位置参数
#! /bin/bash

echo "执行该脚本共输入了"$# "个参数"
echo "脚本的名字为"$0
echo "第一个参数为"$1
echo "第 1 个参数为"$1
echo "第 2 个参数为"$2
echo "第 3 个参数为"$3
echo "第 4 个参数为"$4
echo "第 5 个参数为"$5
echo "第 6 个参数为"$6
```

```
echo "第 7 个参数为"$7
echo "第 8 个参数为"$8
echo "第 9 个参数为"$9
echo 脚本中传入的参数是：$*
```

对示例 5-13.sh 赋予可执行权限后执行脚本，结果如下：

```
ben@ben-laptop:~ #chmod u+x 5-13.sh
ben@ben-laptop:~ #../5-13.sh hello world  1234 567
执行该脚本共输入了 4 个参数
脚本的名字为./5-13.sh
第一个参数为 hello
第 1 个参数为 hello
第 2 个参数为 world
第 3 个参数为 1234
第 4 个参数为 567
第 5 个参数为
第 6 个参数为
第 7 个参数为
第 8 个参数为
第 9 个参数为
```

从脚本 5-13.sh 运行结果可知，使用特定的符号可以记录在脚本运行时使用的参数，从而使得在脚本的运行过程中，使用这些参数来参与脚本的执行。

5.2.2　$@和$*的区别

变量$@和$*都能在一个变量中包含所有的命令行参数，但这两个变量又存在着不同。变量$*将命令行中的所有参数都作为一个字符串来处理，这个单词中包含命令、脚本在执行时的所有的参数。而变量$@将所有的输入参数看作多个对象，是所有参数的列表，它将每一个参数分别作为一个对象来处理。在一般情况下，这两个变量没有区别，且在使用时都需要用双引号引起来。然而，在使用 for 结构时，这两个变量的区别一览无遗，如示例 5-14.sh 所示。

【示例 5-14.sh】

```
#示例 5-14.sh  $@和$*的区别
#! /bin/bash

echo 使用 for 结构处理变量$@
count=1
for tmpstr in "$@"
do
   echo 第$count 个变量的值为：$tmpstr
   count=$[ $count + 1 ]
done
echo
```

```
echo 使用 for 结构处理变量$*

count=1
for tmpstr in "$*"
do
   echo 第$count 个变量的值为：$tmpstr
   count=$[ $count + 1 ]
done
```

对示例 5-14.sh 赋予可执行权限后执行脚本，结果如下：

```
ben@ben-laptop:~ #chmod  u+x 5-14.sh
ben@ben-laptop:~ #./5-14.sh hello world  1234 567
使用 for 结构处理变量 hello world 1234 567
第 1 个变量的值为：hello
第 2 个变量的值为：world
第 3 个变量的值为：1234
第 4 个变量的值为：567

使用 for 结构处理变量 hello world 1234 567
第 1 个变量的值为：hell
第 2 个变量的值为：wofld
第 3 个变量的值为：1234
第 4 个变量的值为：567
```

从示例 5-14.sh 的执行结果可以看出，变量$@一般将传递的参数作为一个参数来处理；而变量$*则类似于一个数据组合，将所有的参数都作为一个单独的字符串来处理。

5.3 环境变量的使用

环境变量是每一种编程语言都会使用的变量，这些变量记录了程序在执行时的一些基本信息，如行号、运行时间、日期等，在 Shell 脚本的执行过程中，也存在一些用来存储有关 Shell 终端会话和工作环境的信息，这些信息被称为 Shell 的环境变量。环境变量可以用来识别用户账户、Shell 基本特性以及其他需要存储的内容，本节将详细介绍环境变量的相关内容。

5.3.1 Shell 中的环境变量

所有的环境变量都使用大写字母，这样便于和普通变量区分。在 Shell 终端输入 env 命令或使用 printenv 命令就可以显示当前有效的环境变量，如示例 5-15.sh 所示。

【示例 5-15.sh】

```
#示例 5-15.sh  显示环境变量
#! /bin/bash
```

```
echo "使用命令 env 显示环境变量"
env
```

对示例 5-15.sh 赋予可执行权限后执行脚本，结果如下：

```
ben@ben-laptop:~ #chmod  u+x 5-15.sh
ben@ben-laptop:~ #./5-15.sh
使用命令 env 显示环境变量
ORBIT_SOCKETDIR=/tmp/orbit-root
SSH_AGENT_PID=1954
SHELL=/bin/bash
TERM=xterm
XDG_SESSION_COOKIE=767d70e78e56d25cc8dd8e284f3cb5d0-1376919748.436265-2956
46929
WINDOWID=75497477
GNOME_KEYRING_CONTROL=/tmp/keyring-XfQjcA
GTK_MODULES=canberra-gtk-module
USER=root
LS_COLORS=rs=0:di=01;34:ln=01;36:hl=44;37:pi=40;33:so=01;35:do=01;35:bd=40
;33;01:cd=40;33;01:or=40;31;01:su=37;41:sg=30;43:ca=30;41:tw=30;42:ow=34;42:st
=37;44:ex=01;32:*.tar=01;31:*.tgz=01;31:*.arj=01;31:*.taz=01;31:*.lzh=01;31:*.
lzma=01;31:*.zip=01;31:*.z=01;31:*.Z=01;31:*.dz=01;31:*.gz=01;31:*.bz2=01;31:*
.bz=01;31:*.tbz2=01;31:*.tz=01;31:*.deb=01;31:*.rpm=01;31:*.jar=01;31:*.rar=01
;31:*.ace=01;31:*.zoo=01;31:*.cpio=01;31:*.7z=01;31:*.rz=01;31:*.jpg=01;35:*.j
peg=01;35:*.gif=01;35:*.bmp=01;35:*.pbm=01;35:*.pgm=01;35:*.ppm=01;35:*.tga=01
;35:*.xbm=01;35:*.xpm=01;35:*.tif=01;35:*.tiff=01;35:*.png=01;35:*.svg=01;35:*
.svgz=01;35:*.mng=01;35:*.pcx=01;35:*.mov=01;35:*.mpg=01;35:*.mpeg=01;35:*.m2v
=01;35:*.mkv=01;35:*.ogm=01;35:*.mp4=01;35:*.m4v=01;35:*.mp4v=01;35:*.vob=01;3
5:*.qt=01;35:*.nuv=01;35:*.wmv=01;35:*.asf=01;35:*.rm=01;35:*.rmvb=01;35:*.flc
=01;35:*.avi=01;35:*.fli=01;35:*.flv=01;35:*.gl=01;35:*.dl=01;35:*.xcf=01;35:*
.xwd=01;35:*.yuv=01;35:*.axv=01;35:*.anx=01;35:*.ogv=01;35:*.ogx=01;35:*.aac=0
0;36:*.au=00;36:*.flac=00;36:*.mid=00;36:*.midi=00;36:*.mka=00;36:*.mp3=00;36:
*.mpc=00;36:*.ogg=00;36:*.ra=00;36:*.wav=00;36:*.axa=00;36:*.oga=00;36:*.spx=0
0;36:*.xspf=00;36:
LIBGL_DRIVERS_PATH=/usr/lib/fglrx/dri
SSH_AUTH_SOCK=/tmp/keyring-XfQjcA/ssh
SESSION_MANAGER=local/ben-laptop:@/tmp/.ICE-unix/1911,unix/ben-laptop:/tmp
/.ICE-unix/1911
USERNAME=root
DEFAULTS_PATH=/usr/share/gconf/gnome.default.path
XDG_CONFIG_DIRS=/etc/xdg/xdg-gnome:/etc/xdg
PATH=/usr/local/sbin:/usr/local/bin:/usr/sbin:/usr/bin:/sbin:/bin:/usr/gam
es:/opt/FriendlyARM/toolschain/4.5.1/bin
DESKTOP_SESSION=gnome
QT_IM_MODULE=xim
PWD=/root
```

```
XMODIFIERS=@im=ibus
GDM_KEYBOARD_LAYOUT=cn
LANG=zh_CN.UTF-8
GNOME_KEYRING_PID=1893
GDM_LANG=zh_CN.UTF-8
MANDATORY_PATH=/usr/share/gconf/gnome.mandatory.path
GDMSESSION=gnome
SPEECHD_PORT=6560
SHLVL=1
HOME=/root
LANGUAGE=zh_CN:zh
GNOME_DESKTOP_SESSION_ID=this-is-deprecated
LOGNAME=root
XDG_DATA_DIRS=/usr/share/gnome:/usr/local/share/:/usr/share/
DBUS_SESSION_BUS_ADDRESS=unix:abstract=/tmp/dbus-NxGyLJBynH,guid=402bdffab
a6a4c9af8de432e521220c4
LESSOPEN=| /usr/bin/lesspipe %s
DISPLAY=:1.0
GTK_IM_MODULE=ibus
LESSCLOSE=/usr/bin/lesspipe %s %s
XAUTHORITY=/var/run/gdm/auth-for-root-kx9ZfA/database
COLORTERM=gnome-terminal
_=/usr/bin/env
```

脚本 5-15.sh 运行结果显示了所有的环境变量，这些环境变量在当前用户的任意地方都可以使用。在使用环境变量时，要注意变量名都是大写字母，并且在变量名前面要添加美元符号“$”。这些环境变量的作用如表 5-5 所示。

表 5-5　常用环境变量及其作用

环境变量名称	环境变量作用
$SHELL	系统默认 Shell 类型
$TERM	终端类型
$USER	用户名
$LS_COLORS	颜色信息
$LOGNAME	当前用户的登录名
$LANGUAGE	当前终端使用的语言
$HOME	当前用户的主目录
$PWD	当前路径
$PATH	环境变量路径

如果只需要显示某个环境变量，那么使用 echo 命令再加上变量名就可以显示该变量的值，如下所示：

```
ben@ben-laptop:~$ echo $HOME
/home/ben
ben@ben-laptop:~$ echo $SHELL
/bin/bash
ben@ben-laptop:~$ echo $PWD
/home/ben
```

从上面的操作可以看出，环境变量的使用类似于普通变量的使用，除了用于输出该变量的内容之外，还可以参与其他的操作，这些操作在后面的章节中介绍，请读者细心阅读。

注　　意
在书写环境变量时，变量名一般都用大写字符，从而与其他类型的变量进行区分。

5.3.2　环境变量的配置文件

在上面的示例中，显示的环境变量都存储在配置文件 profile 中。环境变量主要存在于 3 个文件中，这 3 个文件分别是：

- /etc/profile
- $HOME/.bash_profile
- $HOME/.profile

其中/etc/profile 文件是系统默认的 Shell 配置文件，系统中的每一个用户登录时都需要启动该文件，另外两个文件是某个特定用户登录系统时的启动文件，因此可以使用这些配置文件对每一个用户进行定制的启动。这 3 个文件的启动顺序如图 5-1 所示。

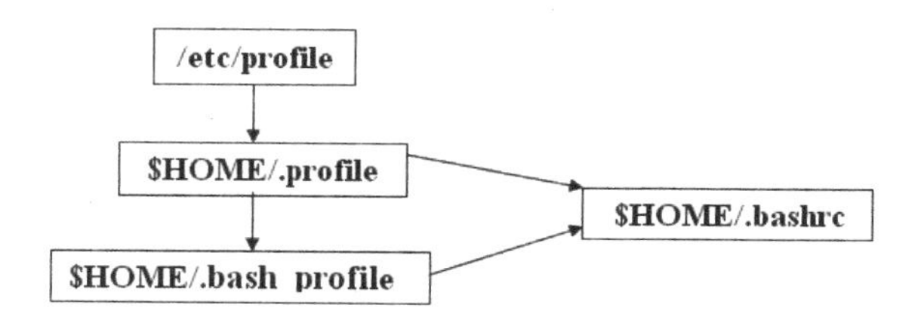

图 5-1　环境变量相关配置文件执行顺序

文件/etc/profile 是系统级文件，在用户登录时会自动执行该文件，该文件首先用来从/etc/profile.d 目录的配置文件中搜集 Shell 的设置，可以设定 Shell 的命令提示符等，还可以设定掩码（umask）。该文件的内容如下：

```
ben@ben-laptop:~ #cat /etc/profile
# /etc/profile: system-wide .profile file for the Bourne shell (sh(1))
# and Bourne compatible shells (bash(1), ksh(1), ash(1), ...).

if [ -d /etc/profile.d ]; then
  for i in /etc/profile.d/*.sh; do
    if [ -r $i ]; then
```

```
      . $i
    fi
  done
  unset i
fi

if [ "$PS1" ]; then
  if [ "$BASH" ]; then
    PS1='\u@\h:\w\$ '
    if [ -f /etc/bash.bashrc ]; then
      . /etc/bash.bashrc
    fi
  else
    if [ "`id -u`" -eq 0 ]; then
      PS1='# '
    else
      PS1='$ '
    fi
  fi
fi

umask 022
```

当 etc 目录中的 profile 文件执行完之后，接下来要执行的文件就是主目录下的 profile 文件。profie 文件是用户自己的配置文件，每一个用户需要配置的内容不同，profile 文件的内容也就不同。而在该文件中，如果存在文件 bashrc，那么就直接运行文件 bashrc 中的内容，来对用户进行设置。该文件的内容如下：

```
ben@ben-laptop:~ #cat $HOME/.profile
# ~/.profile: executed by Bourne-compatible login shells.

if [ "$BASH" ]; then
  if [ -f ~/.bashrc ]; then
    . ~/.bashrc
  fi
fi

mesg n
```

文件 bash_profile 也是每个用户自己"私有的"文件，这个文件用于配置用户自身使用的 Shell 信息。当用户登录时，该文件仅仅执行一次，默认情况下，该文件设置一些环境变量，执行用户的.bashrc 文件。该文件的内容如下：

```
ben@ubuntu:~$ cat .profile
# ~/.profile: executed by the command interpreter for login shells.
# This file is not read by bash(1), if ~/.bash_profile or ~/.bash_login
```

```
# exists.
# see /usr/share/doc/bash/examples/startup-files for examples.
# the files are located in the bash-doc package.

# the default umask is set in /etc/profile; for setting the umask
# for ssh logins, install and configure the libpam-umask package.
#umask 022

# if running bash
if [ -n "$BASH_VERSION" ]; then
    # include .bashrc if it exists
    if [ -f "$HOME/.bashrc" ]; then
    . "$HOME/.bashrc"
    fi
fi

# set PATH so it includes user's private bin if it exists
if [ -d "$HOME/bin" ] ; then
    PATH="$HOME/bin:$PATH"
fi

# set PATH so it includes user's private bin if it exists
if [ -d "$HOME/.local/bin" ] ; then
    PATH="$HOME/.local/bin:$PATH"
fi
ben@ubuntu:~$
```

在该文件中设定了大部分常用的环境变量并且为这些变量赋值，如设定了记录的命令个数为 1000 个，这样就可以使用方向键来查看使用的历史命令。还对几个命令进行了重命名。当该文件被执行完之后，系统的控制权就交给其他的操作，从而执行后续的操作。

这 3 个脚本都是与环境变量相关的文件，并且都是在开机就会伴随着操作系统的运行而自动运行的，当脚本执行完毕之后，系统也随之启动成功。用户就可以在需要使用的地方使用环境变量了。

5.3.3　全局环境变量和本地环境变量

在 Linux 系统中，比较重要的变量是环境变量。环境变量定义了一些关于 Linux 操作系统以及当前使用的 Shell 终端的基本信息，显示全局环境变量一般使用 env 命令，而显示本地环境变量则使用 set 命令。使用这两个命令时，一般不需要使用其他的选项，如下面的代码所示：

```
ben@ben-laptop:~$ env
ORBIT_SOCKETDIR=/tmp/orbit-ben
SSH_AGENT_PID=1572
SHELL=/bin/bash
TERM=xterm
```

```
    XDG_SESSION_COOKIE=767d70e78e56d25cc8dd8e284f3cb5d0-1393861077.276597-1616
855575
    WINDOWID=77598880
    GNOME_KEYRING_CONTROL=/tmp/keyring-etY5wo
    GTK_MODULES=canberra-gtk-module
    USER=ben
    LS_COLORS=rs=0:di=01;34:ln=01;36:hl=44;37:pi=40;33:so=01;35:do=01;35:bd=40
;33;01:cd=40;33;01:or=40;31;01:su=37;41:sg=30;43:ca=30;41:tw=30;42:ow=34;42:st
=37;44:ex=01;32:*.tar=01;31:*.tgz=01;31:*.arj=01;31:*.taz=01;31:*.lzh=01;31:*.
lzma=01;31:*.zip=01;31:*.z=01;31:*.Z=01;31:*.dz=01;31:*.gz=01;31:*.bz2=01;31:*
.bz=01;31:*.tbz2=01;31:*.tz=01;31:*.deb=01;31:*.rpm=01;31:*.jar=01;31:*.rar=01
;31:*.ace=01;31:*.zoo=01;31:*.cpio=01;31:*.7z=01;31:*.rz=01;31:*.jpg=01;35:*.j
peg=01;35:*.gif=01;35:*.bmp=01;35:*.pbm=01;35:*.pgm=01;35:*.ppm=01;35:*.tga=01
;35:*.xbm=01;35:*.xpm=01;35:*.tif=01;35:*.tiff=01;35:*.png=01;35:*.svg=01;35:*
.svgz=01;35:*.mng=01;35:*.pcx=01;35:*.mov=01;35:*.mpg=01;35:*.mpeg=01;35:*.m2v
=01;35:*.mkv=01;35:*.ogm=01;35:*.mp4=01;35:*.m4v=01;35:*.mp4v=01;35:*.vob=01;3
5:*.qt=01;35:*.nuv=01;35:*.wmv=01;35:*.asf=01;35:*.rm=01;35:*.rmvb=01;35:*.flc
=01;35:*.avi=01;35:*.fli=01;35:*.flv=01;35:*.gl=01;35:*.dl=01;35:*.xcf=01;35:*
.xwd=01;35:*.yuv=01;35:*.axv=01;35:*.anx=01;35:*.ogv=01;35:*.ogx=01;35:*.aac=0
0;36:*.au=00;36:*.flac=00;36:*.mid=00;36:*.midi=00;36:*.mka=00;36:*.mp3=00;36:
*.mpc=00;36:*.ogg=00;36:*.ra=00;36:*.wav=00;36:*.axa=00;36:*.oga=00;36:*.spx=0
0;36:*.xspf=00;36:
    LIBGL_DRIVERS_PATH=/usr/lib/fglrx/dri
    SSH_AUTH_SOCK=/tmp/keyring-etY5wo/ssh
    SESSION_MANAGER=local/ben-laptop:@/tmp/.ICE-unix/1535,unix/ben-laptop:/tmp
/.ICE-unix/1535
    USERNAME=ben
    DEFAULTS_PATH=/usr/share/gconf/gnome.default.path
    XDG_CONFIG_DIRS=/etc/xdg/xdg-gnome:/etc/xdg
    PATH=/usr/local/sbin:/usr/local/bin:/usr/sbin:/usr/bin:/sbin:/bin:/usr
/games:/opt/FriendlyARM/toolschain/4.5.1/bin:/opt/FriendlyARM/toolschain
/4.5.1/bin
    DESKTOP_SESSION=gnome
    QT_IM_MODULE=xim
    PWD=/home/ben
    XMODIFIERS=@im=ibus
    GDM_KEYBOARD_LAYOUT=cn
    LANG=zh_CN.utf8
    GNOME_KEYRING_PID=1517
    GDM_LANG=zh_CN.utf8
    MANDATORY_PATH=/usr/share/gconf/gnome.mandatory.path
    GDMSESSION=gnome
    SPEECHD_PORT=7560
    SHLVL=1
    HOME=/home/ben
```

```
LANGUAGE=zh_CN:zh
GNOME_DESKTOP_SESSION_ID=this-is-deprecated
LOGNAME=ben
XDG_DATA_DIRS=/usr/share/gnome:/usr/local/share/:/usr/share/
DBUS_SESSION_BUS_ADDRESS=unix:abstract=/tmp/dbus-BiwpWHmQqb,guid=
d3bb3520e8054cdefa7aa44a5314a1d5
LESSOPEN=| /usr/bin/lesspipe %s
DISPLAY=:0.0
GTK_IM_MODULE=ibus
LESSCLOSE=/usr/bin/lesspipe %s %s
XAUTHORITY=/var/run/gdm/auth-for-ben-zNuF6P/database
COLORTERM=gnome-terminal
_=/usr/bin/env
OLDPWD=/
```

env 命令显示了该系统中所有的环境变量，在使用时可以直接使用变量名来标识相应的环境变量。

> **注　意**
>
> 除了使用 env 命令之外，还可以使用 printenv 命令输出环境变量。这两个命令的作用是一样的。

5.3.4　环境变量的设定

除了系统设定的环境变量以外，为了方便用户的使用，还可以由用户设定属于自己的环境变量。而在 Bash Shell 中，环境变量可以分为全局环境变量和局部环境变量，全局环境变量不仅在当前的 Shell 中有效，在所有 Shell 创建的子进程以及子 Shell 中都可以被直接使用。局部环境变量只能用于当前的 Shell 中，在其他的 Shell 中无法使用。

对于本地环境变量来说，可以使用 set 命令来显示所有的本地环境变量，全局环境变量一般使用 export 命令对变量进行设定，而使用 env 命令来显示环境变量的值。关于环境变量的设定如下所示：

```
ben@ben-laptop:~$ export MYHOME=/home/test
ben@ben-laptop:~$ echo $MYHOME
/home/test
```

如果想让设定的变量在所有的 Shell 脚本中都可以使用，并且在开机之后就能使用，那么需要将变量放到开机运行的任意配置文件/etc/profile、$HOME/.bash_profile 和$HOME/.profile 中，在重启系统之后，就可以使用这个变量了。如果想让所有的用户都可以使用设定的变量，那么就需要放入/etc/profile 中，而其他的两个文件中的变量仅对于当前的用户起作用。如果想要该变量立即生效，可以使用 source 命令，使得配置文件立即生效，如下所示：

```
ben@ubuntu:~$ tail -f .profile
# set PATH so it includes user's private bin if it exists
if [ -d "$HOME/bin" ] ; then
```

```
    PATH="$HOME/bin:$PATH"
fi

# set PATH so it includes user's private bin if it exists
if [ -d "$HOME/.local/bin" ] ; then
    PATH="$HOME/.local/bin:$PATH"
fi
export MYHOME=/home/test
^C
ben@ubuntu:~$ echo $MYHOME

ben@ubuntu:~$ source $HOME/.profile
ben@ubuntu:~$ echo $MYHOME
/home/test
ben@ubuntu:~$
```

系统重启后再次使用变量 MYHOME，输出内容如下：

```
ben@ben-laptop:echo $MYHOME
/home/test
```

从上面的运行内容可以看出，在配置文件中添加了相应的变量之后，变量生效后就可以使用，而变量生效的方式有以下两种：

- 使用 source 命令立即生效。
- 重启后生效。

注　意

设定的新的环境变量可以放在任何一个和环境变量相关的配置文件中，但是要注意它们的启动顺序，防止出现使用未定义的环境变量。

5.3.5 环境变量的取消

如果不再使用某个环境变量，可以使用 unset 命令取消该环境变量。使用 unset 命令时，只需要添加要取消的变量名即可，如下所示：

```
ben@ben-laptop:~$ export MYHOME=/home/test
ben@ben-laptop:~$ echo $MYHOME
/home/test
ben@ben-laptop:~$ unset MYHOME
ben@ben-laptop:~$ echo $MYHOME

ben@ben-laptop:~$
```

从上面的操作可以看出，在进行了环境变量的取消操作之后，再次使用该变量时，该变量的值变成了空值，没有任何的意义。

5.4 小　　结

本章主要介绍了 Shell 脚本中变量的使用。变量用来表示可以改变的内容。按照变量的作用范围，可以将其分为局部变量和全局变量，全局变量也可以分为普通全局变量和环境变量。

在 Linux 系统中，输入变量可以使用 read 命令，而变量值的输出一般使用 echo 命令。这两个命令一般都会按照实际需要来实现某些特殊的功能，如输出一些特殊功能的字符、输入文本和背景颜色相同等。

在 Shell 脚本中，比较重要的是特殊变量和环境变量。特殊变量能够记录脚本运行时的一些属性信息，包括传递的参数个数、具体的参数信息等。而环境变量则可以在任何 Shell 脚本中使用。环境变量用来记录 Shell 脚本程序以及 Shell 终端在执行时的一些基本信息，如行号、运行时间、日期等基本信息。可以使用 export 命令和 set 命令来设定环境变量，使用 unset 命令来取消环境变量。

第6章

使用特殊符号

上一章讲解了Shell脚本中变量的使用方式，使用变量可以非常方便地表示那些在脚本执行过程中不断变化的量。本章将介绍Shell脚本中出现的特殊符号，以及这些符号在Shell脚本中的作用。

本章的主要内容如下：

- 引号在Shell脚本中的应用，包括单引号、双引号和倒引号
- 通配符和元字符的使用
- 管道的使用
- 其他特殊字符的使用，如后台运行符、括号、分号等

注　意
本章介绍的特殊符号只是一些在Shell脚本中常用的特殊符号。此外，还会有其他的特殊符号，这些特殊符号本章将不再讲解，如果后续章节中出现某个特殊字符，将在出现的地方进行介绍。

6.1　引号的使用

在使用echo命令输出一个字符串时，需要使用引号将字符串括起来，从而使引号中间的部分都是字符串的内容，以避免歧义的产生。在Shell脚本中，引号一般包含以下3类。

- 单引号
- 双引号
- 倒引号

这 3 种引号除了可连接字符串以外（倒引号没有这种作用），还有其他的特殊用途，下面将分别进行讲解。

注　意

所有的引号都需要两个相同的引号配套使用，单个引号将被视作单个字符处理，而不是引号。

6.1.1　单引号的使用

在编写 Shell 脚本时，Shell 将美元符号“$”、反斜杠“\”等符号作为特殊符号处理，然而在有些时候需要输出这些特殊符号，此时，需要使用单引号将这些特殊字符作为普通字符处理。而单引号的主要作用就是将单引号中的所有内容都作为普通字符处理，即使里面的符号是特殊符号，如示例 6-1.sh 所示。

【示例 6-1.sh】

```
#示例 6-1.sh  使用单引号输出特殊字符
#! /bin/bash

echo '不使用单引号'
echo '输出环境变量$HOME
echo $HOME                              #输出环境变量$HOME
echo '使用反斜线控制符'
echo a\tb\a\tc                          #用反斜线控制符
echo "输入一个反斜线"                   #输入一个反斜线
echo \\

echo '使用单引号输出相应的符号'
echo '$HOME'
echo 'a\tb\a\tc'
echo '\\'
```

对示例 6-1.sh 赋予可执行权限后，执行结果如下：

```
ben@ben-laptop:~ $chmod  u+x 6-1.sh
ben@ben-laptop:~ $ ./ 6-1.sh
'不使用单引号'
'输出环境变量/home/ben
/home/ben
'使用反斜线控制符'
atbatc
"输入一个反斜线"
\
'使用单引号输出相应的符号'
'/home/ben'
```

```
'atbatc'
'\'
```

从脚本 6-1.sh 的执行结果可以看出，在添加单引号之后，所有的字符都变成了普通的字符，原来被赋予的特殊含义已经不存在了。

> **注　意**
>
> 除了使用单引号之外，还可以使用转义字符将特殊字符转义为普通的字符。关于转义字符的使用方法将在后面的章节中进行讲解。

6.1.2　双引号的使用

双引号的作用和单引号的作用类似，都用于字符串的输出。但是美元符号（$）、倒引号（`）和反斜线（\）仍作为特殊符号对待，其余字符则被作为普通字符对待。使用双引号可以将某些 Shell 命令的输出内容作为字符串的一部分输出，这样就使得 Shell 脚本的输出内容更加丰富，如示例 6-2.sh 所示。

【示例 6-2.sh】

```
#示例 6-2.sh  使用双引号输出特殊字符
#! /bin/bash

echo '不使用双引号'
echo '输出环境变量$HOME
echo $HOME                                  #输出环境变量$HOME
echo '使用反斜线控制符'
echo a\tb\a\tc                              #用反斜线控制符
echo "输入一个反斜线"                          #输入一个反斜线
echo \\

echo '使用双引号输出相应的符号'
echo "$HOME"
echo "a\tb\a\tc"
echo "\\"
```

对示例 6-2.sh 赋予可执行权限后，执行结果如下：

```
ben@ben-laptop:~ $chmod  u+x  6-2.sh
ben@ben-laptop:~ $ ./ 6-2.sh
'不使用双引号'
 '输出环境变量/home/ben
/home/ben
'使用反斜线控制符'
atbatc
"输入一个反斜线"
\
```

```
'使用双引号输出相应的符号'
/home/ben
a\tb\a\tc
\
```

从脚本 6-2.sh 的执行结果可以看出，美元符号（$）、反斜线（\）等特殊符号仍然被作为特殊符号处理，而除此之外的符号都被视作普通字符。

6.1.3 倒引号的使用

倒引号是键盘上数字键 1 左边的按键，直接按下该键就可以输出一个倒引号。倒引号和其他的引号一样，需要两个引号配合使用。

倒引号的作用是以引号中的命令执行结果代替命令本身，这样在 Shell 脚本中就可以直接对命令的执行结果进行操作，如示例 6-3.sh 所示。

【示例 6-3.sh】

```
#示例 6-3.sh  使用倒引号
#! /bin/bash

echo "使用倒引号封装命令"
echo ""登录系统的用户为： "`who`
echo "当前的时间为： " `date`
echo "当前的文件的绝对路径为： " `pwd`
```

对示例 6-3.sh 赋予可执行权限后，执行结果如下：

```
ben@ben-laptop:~ $chmod  u+x 6-3.sh
ben@ben-laptop:~ $ ./ 6-3.sh
使用倒引号封装命令
登录系统的用户为：
ben      tty7        2021-02-28 22:42 (:0)
ben      pts/0       2021-02-28 22:49 (:0.0)
ben      pts/1       2021-02-28 22:46 (:0.0)
当前的时间为：
2021 年 02 月 28 日 星期五 22:54:15 CST
当前的文件的绝对路径为：
/home/ben/桌面
```

从脚本 6-3.sh 的执行结果可以看出，倒引号能够使用 Shell 命令的执行结果代替在脚本中出现的 Shell 命令。

6.2 通配符和元字符

在 Linux 系统中，会使用一些特殊字符来完成普通字符无法完成的功能，如替换多个不需要特殊关系的字符，或使其具有特殊的功能。这类特殊字符一般被称为通配符和元字符。通配符用来匹配特定的字符序列，而元字符用来表示特殊的功能，这两种字符在 Shell 脚本中经常用到且很重要，需要读者认真学习。

6.2.1 使用通配符

在字符串的匹配以及查找过程中，有时需要查找的只是首字母或是中间的几个字符，而不用去关心除此之外的其他字符。如果将所有可能出现的字符都一一列举显然不现实，此时就需要使用一种符号能够代替这些无关紧要的字符，从而完成整个字符串的匹配和查找过程，这类字符就是通配符。使用通配符可以匹配实际需要的任意字符串。在 Shell 中，经常使用的通配符如表 6-1 所示。

表 6-1 常用通配符及其功能

通配符名称	作 用	示例表达式
*	匹配任意个字符，可以为 0 个或多个	a*b
?	匹配一个字符	a?b
[list]	匹配 list 中的任意一个字符	a[abc]b
[!list]	匹配除 list 中的所有字符	a[!abc]b
[c1-c2]	匹配 c1~c2 中的任意字符，c1 和 c2 之间必须为连续字符序列，如 abc 等	a[1-5]b
{string1,string2,...}	匹配 string1 或 string2 等字符串中的一个字符串	a{123, 456, 789}b

表 6-1 中列出了 Shell 中经常使用的通配符及其作用和使用示例，下面分别讲解通配符的使用。

通配符“*”的作用是可以匹配任意个字符，包括 0 个或多个字符。a*b 表示 a 和 b 之间可以有 0 个字符，也可以有任意个字符，如 ab、a1b、a123b1gfewagfewfb 等，都可以匹配 a*b。也就是以字符 a 开头，而以字符 b 结尾的所有字符都能匹配 a*b。通配符“*”的用法如示例 6-4.sh 所示。

【示例 6-4.sh】

```
#示例 6-4.sh 通配符星号*的使用
#! /bin/bash

echo 使用通配符星号\"*\"
mkdir file1 filE2 fiLE3 fILE4 FILE5

echo 只使用 1 个字符 f
ls f*

echo 使用 2 个字符 fi
ls fi*

echo 使用 3 个字符 fil
ls fil*

echo 使用 4 个字符 fiile
ls 'file*'
```

对示例 6-4.sh 赋予可执行权限后，执行结果如下：

```
ben@ben-laptop:~ $chmod  u+x 6-4.sh
ben@ben-laptop:~ $ ./ 6-4.sh
使用通配符星号"*"
只使用 1 个字符 f
file1:

filE2:

fiLE3:

fILE4:
使用 2 个字符 fi
file1:

filE2:

fiLE3:
使用 3 个字符 fil
file1:

filE2:
```

通配符“?”和通配符“*”使用方式类似，其区别就是通配符“?”只能匹配一个字符，而不是任意个字符，如示例表达式“a?b”表示以字符 a 开头，并且以字符 b 结尾，字符 a 和 b 之间只能存在一个字符，该字符可以为任意字符，如 a1b、aab、avb 等，都可以匹配“a?b”。但是因为 ab、a123b 中字符 a 和 b 之间的字符个数不同而不能匹配“a?b”。通配符“?”的用法如示例 6-5.sh 所示。

【示例 6-5.sh】

```
#示例 6-5.sh 通配符问号？的使用
#! /bin/bash

echo 使用通配符问号\"?\"
mkdir file filE FilE File

echo 匹配第一个字符
ls ?ile

echo 匹配最后一个字符
ls fil?

echo 多个通配符共同使用
ls ?i*
```

对示例 6-5.sh 赋予可执行权限后，执行结果如下：

```
ben@ben-laptop:~ $chmod  u+x 6-5.sh
ben@ben-laptop:~ $ ./ 6-5.sh
使用通配符问号"?"
匹配第一个字符
File:

file:
匹配最后一个字符
filE:

file:
多个通配符共同使用
FilE:

File:

filE:

file:
```

从示例 6-5.sh 的执行结果可以看出，使用了通配符之后，在通配符位置的符号就被忽略掉，而是重点匹配其他的字符。用户可以根据实际需要来选择使用匹配单个字符的问号还是匹配零个或多个字符的星号。

在进行字符串的匹配过程中，还经常使用中括号[]来匹配确定的字符。中括号中的字符可以是ASCII 码值连续的字符，也可以是任意的单个字符，还可以使中括号排除某些字符。这些匹配方式的用法如示例 6-6.sh 所示。

【示例 6-6.sh】

```
#示例 6-6.sh  范围匹配的使用
#! /bin/bash

echo 使用中括号表示范围
mkdir hao123abc  hao145acd  hao124def   hao345cef   hao345gef
echo 显示"hao[1-3]*"
ls | grep hao[1-3]*

echo 显示"hao[1-2][2-3][3-4]*"
ls | grep hao[1-2][2-3][3-4]*
```

对示例 6-6.sh 赋予可执行权限后，执行结果如下：

```
ben@ben-laptop:~ $chmod  u+x 6-6.sh
ben@ben-laptop:~ $ ./ 6-6.sh
使用中括号表示范围
显示 hao[1-3]*
```

```
hao123abc:

hao124def:

hao145acd:

hao345cef:

hao345gef:
显示 hao[1-2][2-3][3-4]*
hao123abc:

hao124def:
```

从示例 6-6.sh 的执行结果可以看出，使用了范围匹配符号中括号之后，可以在一定的范围内匹配需要的字符，而不在范围之内的符号，则会直接视为匹配失败。

6.2.2　使用元字符

元字符一般的定义就是作用于正则表达式的特殊字符，这些字符使用特殊的格式使得里面出现的字符不再表示原来的含义，而具有特殊的意义，这方面类似于通配符。常用的元字符以及元字符的功能如表 6-2 所示。

表 6-2　常用元字符及其功能

元字符名称	作　用	使用示例
^	行首定位符	\^l\
$	行尾定位符	\$l\
.	匹配单个字符	\1.2\
*	匹配 0 个或多个位于“*”前的字符	\1*2\
[ ]	匹配一组字符中的任意一个	[list]
[x-y]	匹配指定范围内的任意字符	[a-g]
[^]	匹配不在指定字符组内的任意字符	[^abc]
\	用来转义元字符	*
\<	词首定位符	
/\ \>	词尾定位符	
x\{m\}	字符 x 重复出现 m 次	x\{3\}
x\{m,\}	字符至少重复出现 m 次	x\{3, \}
x\{m,n\}	字符重复出现 m 到 n 次	x\{3, 5\}

从表 6-2 中可以看到，元字符中有很多字符和通配符中类似，并且其作用也相同。但是通配符只是用来表示一些“无关紧要”的字符，而元字符则是可以用于正则表达式的特殊字符，这两种字符有着本质的差别。下面将一一介绍表 6-2 中出现的元字符。

符号“^”就是数字键 6 上对应的符号，用来匹配行首的字符，一般被称为脱字符。而美元符号“$”则用来匹配行尾的字符，这些字符可以是单个字符，也可以是多个字符，可以根据实际需要灵活确定。如果需要匹配多个字符，需要使用引号括起来，从而组成一个字符集合。如果不使用引号，那么就只会匹配紧挨着脱字符或美元符号的字符。这两个符号的用法如示例 6-7.sh 所示。

【示例 6-7.sh】

```
#示例 6-7.sh  元字符的使用
#! /bin/bash

mkdir  hello123  Hello123   123hello   123HAO
echo "使用脱字符匹配开头字符"
echo 匹配开头字符是小写字符
ls | grep [^a-z]
echo

echo 显示开头字符是大写字符 H
ls | grep [^H]

echo "使用美元符号匹配结尾字符"
echo 显示结尾字符是数字
ls  | grep [1-9$]
echo

echo 显示结尾字符是大写字符
ls  | grep [A-Z$]
```

对示例 6-7.sh 赋予可执行权限后，执行结果如下：

```
ben@ben-laptop:~ $chmod  u+x  6-7.sh
ben@ben-laptop:~ $ ./ 6-7.sh
使用脱字符匹配开头字符
匹配开头字符是小写字符
hello123

显示开头字符是大写字符 H
Hello123

使用美元符号匹配结尾字符
显示结尾字符是数字
hello123
Hello123

显示结尾字符是大写字符
123HAO
```

从示例 6-7.sh 的执行结果可以看出，当使用脱字符和美元符号进行匹配时，可以只匹配开头字符和结尾字符，而不关心其他的字符。

符号“*”、“.”、“[]”分别用来匹配 0 个或多个字符、单个字符以及在某个范围内的字符，这 3 个符号的使用方式和通配符中的相同符号类似，使用方法可以参照上面的相关示例。

使用元字符还可以用来确定某个字符出现的次数，如符号“x{m\}”表示字符 x 出现过 m 次；符号“x\{m,\}”则表示字符 x 至少重复出现 m 次，出现次数少于 m 的字符串均视为无效字符串；符号“x\{m,n\}”表示字符 x 的出现次数为 m 到 n 次之间，这样可以更加精确地获取字符的出现次数。除了确定字符的出现次数之外，还可以确定字符串的出现次数，只要将字符换为字符串即可。这 3 个符号的用法如示例 6-8.sh 所示。

【示例 6-8.sh】

```
#示例 6-8.sh　匹配出现频率
#! /bin/bash

mkdir hello  Hello  HELLO  HEllo  HELlo  helloHELlo
echo "匹配字符 l 至少出现 2 次"
ls | grep l\{2\}                        #至少出现 2 次
echo

echo "匹配字符 l 出现 1~2 次"
ls  | grep l\{1,2\}"                    #匹配字符 l 出现 1~2 次
```

对示例 6-8.sh 赋予可执行权限后执行脚本，结果如下：

```
ben@ben-laptop:~ $chmod  u+x 6-8.sh
ben@ben-laptop:~ $ ./ 6-8.sh
匹配字符 l 至少出现 2 次
helloHELlo

匹配字符 l 出现 1~2 次
hello
Hello
Hello
HELlo
```

从示例 6-8.sh 的执行结果可以看出，如果需要判断某个字符出现的频率，可以使用大括号来进行判断，符合要求的才会显示出来。

注　意
在使用时，反斜线加字符的字符序列称为元字符，单独使用时某些字符为通配符，二者不是相同的概念。

6.3 管　　道

在使用 Shell 的过程中，有时会遇到两个或多个命令依次执行而上一个命令的执行结果作为当前命令的参数，如果使用临时变量存储上一个命令的执行结果而作为后面命令的参数，这样显然是不容易实现的，因为命令的执行结果多种多样，并不是每一个命令的执行结果都能使用变量存储。这样就需要使用一种新的符号来实现这种功能，这种符号就是管道。

在编写 Shell 脚本乃至执行 Shell 命令时，管道的使用都非常频繁。从根本上来说，管道是一种进程间的通信机制，同时也是一种文件（在 Linux 系统中，所有的内容都被视为文件）。因此可以使用操作文件的方式对管道进行读写操作。在进行读取管道操作时，其存储空间只有 4KB，而数据一旦被读取之后，管道将被清空，其中的数据也将被抛弃，从而释放空间用来存储更多的数据。

在 Shell 脚本中，经常使用管道符号来连接两个进程，即使用一个 Shell 命令去处理另外一个命令的执行结果，从而获取新的结果。这两个命令能够使前一个命令运行完毕后一个命令自动运行。管道使用符号竖线“|”表示，竖线前面命令的执行结果将作为后面命令的执行参数。

如在查看示例 6-9.sh 的部分内容时，可以将 cat 命令的显示结果作为 head 命令的输入参数，当 head 命令执行完毕后，示例 6-9.sh 的前 3 行就显示在计算机的屏幕上。

【示例 6-9.sh】

```
#示例 6-9 管道符号的使用
#! /bin/bash

echo 使用管道符号查看文件内容
cat 6-9.sh | head -n 3
```

对示例 6-9.sh 赋予可执行权限后，执行结果如下：

```
ben@ben-laptop:~ $chmod  u+x 6-9.sh
ben@ben-laptop:~ $ ./ 6-9.sh
使用管道符号查看文件内容
#! /bin/bash

echo 使用管道符号查看文件内容
```

从示例 6-9.sh 的执行结果可以看出，在使用了管道符号之后，可以实现多个命令对同一个输入内容进行处理，从而得到最终想要的数据。

在实际的脚本编写过程中，还可以使多个管道符号同时出现在一个语句中，这样使得第一个命令需要后一个命令的执行结果作为输入的参数，而第二个命令同样需要其后面命令的执行结果作为输入参数，以此类推，直至最后一个命令被执行，这样才具有了所有的命令的执行条件，而该语句的最终输出结果为第一个命令的执行结果。使用这种方式能够实现一条语句中所有命令的自动执行，从而当最后一个命令运行成功之后，得到最终的结果。

注 意

从管道读数据是一次性操作，数据一旦被读取，它就从管道中被抛弃，并释放空间以便写入更多的数据。

6.4 其他特殊字符介绍

在 Linux 系统中编写 Shell 脚本时，还可以使用其他特殊字符，如后台运行符、括号、分号等。这几种字符也经常使用，本节将重点介绍括号和分号的用法。对于后台运行符，将在后面的章节中详细介绍。

6.4.1 后台运行符

在操作 Linux 系统的过程中，有一些程序（如监听程序）在执行时，用户还可以同时执行其他操作，而不影响程序的运行。因此，为了更加合理地利用计算机资源，可以将这些不需要在前台执行的程序放到计算机后台去执行，这样既保证了程序的正常运行，又可以使前台的操作能够继续进行。

在执行 Shell 脚本或 Shell 命令时，同样可以实现后台执行。在确定要使用后台执行时，只需要在执行 Shell 脚本或 Shell 命令时，在后面添加后台运行符“&”，即可实现脚本或命令的后台运行。

后台运行符使用户在执行了脚本之后，还可以进行其他操作，而不用等待脚本执行完成之后再进行其他操作。如编写可以不断向一个普通文件中写入字符的脚本示例 6-10.sh，当使用普通的运行方式时，当前 Shell 终端无法再进行其他操作。而使用了后台运行的方式之后，仍然可以运行其他命令，同时在后台保持这个脚本的运行。具体如示例 6-10.sh 所示。

【示例 6-10.sh】

```
#示例 6-10.sh  后台运行符号的使用
#! /bin/bash

echo 后台运行符号的简单使用
sleep 100
```

对示例 6-10.sh 赋予可执行权限后，不使用后台运行符号，执行结果如下：

```
ben@ben-laptop:~ $chmod  u+x 6-10.sh
ben@ben-laptop:~ $ ./ 6-10.sh
后台运行符号的简单使用
^C
```

在使用了后台运行符号之后，执行结果如下：

```
ben@ben-laptop:~ $ ./ 6-10.sh &
 [1] 2744
```

使用 ps 命令查看在进程列表中是否存在进程 6-10.sh 的运行，方法如下：

```
/示例$ ps -ef | grep 6-10* | grep -v grep
ben       2744  2016  0 10:43 pts/0    00:00:00 /bin/bash ./6-10.sh
```

从这两次的执行结果可以看出，在不使用后台运行符时，只能等待脚本运行结束或者直接中断脚本的运行，当前的 Shell 终端中才可以进行各种操作。而使用了后台运行符以后，脚本执行的进程存在于系统中，并且可以在终端中进行其他操作，而不会受到任何的影响。

如果需要结束后台运行的程序，可以先查询该程序的进程号，然后使用 kill 命令杀掉该进程，即可结束进程，如图 6-1 所示。

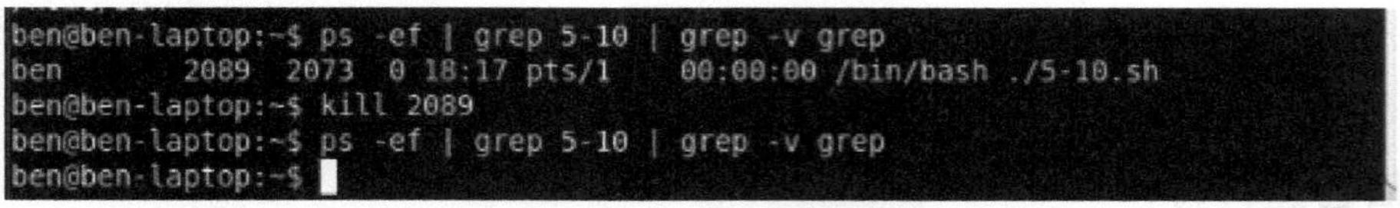

```
ben@ben-laptop:~$ ps -ef | grep 5-10 | grep -v grep
ben       2089  2073  0 18:17 pts/1    00:00:00 /bin/bash ./5-10.sh
ben@ben-laptop:~$ kill 2089
ben@ben-laptop:~$ ps -ef | grep 5-10 | grep -v grep
ben@ben-laptop:~$
```

图 6-1　结束后台运行程序

从图 6-1 所示的操作可以看出，在使用了后台运行符以后，正在运行的进程可以通过 ps 命令查到，我们可以通过 grep 命令来获取该命令的详细信息，并使用 kill 命令将该后台运行的进程删除掉。

注　意

grep 命令主要用于内容的匹配，从而获取需要的内容，该命令的使用方法将在后面的章节中进行介绍。

6.4.2　括号

Shell 脚本中经常使用的括号包括大括号“{}”和小括号“()”，这两种括号在使用时既有相同点，又存在不同之处，下面分别讲解这两种括号的使用。

大括号“{}”可用于变量的分辨。如在使用变量时可以使用美元符号“$”加变量名的方式获取变量的具体值，如下所示：

```
$string = "hello world"
$num = 10
```

但是如果在变量名后面紧跟着其他字符时，就需要使用大括号来区分哪些是代表变量名的特殊字符，哪些是普通字符，从而避免出现歧义，如示例 6-11.sh 所示。

【示例 6-11.sh】

```
#示例 6-11.sh  括号的使用
#! /bin/bash

 echo "请输入登录用户的姓名："
read name
```

```
echo 不使用括号
echo  欢迎$name 的登录
echo 使用括号
echo 欢迎${name}的登录
```

对示例 6-11.sh 赋予可执行权限后，执行结果如下：

```
ben@ben-laptop:~ $chmod  u+x  6-11.sh
ben@ben-laptop:~ $ ./ 6-11.sh
请输入登录用户的姓名：
ben
不使用括号
欢迎 ben 的登录
使用括号
欢迎 ben 的登录
```

从示例 6-11.sh 的执行结果可以看到，如果在变量名后面添加其他字符，Shell 会将符号“$”后面所有的字符都视为变量名，从而无法正常地使用变量。解决这个问题的方式就是使用大括号“{}”将变量名括起来，从而获取正确的变量名。

小括号“()”一般用于命令的替换，此时小括号等同于倒引号。当 Shell 脚本在执行时，如果发现小括号（或倒引号），那么首先将括号（或倒引号）里面的命令执行，并将执行结果放到命令出现的地方，从而实现命令的替换，如示例 6-12. sh 所示。

【示例 6-12.sh】

```
#示例 6-12.sh  小括号的使用
#! /bin/bash

echo 使用小括号
echo "当前的登录用户为"$(who)
echo 使用倒引号
echo "当前的登录用户为"`who`
```

对示例 6-12.sh 赋予可执行权限后，执行结果如下：

```
ben@ben-laptop:~ $chmod  u+x  6-12.sh
ben@ben-laptop:~ $ ./ 6-12.sh
使用小括号
"当前的登录用户为"ben tty7 2021-02-28 22:42 (:0) ben pts/0 2021-02-28 22:49 (:0.0)
ben pts/1 2021-02-28 22:46 (:0.0)
使用倒引号
"当前的登录用户为"ben tty7 2021-02-28 22:42 (:0) ben pts/0 2021-02-28 22:49 (:0.0)
ben pts/1 2021-02-28 22:46 (:0.0)
```

从示例 6-12.sh 的执行结果可以看出，小括号和倒引号都能够使用命令的执行结果替换命令本身。

小括号除了用于命令替换以外，还可以用于命令组以及数组的初始化，这些内容将在后面的章节中进行讲解。

> **注　意**
>
> 小括号可以两对括号一同使用，和 test 命令一起用来判断逻辑表达式是否成立，这些内容将在讲解 test 命令时详细介绍。

6.4.3　分号

分号在 Shell 脚本中的作用是分隔语句。一行中一般只存在一条语句，即一个 Shell 命令以及命令所需要的参数所组成的语句，此时在语句的末尾不需要任何符号，可以直接在下一行编写其他语句。但是如果在一行中出现多个语句，即多个单独的命令在一行中存在，此时需要在命令的结尾添加分号，从而区分每一个命令。这样就可以使得每一个命令都能够正确无误地被执行，如示例 6-13.sh 所示。

【示例 6-13.sh】

```
#示例 6-13.sh  分号的使用
#! /bin/bash

echo 使用分号依次显示环境变量中的用户主目录、使用的 Shell 类型
echo $HOME;echo $SHELL
echo 不使用分号依次显示环境变量中的用户主目录、使用的 Shell 类型
echo $HOME
echo $SHELL
echo $HOMEecho $SHELL
```

对示例 6-13.sh 赋予可执行权限后，执行结果如下：

```
ben@ben-laptop:~ $chmod  u+x 6-13.sh
ben@ben-laptop:~ $ ./ 6-13.sh
使用分号依次显示环境变量中的用户主目录、使用的 Shell 类型
/home/ben
/bin/bash
不使用分号依次显示环境变量中的用户主目录、使用的 Shell 类型
/home/ben
/bin/bash
/bin/bash
```

从示例 6-13.sh 的执行结果可以看出，使用分号可以在一行中出现多条需要执行的语句，而不使用分号，为了使得命令的执行更加正确，每一行中只能出现一条命令，这样可防止前面的命令在执行时将后面的命令作为参数来处理。

6.5 小　结

本章主要讲解了 Shell 脚本中经常出现的特殊符号，即引号、通配符、元字符、管道以及其他特殊符号（如后台运行符、括号、分号等符号）的用法，准确地理解这些符号的使用方式可以更加准确地了解脚本是如何执行的，对编写出高质量的 Shell 脚本也有非常大的帮助。

在 Shell 脚本中，引号一般包括 3 种：单引号、双引号、倒引号。单引号的作用是将引号中的内容全部作为普通字符处理，在单引号中没有任何的特殊字符；而双引号除了将美元符号（$）、倒引号（`）和反斜线（\）作为特殊字符处理之外，其他字符仍然作为普通字符来处理。而倒引号则是将字符串中的命令执行结果替换作为命令出现在字符串。这 3 个符号可以使字符串的内容输出更加“丰富多彩”。

通配符和元字符都是 Shell 脚本中的特殊字符，在 Shell 脚本中具有特殊的功能。通配符和元字符一般用于字符串的查找和正则表达式等场合，通配符可以用来匹配任意不需要关心的字符，而元字符将匹配的字符的位置以及范围进行简单设定。通配符和元字符虽然使用方式类似，但是二者是不同的概念，希望读者不要混淆。

在 Shell 脚本中，管道的作用是将前一个命令的输出作为后一个命令的输入参数，从而将多个命令组合在一起，而最终的结果只是最后一个命令的执行结果，但是该命令的输入则是前一个命令的输出结果，以此类推，最终执行一个命令。

在 Shell 脚本中，还有一些使用率不是很高的特殊符号，例如使程序在后台运行的后台运行符“&”、允许在一行中出现多个命令的分号，以及用于命令替换的小括号和大括号，这些符号虽然不经常使用，但是可以使脚本编写得更加灵活。

第7章

管理文件系统

在安装 Linux 系统时不可避免地需要考虑使用哪种文件系统。因为 Linux 系统能够支持多种类型的文件系统，而不同的文件系统也各有其优缺点。在安装 Linux 系统时会默认指定文件系统。为了更好地使用文件系统，就需要对文件系统进行管理，本章将介绍这方面的内容。

本章的主要内容如下：

- 日志文件系统基础
- 创建分区
- 创建文件系统
- 文件系统的检查与修复

7.1 探索 Linux 文件系统

在前面的章节中我们已经介绍了 Linux 系统的文件目录结构及其作用，文件系统已经变成了在物理硬盘中的存储和应用之间的桥梁，使用文件系统能更好地管理磁盘中存储的各种类型的数据。本章将简单介绍一下 Linux 系统的文件系统。

7.1.1 日志文件系统

在进行文件操作时，最怕出现断电、内核异常等错误发生，如果发生了此类问题，那么写入的数据仅有 inode 对照表以及数据区块而已，最后一个同步更新元数据的步骤并没有完成，此时就会发生数据的内容与实际数据存放区不一致的情况。

当系统重启时，会借助以前的记录信息来进行数据的恢复。而整个恢复过程需要检查整个文件系统，因此需要花费很长的时间来完成这个操作。为了更好地解决此类问题，日志文件系统就应运而生。

日志文件系统中开辟了一个特殊的区域，这个区域中记录的都是写入或者修改文件时的步骤。在写入或者修改某个文件时，在日志记录中记录某个文件准备要写入的信息。当实际写入文件的权限与数据后，同步更新元数据中的数据。当完成数据与元数据的更新后，在日志记录区块当中完成该文件的记录。

7.1.2　必备的基础知识

对文件系统进行管理需要具备相应的基础知识，这样才能更好地理解如何对文件系统进行管理，本小节将介绍文件系统的基础知识点。

1．设备管理

在前面的讲解中我们已经了解到在 Linux 系统中一切皆文件，对于硬件设备如硬盘、光驱等设备而言，Linux 系统也给这些设备定义了属于它们自己的文件。

对于 IDE 设备来说，如果是第一个设备，那么就被定义为 hda，第二个设备就定义为 hdb，依次类推。而 SCSI 设备对应的文件标识为 sda、sdb 等。

2．分区

对于每一个硬盘设备来说，不管是 IDE 硬盘还是 SCSI 硬盘，Linux 系统一共分配了 16 个分区号码来标识分区，对应的标识为 1~16。如第一个 IDE 硬盘的第一个分区，其对应的映射文件就是 hda1，以此类推。

3．分区类型及作用

在 Linux 中分区主要包含以下 3 种类型：

- 主分区：总共最多只能分为 4 个。任何一个扩展分区都要占用一个主分区号码，也就是在一个硬盘中，主分区和扩展分区最多是 4 个。在指定安装引导 Linux 的 bootloader 的时候，都要指定在主分区上。
- 扩展分区：主分区的一种，有且只能有一个。扩展分区不能存储数据和格式化，必须再划分成逻辑分区才能使用。
- 逻辑分区：逻辑分区是在扩展分区中划分的，如果是 IDE 硬盘，Linux 最多支持 59 个逻辑分区；如果是 SCSI 硬盘，Linux 最多支持 11 个逻辑分区。

7.2　管理文件系统

在 Linux 系统中提供了很多的文件系统的管理工具，这些工具能够帮助用户非常轻松地对系统进行各种管理操作。本节将讲解文件系统最常用的操作。

7.2.1　创建分区

在 Linux 系统中分区是非常重要的一个概念。分区是在安装系统的时候指定的、用来容纳文件系统的磁盘空间。分区划定之后并非一成不变，可以通过使用 fdisk 命令来进行操作。

在第 3 章中我们已经简单介绍了 fdisk 命令可以用来显示磁盘分区或磁盘信息，除此之外该命令的最大作用之一就是操作分区。该命令的常用选项如表 7-1 所示。

表 7-1　fdisk 命令的常用选项

选　项	作　用
m	显示菜单和帮助信息
a	活动分区标记/引导分区
d	删除分区
l	显示分区类型
n	新建分区
p	显示分区信息
q	退出不保存
t	设置分区号
v	进行分区检查
w	保存修改
x	扩展应用，高级功能

下面我们介绍一下如何使用 fdisk 命令来创建新的分区。

第 1 步：查看当前的系统分区

笔者使用的系统是安装在虚拟机中，在安装 Ubuntu 系统的过程中，对应的硬件设备信息如图 7-1 所示。

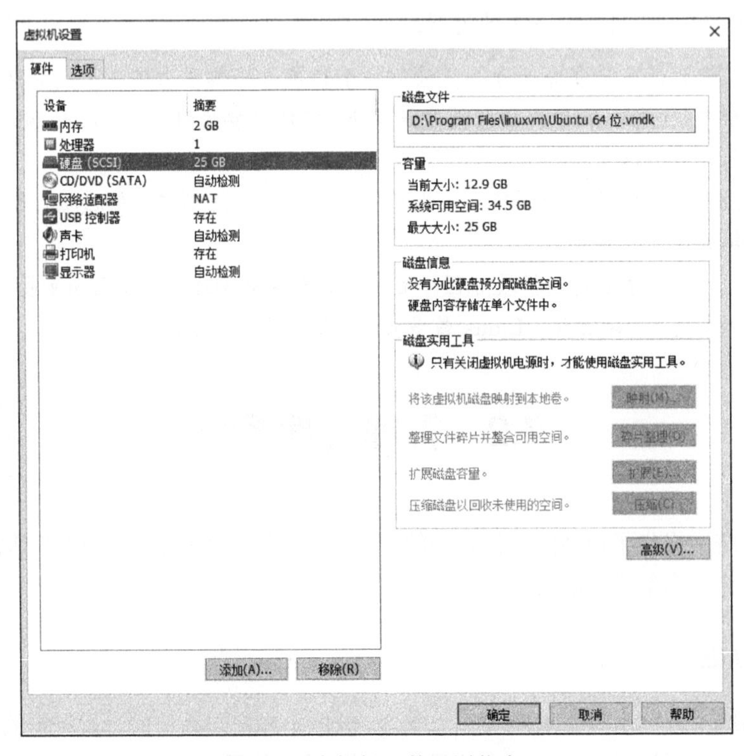

图 7-1　虚拟机硬件设置信息

在虚拟机中模拟添加了 SCSI 硬盘设备后，就应该能看到抽象成的硬盘设备文件/dev/sda 了。其部分信息如下所示：

```
ben@ubuntu:~$ sudo fdisk -l /dev/sda
Disk /dev/sda: 25 GiB, 26843545600 字节, 52428800 个扇区
单元：扇区 / 1 * 512 = 512 字节
扇区大小(逻辑/物理)：512 字节 / 512 字节
I/O 大小(最小/最佳)：512 字节 / 512 字节
磁盘标签类型：dos
磁盘标识符：0xb67c8ff2

设备          启动   起点    末尾       扇区       大小 Id 类型
/dev/sda1     *      2048    52426751  52424704  25G 83 Linux
```

从 fidsk 命令执行结果，可以看到当前系统的硬盘设备文件/dev/sda 中的部分信息，其中包括硬盘的容量大小、扇区个数等。我们将在此基础上再创建新的分区。

第 2 步：执行 fidsk 命令，创建新的分区

再次执行 fdisk 命令，来创建新的分区。首先需要输入参数 n 尝试添加新的分区。系统会提示是选择继续输入参数 p 来创建主分区，还是输入参数 e 来创建扩展分区。这里输入参数 p 来创建一个主分区。如下所示：

```
ben@ubuntu:~$ sudo fdisk  /dev/sda

欢迎使用 fdisk (util-linux 2.31.1)。
更改将停留在内存中，直到您决定将更改写入磁盘。
使用写入命令前请三思。

命令(输入 m 获取帮助)： m
Command (m for help): n
Partition type:
p primary (0 primary, 0 extended, 4 free)
e extended
Select (default p): p
```

第 3 步：输入主分区编号

在确认创建一个主分区后，系统要求先输入主分区的编号。我们得知，主分区的编号范围是 1～4，因此这里输入默认的 1 就可以了。接下来系统会提示定义起始的扇区位置。此处不需要进行任何的改动，采用默认的方式即可。我们只需要输入+2GB，即可创建出一个容量为 2GB 的硬盘分区。到此可完成创建分区的操作。

```
Partition number (1-4, default 1): 1
First sector (2048-41943039, default 2048):此处敲击回车键
Using default value 2048
Last sector, +sectors or +size{K,M,G} (2048-41943039, default 41943039): +2G
Partition 1 of type Linux and of size 2 GiB is set
```

第4步：查看分区信息

再次使用参数p来查看硬盘设备中的分区信息。果然就能看到一个名称为/dev/sdb1、起始扇区位置为2048、结束扇区位置为4196351的主分区了。然后需要输入参数w来保存所有的设置，才会将分区信息真正地写入到系统中。具体的操作过程如下所示：

```
Command (m for help): p

Disk /dev/sdb: 21.5 GB, 21474836480 bytes, 41943040 sectors

Units = sectors of 1 * 512 = 512 bytes

Sector size (logical/physical): 512 bytes / 512 bytes

I/O size (minimum/optimal): 512 bytes / 512 bytes

Disk label type: dos

Disk identifier: 0x47d24a34

Device Boot Start End Blocks Id System

/dev/sdb1 2048 4196351 2097152 83 Linux

Command (m for help): w

The partition table has been altered!

Calling ioctl() to re-read partition table.

Syncing disks.
```

在上述步骤执行完毕之后，Linux系统会自动把这个硬盘主分区抽象成/dev/sdb1设备文件。在有些时候，系统并没有自动把分区信息同步给Linux内核，而且这种情况似乎还比较常见。我们可以输入partprobe命令手动将分区信息同步到内核，而且一般推荐连续两次执行该命令，效果会更好。其操作方式如下所示：

```
ben@ubuntu:~$ file /dev/sdb1
/dev/sdb1: cannot open (No such file or directory)
ben@ubuntu:~$ partprobe
ben@ubuntu:~$ partprobe
ben@ubuntu:~$ file /dev/sdb1
/dev/sdb1: block special
```

7.2.2 创建文件系统

Linux 系统能支持现有的几乎所有的文件系统类型，如果新增加了一个硬盘，相对其中的某个分区格式化 Linux 系统类型，那么就需要创建对应的文件系统。常用的方式是将其创建为 ext3 类型的文件系统，实现这个功能的方式有很多，本小节将介绍如何使用 mkfs 命令来创建文件系统。

mkfs 命令一般用来对硬盘分区进行格式化，即创建相对应的文件系统。该命令的使用格式如下所示：

```
mkfs -t 文件系统格式 分区设备文件名
```

其中文件系统格式为目标文件系统格式，如 ext3、ext4 等，分区设备文件名就是需要进行格式化的设备文件名，如将磁盘/dev/sda6 初始化为 ext3 类型的 Linux 文件系统，其操作方式如下所示：

```
ben@ubuntu:~$ mkfs -t ext3 /dev/sda6
mke2fs 1.37 (21-Mar-2005)
Filesystem label=
OS type: Linux
Block size=1024 (log=0)
Fragment size=1024 (log=0)
50200 inodes, 200780 blocks
10039 blocks (5.00%) reserved for the super user
First data block=1
Maximum filesystem blocks=67371008
25 block groups
8192 blocks per group, 8192 fragments per group
2008 inodes per group
Superblock backups stored on blocks:
8193, 24577, 40961, 57345, 73729

Writing inode tables: done
Creating journal (4096 blocks): done
Writing superblocks and filesystem accounting information: 注意：在这里直接按回车键。
done

This filesystem will be automatically checked every 26 mounts or
180 days, whichever comes first.  Use tune2fs -c or -i to override.
```

这样就格式化好了，sda6 现在就是 ext3 文件系统了；我们可以用 mount 加载这个分区，然后使用这个文件系统；

```
ben@ubuntu:~$ mkdir /mnt/sda6
ben@ubuntu:~$ hmod 777 /mnt/sda6
ben@ubuntu:~$ mount /dev/sda6  /mnt/sda6
```

除了可以将磁盘初始化为 ext3 格式之外，还可以将其格式化成其他的文件系统，如 ext4、ext2、reiserfs、fat32、msdos 文件系统。

7.2.3 文件系统的检查与修复

相信大家在使用 Windows 系统时如果碰到突然断电导致系统重启后，会有一定的概率导致系统无法正常启动，正常启动之前会进行系统的检查和自我修复功能。对于 Linux 系统来说，突然断电也会带来灾难性的后果，发生这种情况时，我们可以使用 fsck 命令来对特定的文件系统进行检查和修复。

fsck 命令的常用格式如下所示：

```
fsck 选项 设备文件名
```

fsck 命令的常用选项如表 7-2 所示。

表 7-2 fsck 命令的常用选项

选　项	作　用
-a	自动修复文件系统，不询问任何问题
-A	检测/etc/fstab 配置文件所列的全部文件系统
-N	不执行指令，仅列出实际执行会进行的动作
-y	检测到错误时自动修复
-C	显示完整的检查进度
-r	交互式检查文件系统
-s	串行检查文件系统
-t<文件系统类型>	指定要检查的文件系统类型

fsck 命令在使用时一定要谨慎，尽量使用交互式检查方式。因为在检查修复完成后，系统将无法恢复，此前的一些信息将不存在。

7.3 小　结

文件系统对于 Linux 系统来说非常重要，所有的操作都需要依赖于文件系统，因此掌握文件系统地操作非常有必要。

Linux 系统一般采用日志文件系统，可以用来记录各种操作，从而方便在系统发生异常时能够更好地对系统进行恢复。在学习文件系统之前，需要掌握一些必备的基础知识，如设备管理、分区、分区类型及其作用。

文件系统的管理可以分为创建分区、创建文件系统以及文件系统的检查和修复三种类型。这三种类型中，每种类型都有各自的操作方式和操作命令，我们需要做的就是对这些命令要做到熟练掌握，对操作方式也要做到熟悉，才能在使用的时候做到“临危不乱”。

第 8 章

使用编辑器

文本编辑对于任何一个系统管理来说都是不可缺少的。在 Windows 系统中，我们可以使用 Office 软件包来对各种文件进行编辑。而在 Linux 系统中也存在一系列的文本编辑器，供用户进行文本编辑。在 Linux 系统中常用的文本编辑器为 vi（vim）系列、nano 编辑器、Emacs 编辑器以及 GNOME 编辑器。本章将讲解如何使用这 4 类编辑器。

本章的主要内容如下：

- vim 编辑器的使用
- nano 编辑的使用
- Emacs 编辑器的使用
- GNOME 编辑器的使用

8.1 vim 编辑器

vi（vim）编辑器属于文本编辑器，这类编辑器没有华丽的界面，也不能使用鼠标辅助操作。在图形桌面系统“挂掉”、没有图形界面的情况下也能够正常使用。因此，学会使用 vi 文本编辑器被视为是操作 Linux 系统的基础技能之一。

vi 是 Linux 系统中使用较早的文本编辑器，一般 Linux 系统中都默认安装了 vi 编辑器，而 vim 编辑器是 vi 的增强版。随着 Linux 版本的更迭，在 Linux 系统中一般都会提供这个升级版：vim 编辑器，下面就介绍 vim 编辑器如何使用。

8.1.1 检查 vim 软件包

在使用 vim 编辑器之前，需要确保已经成功安装了 vim 软件包。在 Unix 系统中，可以使用 which 命令来确认是否安装了某个软件包。该命令的使用方式如下：

```
ben@ubuntu:~$ which vim
ben@ubuntu:~$
```

使用 which 命令之后如果没有任何展示，则说明在系统中没有安装 vim 编辑器。如果想继续使用该编辑器，则需要首先安装必须的软件包。

不同的 Linux 发行版本其安装软件的方式也不尽相同。在 Ubuntu 系统中，一般使用 apt-get install 的方式进行安装；而在 Red Hat 系统中，则使用 yum 进行安装。使用 apt-get install 的方式安装 vim 编辑器如下：

```
ben@ubuntu:~$ sudo apt-get install vim
[sudo] password for ben:
Reading package lists... Done
Building dependency tree
Reading state information... Done
The following additional packages will be installed:
  vim-runtime
Suggested packages:
  ctags vim-doc vim-scripts
The following NEW packages will be installed:
  vim vim-runtime
0 upgraded, 2 newly installed, 0 to remove and 118 not upgraded.
Need to get 6,587 kB of archives.
After this operation, 32.0 MB of additional disk space will be used.
Do you want to continue? [Y/n] y
Get:1 http://us.archive.ubuntu.com/ubuntu bionic-updates/main amd64 vim-runtime all 2:8.0.1453-1ubuntu1.1 [5,435 kB]
Get:2 http://us.archive.ubuntu.com/ubuntu bionic-updates/main amd64 vim amd64 2:8.0.1453-1ubuntu1.1 [1,152 kB]
Fetched 6,587 kB in 29s (227 kB/s)
Selecting previously unselected package vim-runtime.
(Reading database ... 162036 files and directories currently installed.)
Preparing to unpack .../vim-runtime_2%3a8.0.1453-1ubuntu1.1_all.deb ...
Adding 'diversion of /usr/share/vim/vim80/doc/help.txt to /usr/share/vim/vim80/doc/help.txt.vim-tiny by vim-runtime'
Adding 'diversion of /usr/share/vim/vim80/doc/tags to /usr/share/vim/vim80/doc/tags.vim-tiny by vim-runtime'
Unpacking vim-runtime (2:8.0.1453-1ubuntu1.1) ...
Selecting previously unselected package vim.
Preparing to unpack .../vim_2%3a8.0.1453-1ubuntu1.1_amd64.deb ...
Unpacking vim (2:8.0.1453-1ubuntu1.1) ...
Processing triggers for man-db (2.8.3-2ubuntu0.1) ...
Setting up vim-runtime (2:8.0.1453-1ubuntu1.1) ...
Setting up vim (2:8.0.1453-1ubuntu1.1) ...
update-alternatives: using /usr/bin/vim.basic to provide /usr/bin/vim (vim) in auto mode
```

```
…
ben@ubuntu:~$
```

如果读者使用的是其他 Linux 系统版本，那么需要使用相应版本中支持的安装软件包的工具来安装 vim 软件包。

8.1.2　vim 基础

使用 vim 编辑器首先需要掌握基本的使用方式，如启动 vim、在 vim 编辑器中进行基本的操作等，这些都依赖于一些基本的命令来实现，下面分别对这些命令进行介绍。

vim 属于文本编辑器，没有图形化的编辑环境，因此在 Shell 终端中输入 vim 命令后就能打开 vim 编辑器，从而进行文本的编辑。在启动 vim 编辑器时，一般还会使用一些选项来对打开的文件进行某些特定操作。常用的打开 vim 编辑器的方式如表 8-1 所示。

表 8-1　vim 编辑器的打开方式

vi 命令常用选项	功　　能
vim	打开 vi 文本编辑器
vmi filename	打开文本编辑器，并且文件的名字为 filename
vim –R filename	只读方式打开文件名为 filename 的文件

对于表 8-1 所示的打开 vim 编辑器的方式来说，直接使用 vim 命令将只能打开 vim 编辑器，在退出时需要保存文件名。除此之外还可以在打开编辑器时指定文件名，或者使用-R 选项以只读的方式打开文件。一般情况下，打开 vim 编辑器的同时指定文件名，其操作方式如下所示：

```
ben@ben-laptop:~$ vim test.txt
```

在执行了上面的命令之后，vim 编辑器就会根据文件名自动创建相应的文档，并且打开编辑器，从而使得用户可以对文件进行编辑。vi 文本编辑器打开后的界面如图 8-1 所示。

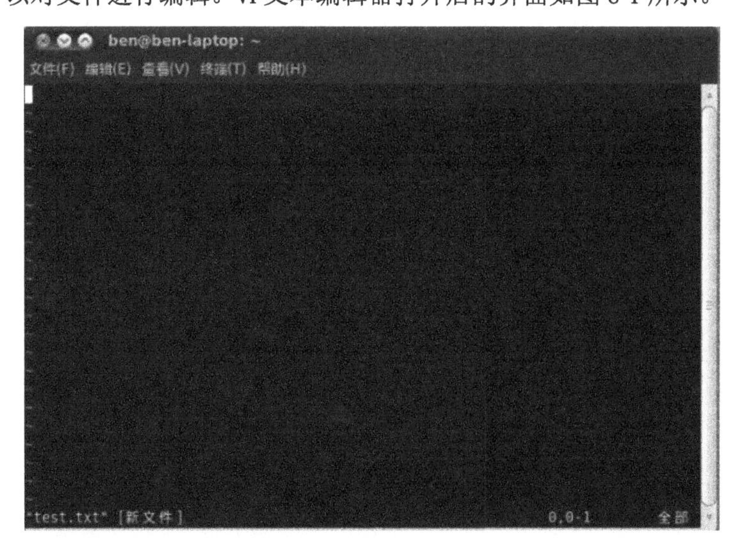

图 8-1　vi 文本编辑器界面

刚打开的 vim 编辑器默认处于命令行状态，此时是不能进行文本输入的，只有转为插入模式才能进行文本的编辑。

注　意
如果打开的文件不是空文件，就会在 vim 编辑器中显示文件的内容。

命令行状态也可称为底行状态，因为所有的操作都是在 vim 编辑器的底部完成。在命令行模式下可以对文件进行各种操作，此时所有输入的内容都被当作命令来处理。常用的命令可以分为如下几类：

- 文本删除类。
- 文本插入类。
- 屏幕翻滚类。
- 光标移动类。

常用的文本删除类命令及其作用如表 8-2 所示。

表 8-2　常用的文本删除类命令及其功能

命令名称	功　能
x	删除光标所在字符
dd	删除光标所在行中所有的字符
r	修改光标的位置
R	进入字符替换，使用新增文字替换原来的文字，可以按 Esc 键退出字符的替换
s	删除光标所在的字符，并进入编辑模式
S	删除光标所在的行，并进入编辑模式

在命令行模式中可以使用相关的命令实现文本的删除操作，可以删除单个字符，也可以删除文本中的整行内容，并且能够进行简单的文字替换功能。

在 vim 编辑器中不能使用鼠标进行辅助操作，因此，只能使用各种命令来进行光标的移动，常用的光标操作方式如表 8-3 所示。

表 8-3　光标操作常用命令及其功能

命令名称	功　能	命令名称	功　能
h	光标左移一个字符	(（左小括号）	光标左移至行尾
l	光标右移一个字符	H	光标移至屏幕顶行
space（空格键）	光标右移一个字符	M	光标移至屏幕中间行
BackSpace（字符删除键）	光标左移一个字符	L	光标移至屏幕最后行
k 或 Ctrl+p	光标上移一行	0	光标移至当前行首
j 或 Ctrl+n	光标下移一行	$	光标移至当前行尾
)（右小括号）	光标左移至行首		

如果打开的文件内容过多，会造成一个屏幕无法全部显示，这时就需要进行文本显示的滚翻。在 vim 编辑器中，文本显示滚翻相关的命令如表 8-4 所示。

表 8-4 常用文本显示滚翻类命令及其功能

命令名称	功　能
Ctrl+u	向文件首翻半屏
Ctrl+d	向文件尾翻半屏
Ctrl+f	向文件首翻一屏
Ctrl＋b	向文件首翻一屏
nz	将第 n 行滚至屏幕顶部，不指定 n 时将当前行滚至屏幕顶部

vim 编辑器对文本文件进行编辑时，可以在文档的各个位置进行数据的插入。常用的数据插入命令如表 8-5 所示。

表 8-5 常用数据插入命令及其功能

命令名称	功　能
i	在光标前插入
I	在当前行的行首插入
a	在光标后插入
A	在当前行的行尾插入
o	在当前行之下新开一行
O	在当前行之上新开一行
r	替换当前字符
R	替换当前字符及其后字符，直至按 ESC 键
s	当光标的当前位置开始，以输入的文本替换指定个数的字符
S	删除指定数目的行，并以输入的文本替换删除的内容

从上面的表可以看出，熟练使用 vim 编辑器需要掌握很多命令。虽然命令相对较多，但是每一个命令在进行文本的编辑时都可能用到，因此需要读者花一些时间进行反复练习，从而掌握这些基本命令的使用。

上述 4 类命令是使用 vim 编辑器常用的命令，除此之外还有许多其他命令需要读者了解，在此不做赘述，有兴趣的读者可以通过阅读相关资料进行学习。

8.1.3 编辑数据

打开编辑器以后，就可以根据实际需要进行文本的编辑了。刚打开的 vim 编辑器处于命令行模式，只有在输入特殊的命令字符后才可以进行文本编辑操作。vim 编辑器的这种操作模式称为命令行模式，除了命令行模式以外，vim 编辑器还存在插入模式、底行模式。在进行文本编辑的过程中，这 3 种模式相互转化，从而完成整个文本的编辑过程。在不同的模式中，需要使用不同的命令对编辑器进行操作。

输入字符 i 可以将 vim 编辑器从刚开始的命令行模式变成插入模式，这样就可以通过键盘输入字符，进行文本的编辑。编辑完成后如图 8-2 所示。

图 8-2　vim 编辑器的插入模式

在进行文本的编辑时不可以使用鼠标进行辅助操作，但是可以使用一些命令代替鼠标操作，常用的命令如表 8-6 所示。

表 8-6　vim 编辑器插入模式中的常用命令及其功能

命令名称	功　能
i	在光标前
I	在当前行首
a	光标后
A	在当前行尾
o	在当前行之下新开一行
O	在当前行之上新开一行
r	替换当前字符
R	替换当前字符及其后的字符，直至按 Esc 键
s	从当前光标位置处开始，以输入的文本替代指定数目的字符
S	删除指定数目的行，并以所输入文本代替之

当编辑文本结束后，需要及时保存文件并且安全退出 vim 编辑器，否则刚编写的文本内容不会储存在内存中，再次打开后也不会显示在文件中。在插入模式中按下键盘的 ESC 键，这样就可以从插入模式进入底行命令模式。在进入底行模式后，需要先输入冒号“:”，然后再输入相应的命令，这样命令才能执行。在底行模式中常用的命令如表 8-7 所示。

表 8-7　底行模式中的常用命令及其功能

命令名称	功　能
q	退出 vim 编辑器
!	强制执行某个命令
x	保存文件并且退出 vim 编辑器
E	创建新的文件名，并可以为文件命名
N	在当前 vim 编辑器窗口打开新的文件
w	保存文件，但是不退出 vim 编辑器
set nu	显示行号
/	查找匹配字符串功能
?	查找特定字符串
%	表示所有行

在底行模式中，常用的命令为 q 和 w 命令，这两个命令还可以和强制退出符号“!”一起使用，从而使得保存文本后，强制退出 vim 编辑器，但是一般不建议使用强制退出符号。退出 vim 编辑器的操作方式如图 8-3 所示。

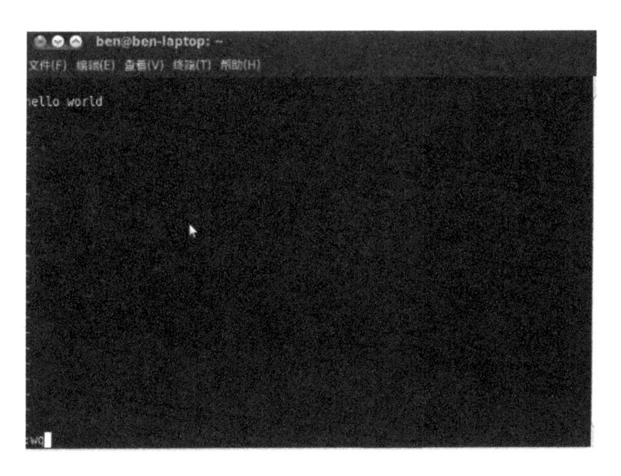

图 8-3　退出 vim 编辑器

在退出 vim 编辑器之后，文档的编写就完成了，可以通过其他命令（如 cat 命令）来查看编辑的内容是否正确，如果不正确，还可以进行修改。也可以使用 ls 命令来查看新文件是否已经存在，如下所示：

```
ben@ben-laptop:~$ ls -l test.txt
-rw-r--r-- 1 ben ben 12 2021-05-29 21:25 test.txt
ben@ben-laptop:~$ cat test.txt
hello world
```

使用 vim 编辑器时，要熟练掌握 3 种模式的相互转换方式以及能够进行的操作。在命令模式中可以通过命令来完成光标的定位、字符串的检索、文本的恢复/修改/替换/标记、行结合及文本位移等功能；插入模式能够实现文本的编辑功能；底行命令模式主要完成文本的全局替换、在文本中插入 Shell 命令、vim 编辑器的设置、文本的存盘退出、文本块的复制、多个文本间的转换及缓冲区的操作功能。这 3 种模式的相互转换关系如图 8-4 所示。

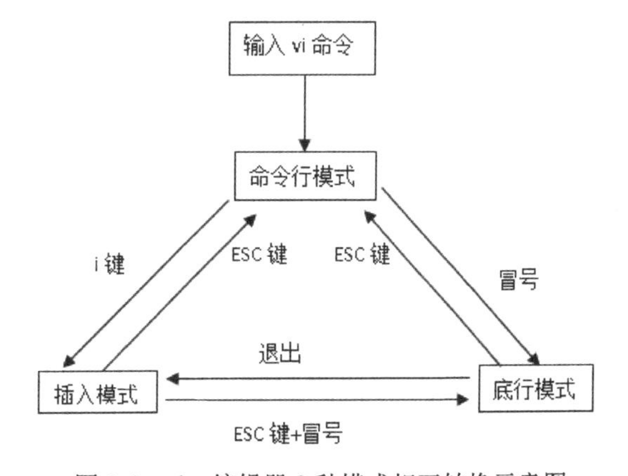

图 8-4　vim 编辑器 3 种模式相互转换示意图

从图 8-4 中可以看出，输入 vi 命令之后，默认进入命令行模式，而从命令行模式到插入模式只需要键入 i 键。当编辑完成后，可以使用 Esc 键+冒号的组合键进入底行模式，从而退出 vim 编辑器。从底行模式到命令行模式以及从插入模式到命令行模式，只需要按 Esc 键就可以实现。

注　意
vim 编辑器的使用方式和 vi 相同，唯一的不同是创建文件时需要使用 vi 命令，而不是 vim 命令。

8.1.4 复制和粘贴

复制、剪切和粘贴是文件编辑最常用的操作之一。在使用 vim 编辑器时也提供了复制和粘贴功能。下面我们就来介绍一下如何在 vim 编辑器中使用复制和粘贴功能。

.复制的命令是 y，即 yank（提起），常用的命令如表 8-8 所示。

表 8-8　复制常用的命令及其功能

命令名称	功　能
y	在使用 v 模式选定了某一块的时候，复制选定块到缓冲区用
y	在使用 v 模式选定了某一块的时候，复制选定块到缓冲区用
yy	复制整行（nyy 或者 yny，复制 n 行，n 为数字）
y^	复制当前到行头的内容
y$	复制当前到行尾的内容
yw	复制一个 word（nyw 或者 ynw，复制 n 个 word，n 为数字）
yG	复制至档尾（nyG 或者 ynG，复制到第 n 行，例如 1yG 或者 y1G，复制到档尾）

如果想要将数据剪切到其他位置，可以使用命令 d，即 delete，d 与 y 命令基本类似，两个命令用法一样，可以参照表 8-8 中复制的常用命令来操作。

在复制和剪切操作之后，就需要使用粘贴命令来将选中的内容放到指定的位置，一般使用命令 p，即 put（放下）。常用的粘贴命令如表 8-9 所示。

表 8-9　粘贴常用的命令及其功能

命令名称	功　能
p	小写 p 代表贴至游标后（下），因为游标是在具体字符的位置上，所以实际是在该字符的后面
P	大写 P 代表贴至游标前（上），整行的复制粘贴在游标的上（下）一行，非整行的复制则是粘贴在游标的前（后）
p^	粘贴到当前行的行头
p$	粘贴到当前行的行尾
y、$	复制当前到行尾的内容
yw	复制一个 word （nyw 或者 ynw，复制 n 个 word，n 为数字）
yG	复制至档尾（nyG 或者 ynG，复制到第 n 行，例如 1yG 或者 y1G，复制到档尾）

在进行文本的复制、粘贴时，还有两个常用的命令是撤销和重做，这两个命令分别使用 u（撤销操作）和 R（重做）来实现。

这些常用命令我们就不在此演示如何使用了，当读者在使用 vim 编辑器进行文本编辑时，会发现使用复制、剪切、粘贴命令能够很好地帮助我们进行文本编辑。

8.1.5 查找和替换

字符串的查找和替换的基础是查找，只有首先找到了需要替换的字符串，才能进行下一步的替换操作。在使用 vim 编辑器时，查找是一件非常简单的事情，在命令行模式下输入斜杠（/）或问号（?），然后再加上查找的字符串，然后按下回车键就可以进行字符串的查找。

输入的斜杠或问号的作用是找到字符串后，显示的第一个字符串的位置。使用斜杠符号时，vim 会显示文本中第一个出现的字符串。而问号后跟查找的字符串，vim 会显示文本中最后一个出现的字符串。而无论使用哪种方式，vim 编辑器对查找到的文本都会进行高亮显示。查找到字符串之后的示例如图 8-5 所示。在图 8-5 所示的界面中，我们检索字符串 hell，随着字符串输入完毕后，vim 编辑器自动找到目标字符串，并且高亮显示。

如果需要进行字符串的替换，那么就需要使用:s 命令来实现字符串的替换。:s 命令是在命令行模式下输入字符 s，该命令的格式如下所示：

```
:[可选项]s/需要替换的字符串/目标字符串/[可选项]
```

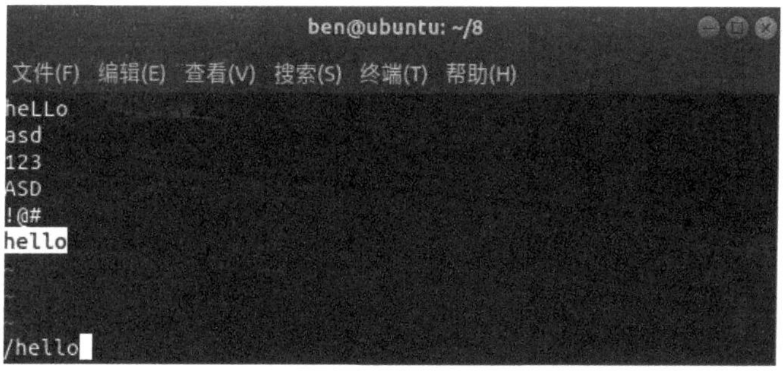

```
ben@ubuntu: ~/8
文件(F) 编辑(E) 查看(V) 搜索(S) 终端(T) 帮助(H)
heLLo
asd
123
ASD
!@#
hello
~
~
~
/hello
```

图 8-5 vim 编辑器中的查找

上面格式中可选项用来指定操作范围，如果需要在全局范围内进行替换，那么需要使用:%s/源字符串/目的字符串/g 来实现。最简单的替换方式如图 8-6 所示。

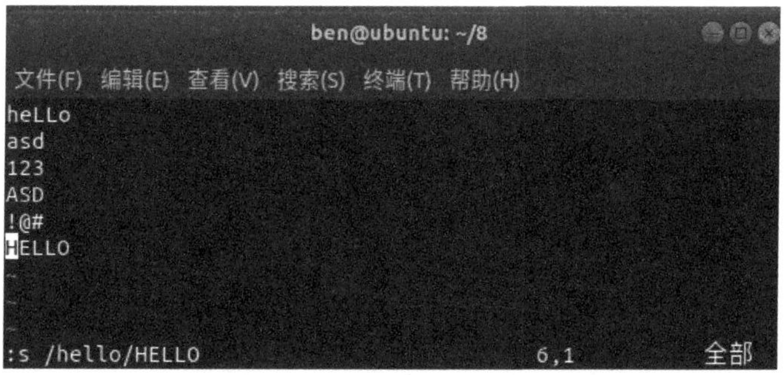

```
ben@ubuntu: ~/8
文件(F) 编辑(E) 查看(V) 搜索(S) 终端(T) 帮助(H)
heLLo
asd
123
ASD
!@#
HELLO
~
~
~
:s /hello/HELLO                          6,1          全部
```

图 8-6 vim 编辑器中的替换

替换完成后再次查看文件中的内容，发现文件中的内容已经完成了替换，替换后的文件内容如下所示：

```
ben@ubuntu:~/8$ cat vim.txt
heLLo
asd
123
ASD
!@#
HELLO
ben@ubuntu:~/8$
```

8.2 nano 编辑器

上一节讲解了如何使用 vim 编辑器来进行文本编辑。通过上面的学习我们可以看出，vim 编辑器虽然功能强大，但是使用起来具有一定的难度，尤其是对初学者来说，能够熟练掌握使用 vim 编辑器是一件非常具有挑战性的事情。在 Linux 系统中，除了 vim 编辑器之外，还有很多其他的文本编辑器，如本节将要介绍的 nano 编辑器。

8.2.1 检查 nano 软件包

nano 编辑器是一个体积小巧、功能强大的文本编辑器，该软件也是遵守 GNU 通用公共许可证的自由软件。该软件为 Debian 的默认编辑器。对于其他的 Unix 发行版本来说，需要首先检查 nano 是否安装。

检查 nano 软件是否安装一般使用 which 命令，在 Ubuntu 系统中执行结果如下所示：

```
ben@ubuntu:~$ which nano
/bin/nano
```

which 命令的执行结果显示在笔者使用的系统中已经安装了 nano 软件包。如果没有安装软件包，可以使用 apt_get install 或者是 yum 进行安装。

8.2.2 nano 编辑器的基本操作

在使用 nano 编辑器时，一般是通过键盘 Ctrl 按键和其他功能按钮组合起来以构成操作命令，用来实现基本的保存、退出等功能。常用的功能如表 8-10 所示。

表 8-10 nano 编辑器常用命令

命　令	作　用
Alt+6	复制一整行
Ctrl+K	剪贴一整行
Ctrl+U	粘贴
Ctrl+W	文本搜索

（续表）

命　　令	作　　用
Alt+W	定位到下一个匹配的文本
Ctrl+O	保存
Ctrl+X	退出
Ctrl+C	撤销上一步操作
Ctrl+K	剪切
Ctrl+G	获取帮助

1. 创建文件

使用 nano 命令可以创建需要的文件，其基本格式如下所示：

```
nano filename
```

比如，使用 nano x3 命令创建 x3 文件之后，效果如图 8-7 所示。

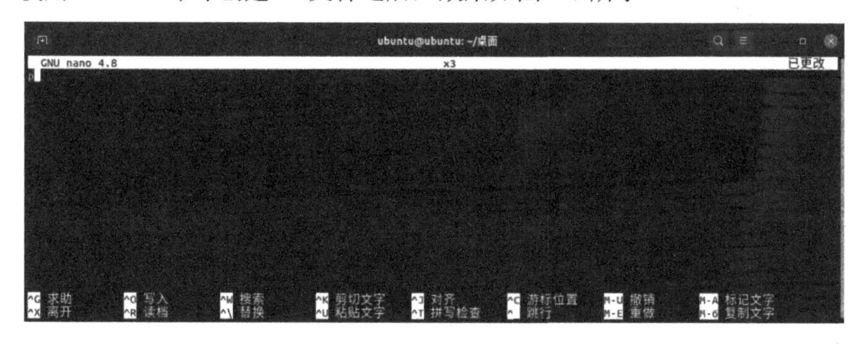

图 8-7　使用 nano 编辑器创建文件 x3

nano 编辑器由四个功能区构成。顶行展示当前程序版本和正在编辑的文件名，并标注本文本是否被编辑。本书中使用的 nano 编辑器版本为 4.8，文件名为 x3；下方是主编辑窗口，用户可以在该区域进行文本编辑；第三行是状态栏，用来显示重要的信息；最后两行展示常用的快捷键。上面的符号“^”表示需要将 Ctrl 键和表示的功能字母按钮同时按下，才会实现后面介绍的功能。

2. 编辑文件

在编辑区输入一些简单的字符，最终效果如图 8-8 所示。

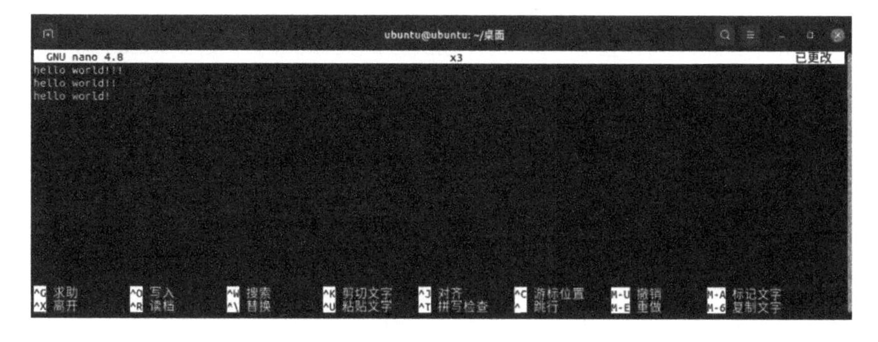

图 8-8　输入一些简单的字符

3. 保存后退出

编辑完成后，需要对修改的文件内容进行保存，否则修改的内容不会存在文件中。保存时，只需要按下 Ctrl+O 即可，如图 8-9 所示。

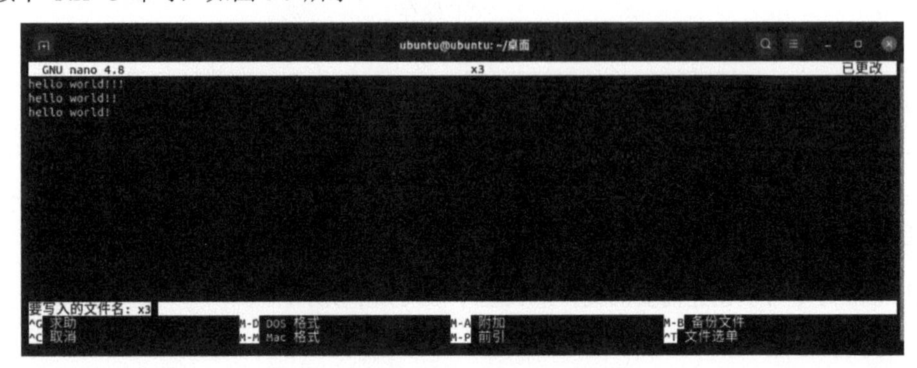

图 8-9　保存

出现上述提示之后，如果不需要修改文件名，那么仅需要按下回车键确认即可。如果还需要对文件名进行修改，则需要在文本 x3 输入你想要的文件名。

保存之后，按下组合键 Crtl+X 来退出 nano 编辑器。

说　　明
在编辑窗口提示的命令虽然都是大写字母，但是在实际使用时小写字母同样生效。

8.3　Emacs 编辑器

Emacs 编辑器是公认的最受专业程序员喜爱的代码编辑器之一。Emacs 不仅仅是一个编辑器，也是一个集成开发环境，它丰富的功能会让用户产生一种正在使用一个“操作系统”的错觉。因为 Emacs 编辑器除了可以用来文本编辑之外，还提供了日历、收发 Email、计算器、调式程序、对多种编程语言进行编辑、日程管理等功能。

8.3.1　检查 Emacs 软件包

检查 Emacs 软件包的方式和查看 vim 软件包的方式类似，同样使用 which 命令来实现。其使用方式如下所示：

```
ben@ubuntu:~$ which emacs
ben@ubuntu:~$
```

which 命令执行完之后没有任何的显示，说明在笔者的系统中没有安装 Emacs 软件包，需要使用 apt-get install 命令安装该软件包，安装过程如下所示：

```
ben@ubuntu:~$ sudo apt-get install emacs
[sudo] password for ben:
```

```
Reading package lists... Done
Building dependency tree
Reading state information... Done
The following additional packages will be installed:
  emacs25 emacs25-bin-common emacs25-common emacs25-el libgif7
  liblockfile-bin liblockfile1 libm17n-0 libotf0 m17n-db
Suggested packages:
  emacs25-common-non-dfsg ncurses-term m17n-docs gawk
The following NEW packages will be installed:
  emacs emacs25 emacs25-bin-common emacs25-common emacs25-el libgif7
  liblockfile-bin liblockfile1 libm17n-0 libotf0 m17n-db
0 upgraded, 11 newly installed, 0 to remove and 132 not upgraded.
Need to get 33.9 MB of archives.
After this operation, 112 MB of additional disk space will be used.
Do you want to continue? [Y/n] y
Get:1 http://us.archive.ubuntu.com/ubuntu bionic/main amd64 emacs25-common
all 25.2+1-6 [13.1 MB]
Get:2 http://us.archive.ubuntu.com/ubuntu bionic/main amd64 liblockfile-bin
amd64 1.14-1.1 [11.9 kB]
Get:3 http://us.archive.ubuntu.com/ubuntu bionic/main amd64 liblockfile1
amd64 1.14-1.1 [6,804 B]
...
Fetched 33.9 MB in 1min 47s (316 kB/s)
Selecting previously unselected package emacs25-common.
(Reading database ... 163804 files and directories currently installed.)
Preparing to unpack .../00-emacs25-common_25.2+1-6_all.deb ...
Unpacking emacs25-common (25.2+1-6) ...
Selecting previously unselected package liblockfile-bin.
Preparing to unpack .../01-liblockfile-bin_1.14-1.1_amd64.deb ...
Unpacking liblockfile-bin (1.14-1.1) ...
Selecting previously unselected package liblockfile1:amd64.
Preparing to unpack .../02-liblockfile1_1.14-1.1_amd64.deb ...
Unpacking liblockfile1:amd64 (1.14-1.1) ...
Selecting previously unselected package emacs25-bin-common.
...
Install dictionaries-common for emacs25
install/dictionaries-common: Byte-compiling for emacsen flavour emacs25
Setting up emacs (47.0) ...
Processing triggers for libc-bin (2.27-3ubuntu1) ...
```

安装软件完成后，再次执行 which 命令，则会显示出来 Emacs 命令的路径，如下所示：

```
ben@ubuntu:~$ which emacs
/usr/bin/emacs
ben@ubuntu:~$
```

此时说明在系统中已经成功安装了 Emacs 软件包，可以尽情地使用该编辑器了。

8.3.2 使用 Emacs

在使用 Emacs 编辑器时，某些情况下会感觉和使用 vim 编辑器一样，在使用过程中都需要使用各种命令来完成各种操作。但是其使用过程会比使用 vim 编辑器更加方便简洁。下面就来讲解如何使用这些命令来实现文本编辑操作。

1. 编辑数据

我们首先使用命令来打开 Emacs 编辑器，一般使用以下命令来实现。

```
ben@ubuntu:~$ emacs test1.txt
```

使用上述命令不但能打开 Emacs 编辑器，还能同步创建文件。当然需要在关闭编辑器的时候保存文件，才能最终保存下来。

打开 Emacs 编辑器如图 8-10 所示。

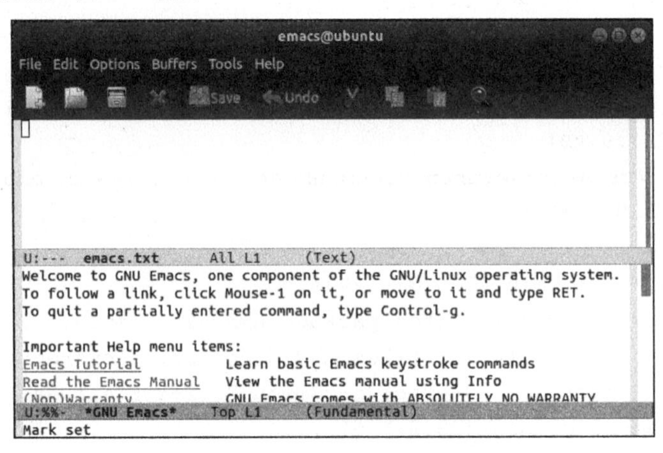

图 8-10 打开 Emacs 编辑器

在打开的 Emacs 编辑器中，空白部分可以输入字符。输入时可以使用常用的快捷键来实现常用的操作，如使用 Backspace 键来删除前面的字符。先按下 Ctrl+X 然后按下 Ctrl+C 按键，就会实现保存功能。编辑器中大部分比较常用的功能可以使用菜单栏中的菜单来实现，这样就不用费力去记忆快捷键对应的功能了。

2. 复制和粘贴

在 Emacs 编辑器中实现复制和粘贴较其他编辑器有点复杂，其基本操作方式如下所示。

（1）移动光标到目标位置，然后按下 Ctrl+Space 键，最底行会显示 Mark set 字样，这就表示已经开始标记了，如图 8-11 所示。

（2）移动鼠标或者选中文字然后，可以使用两种方式：Alt+W（复制）或 Ctrl+W（剪切）。不管选择何种方式，在选中之后，Emacs 会先回到标记的位置，让我们查看选中的区域。

（3）最后，移动光标到你想要的这段文本结束的地方并按下 Ctrl+Y 键。即可实现粘贴。粘贴后效果如图 8-12 所示。

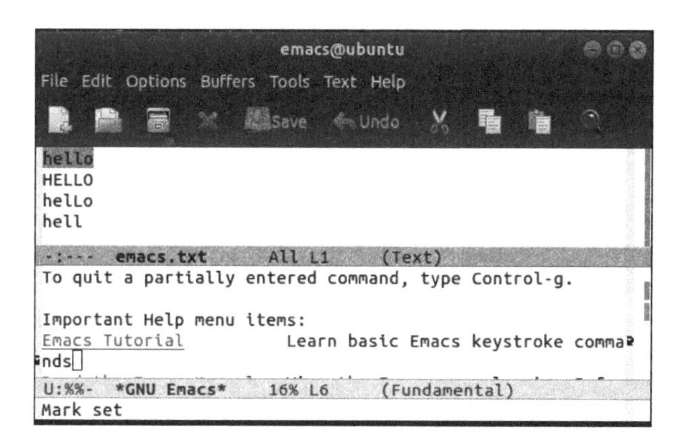

图 8-11　标记选中文字

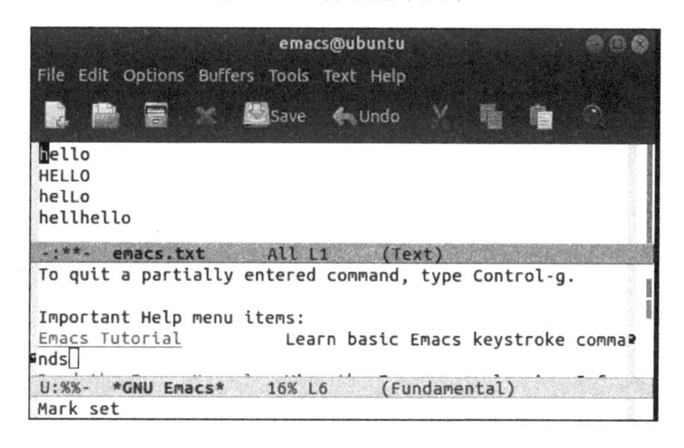

图 8-12　粘贴后

3. 查找和替换

在 Emacs 编辑器查找文本时，只需要按下 Ctrl+S 键，就会进入到文本检索模式。输入需要检索的字符串，编辑器会自动将匹配成功的字符进行高亮显示，如图 8-13 所示。

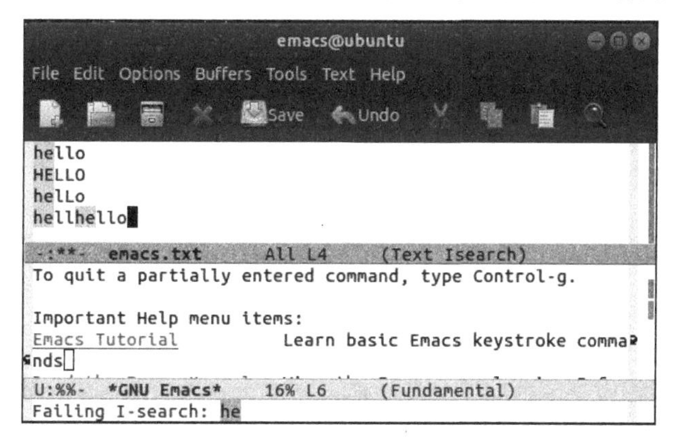

图 8-13　高亮展示

要查找文本，移动到相应的缓冲区并按下 Ctrl+S 键；要查找并替换，需要按下 Alt+%键，Emacs 会询问查找哪个字符串，用什么来替换它，以及在每个匹配点要求确认替换。

8.4 GNOME 编辑器

GNOME 是 Linux 系统中常用的图形化桌面环境之一，包含了一系列的标准桌面工具和应用程序，并且能让各个应用程序都能正常地运行。从而使得使用 Linux 系统更加便捷。GNOME 中默认的文本编辑器是 Gedit。Gedit 编辑器类似于 Windows 系统中的记事本，该编辑器在图形界面系统中才能够使用，本节重点讲解如何使用 Gedit 编辑器来实现文本的编辑操作。

8.4.1 启动 Gedit

常用的启动 Gedit 编辑器的方式和 Windows 系统中启动程序的方式类似。首先单击右下角的“显示所有应用”，然后输入 Gedit，系统会自动查找 Gedit 编辑器，笔者系统中的 Gedit 编辑器的图标如图 8-14 所示。在找到 Gedit 编辑器的图标之后，双击该图标即可实现启动编辑器。

图 8-14 搜索 Gedit 编辑器

启动 Gedit 编辑器还可以使用 gedit 命令来实现。在 Shell 终端中输入 gedit 命令后，如下：

```
ben@ubuntu:~$ gedit
```

系统会自动打开 Gedit 编辑器，如图 8-15 所示。

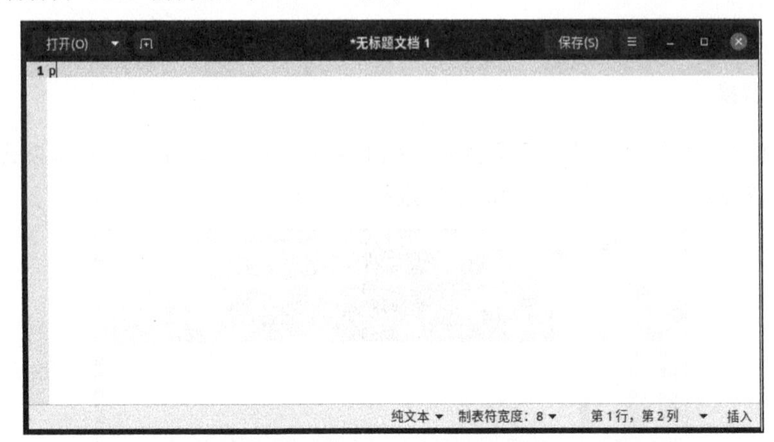

图 8-15 打开 Gedit 编辑器

使用 gedit 命令时还可以同时指定需要打开的文件的文件名，这样就可以打开指定的文件，如果文件不存在，则会创建一个指定文件名的文件，如图 8-16 所示。

图 8-16 新建文件

通过上述两种方式均可以启动 Gedit 编辑器。我们可以根据实际情况，选择适合自己的打开方式。

8.4.2　基本的 Gedit 功能

在启动了编辑器后，就可以根据实际需要进行文本的输入和编辑。

1. 新建文档

如果需要新建一个空白的文件，单击左上角的“新建文档”按钮，就会自动创建一个新的文件，如图 8-17 所示。

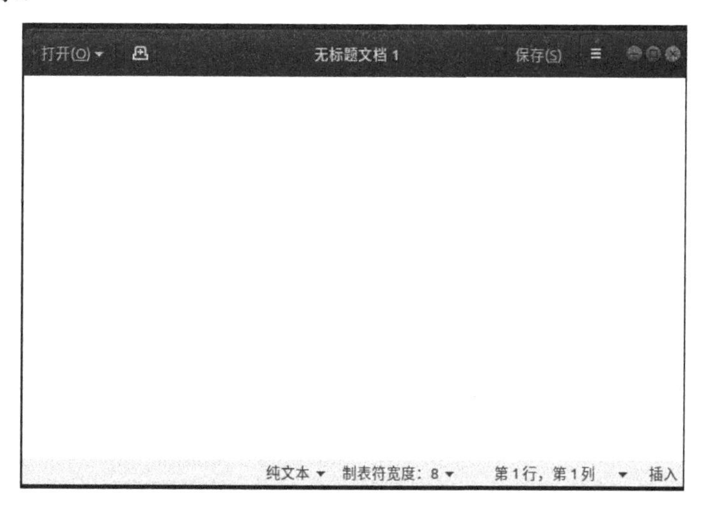

图 8-17　新建文件

随后在编辑区域可以任意写入需要的数据，效果如图 8-18 所示。

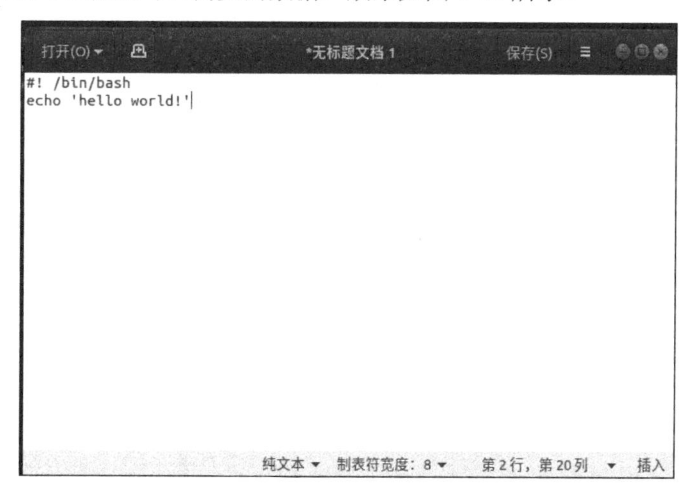

图 8-18　输入内容

在编写过程中如果出现问题，可以移动鼠标到需要修改的位置，按下 Delete 键进行删除，然后再写入正确的文字。

2. 保存文档

文本写入之后，可以保存文档然后关闭 Gedit 编辑器。可以单击菜单栏上的【保存】按钮进行保存。如果未指定文件名，还需要设定需要保存的文件名以及保存的位置，如图 8-19 所示。

图 8-19　保存位置

Gedit 编辑器还提供了一些进行文本编辑时常用的功能，如查找、替换等，这些功能如图 8-20 所示。我们可以根据实际需要选择相应的功能来进行完成需要的操作。因其操作方式和 Windows 系统中的操作方式类似，在此不做赘述。

图 8-20　编辑器功能

8.5 小　　结

本章主要介绍了如何使用 Linux 系统中的文本编辑工具。在编写 Shell 脚本时，也需要通过文本编辑器将需要执行的语句写入到脚本中。Linux 系统提供了很多文本编辑器，总有一款适合你。

vim 编辑器可以说 Linux 中最常用的编辑器。该编辑器提供基本的文本编辑操作，还能进行复制、粘贴、查找和替换等高级编辑器的操作。

nano 编辑器相对于 vim 编辑器来说，使用起来非常方便，能够在控制台模式下迅速编辑文本。另外，nano 编辑器是从 Unix 系统中移植到 Linux 系统中的编辑器。

Emacs 编辑器也是在 Linux 系统中常用的编辑器之一。该编辑器包含控制台模式和图形模式，从而拓宽了其使用范围和方式。对于 Linux 系统初学者来说，也是有必要掌握的编辑器。

GNOME 项目提供了一个简单的文本编辑器 Gedit。这个编辑器是一个基本的图形文本编辑器，类似 Windows 系统中的记事本。它不但能进行文本的编辑，还提供了部分高级功能，如显示行号、高亮显示等。此外，Gedit 编辑器还提供了很多的插件，从而扩展了 Gedit 编辑器的功能。

第9章

结构化命令

在日常生活中，我们经常会遇到选择去做某些事情，而不去做某些事情的情形。比如，在假期时可以选择去旅游或在家休息，如果去旅游的话，还可以选择去什么地方旅游；如果在家休息的话，可以选择看电影还是玩游戏等。在编写 Shell 脚本时，也存在类似的“选择”结构。当满足某种条件时，可以选择执行某些语句；而在满足另外的条件时，选择执行其他命令。这种选择就是 Shell 脚本中的分支结构，本章将重点介绍分支结构在 Shell 脚本中的使用。

本章的重点内容如下：

- 条件测试命令的使用
- if 分支结构的使用
- case 分支结构的使用

9.1 测试命令的使用

在编程语言中，一般使用逻辑表达式作为分支结构的执行条件。当逻辑表达式的结果为逻辑真时，某些语句被执行；当逻辑表达式的结果为逻辑假时，另外的语句被执行。在 Linux 中存在一组测试命令，该组命令用于测试某种条件或某几种条件是否真实存在。测试命令是判断语句和循环语句中的条件测试工具，所以，其对于编写 Shell 脚本非常重要。本节将介绍测试命令的基础结构及其具体使用。

9.1.1 测试命令的基础结构

在其他编程语言中，逻辑表达式的结果为真时，返回数值为非 0 整数（一般为 1）；当逻辑表达式的结果为假时，一般返回值为 0。而在 Shell 中，测试命令用来实现测试表达式的条件的真假，如果测试的条件为真，则返回一个 0 值；如果测试条件为假，将返回一个非 0 整数值。

在 Shell 脚本编程中，常用的测试命令有两种形式，一种是用 test 命令进行测试，其基本形式如下：

```
test expression
```

在上面的命令形式中，条件 expression 是一个表达式，该表达式可为数字、字符串、文本和文件属性的比较，还可以加入各种算术、字符串、文本等运算符，从而实现更加复杂的运算。test 命令返回表达式的计算结果，如果计算结果为真，那么返回一个 0 值；如果计算结果为假，那么返回值为非 0 整数值。

注 意
test 命令的返回结果只能是整数值，而不能是其他类型的值。

test 命令的用法如示例 9-1.sh 所示。

【示例 9-1.sh】

```
#示例 9-1.sh  test 命令的使用
#! /bin/bash

echo 使用 test 命令进行算术运算
test 3 -le 5
echo "3 -le 5 :$?"

test 5 -le 3
echo "5 -le 3:$?"
```

为示例 9-1.sh 赋予可执行权限后执行脚本，结果如下：

```
ben@ben-laptop:~ $chmod u+x 9-1.sh
ben@ben-laptop:~ $./9-1.sh
使用 test 命令进行算术运算
3 -le 5 :0
5 -le 3:1
```

从示例 9-1.sh 的执行结果可以看出，test 命令可以实现算术比较等逻辑运算，如果逻辑运算的结果为真，返回的逻辑结果为 0；如果逻辑运算的结果为假，则返回的结果为 1。

注 意
在示例 9-1.sh 中出现的符号-le 表示大于等于，该符号和其他类似的符号将在 9.1.4 小节中进行介绍。

除了使用 test 命令来作为测试命令以外，还有一种结构也可以用来作为测试命令，这种方法的一般形式如下：

```
[ expression ]
```

在上面的结构中，符号“[”是启动测试命令，要求在 expression 后要有一个“]”与其配对。在符号“[”和“]”中间的表达式 expression 和使用 test 命令时的使用方式是一样的。如果表达式 expression 的逻辑结果为真，那么该测试命令的返回值为 0；如果该表达式的逻辑运算结果为假，那么该测试命令的返回值为非 0 正整数。

命令“[]”的用法如示例 9-2.sh 所示。

【示例 9-2.sh】

```
#示例 9-2.sh  命令“[]”的使用
#! /bin/bash

echo 使用[] 代替 test 命令进行算术运算
[ 3 -le 5 ]
echo "[ 3 -le 5 ] :$?"

[ 5 -le 3 ]
echo "[ 5 -le 3 ]:$?"
```

为示例 9-2.sh 赋予可执行权限后执行脚本，结果如下：

```
ben@ben-laptop:~ $chmod u+x 9-2.sh
ben@ben-laptop:~ $./9-2.sh
使用[]代替 test 命令进行算术运算
[ 3 -le 5 ] :0
[ 5 -le 3 ]:1
```

从示例 9-2.sh 的运行结果可以看出，“[]”命令可以替代 test 命令完成各种逻辑运算，并且在书写上存在一定的简化。为了演示 test 命令和“[]”命令的不同，我们将分别使用 test 命令和“[]”命令进行脚本的编写和执行。

注　意
在使用命令“[]”时，要特别注意“[”后和“]”前的空格必不可少，并且符号“[”后和“]”前都有空格。

9.1.2 测试文件类型

在 Linux 系统中，所有的内容都被看作文件来处理，因此文件的处理就显得非常重要。对于 test 命令来说，可以判断文件的某些属性、权限并在文件之间进行各种比较。

使用 test 命令可以检验文件的相关属性，如被检验的文件是否存在、是否为目录文件、是否为某种类型的文件等，具体的指令及其用法如表 9-1 所示。

表 9-1 使用 test 命令判断文件属性

选 项	作 用	使用示例
-e	判断文件是否存在	test -e test.txt
-f	判断文件是否存在并且是否是文件（file）	test -f test.txt
-d	判断文件是否存在并且是否是目录文件（directory）	test -d test
-c	判断文件是否存在并且是否是字符设备文件	test -c ctest
-S	判断文件是否存在并且是否是 Socket 文件	test -S Stest
-p	判断文件是否存在并且是否是管道文件（fifo pope）	test -p ptest
-L	判断文件是否存在并且是否是链接文件	test -L ltest

从表 9-1 中可以看出，test 命令可以判断文件是否存在以及文件属于什么类型。如果文件不存在或者文件的类型与使用的选项不相符，那么 test 命令就会返回逻辑假；如果文件的类型与使用的选项相符合，那么 test 命令就会返回逻辑真。使用 test 命令判断文件属性如示例 9-3.sh 所示。

【示例 9-3.sh】

```
#示例 9-3.sh  使用 test 命令判断文件属性
#! /bin/bash

file1=./9-3.sh
file2=/home
echo "使用-e 选项判断文件是否存在"
test -e file1
echo "test -e $file1 :$?"
test -e file_noexist
echo "test -e file_noexist :$?"

echo "使用-f 选项判断文件是否是普通文件"
test -e $file1
echo "test -e $file1:$?"
test -e $file2
echo "test -e $file2 :$?"

echo "使用-d 选项判断文件是否是目录文件"
test -d $file1
echo "test -d $file1 :$?"
test -d $file2
echo "test -d $file2:$?"
```

为示例 9-3.sh 赋予可执行权限后执行脚本，结果如下：

```
ben@ben-laptop:~ $chmod u+x 9-3.sh
ben@ben-laptop:~ $./9-3.sh
```

```
使用-e 选项判断文件是否存在
test -e /9-3.sh:1
test -e file_noexist :1
使用-f 选项判断文件是否是普通文件
test -e ./9-3.sh:0
test -e /home :0
使用-d 选项判断文件是否是目录文件
test -d ./9-3.sh :1
test -d /home:0
```

从示例 9-3.sh 的执行结果可以看出，在判断文件的属性等基本信息时，可以使用 test 命令的众多选项来实现相应的判断。

test 命令除了可以用于判断文件的类型以外，还可以用来判断文件当前的属性，使用不同的选项就可以判断当前文件是否具有该属性，这些选项的用法如表 9-2 所示。

表 9-2 使用 test 命令判断文件权限

选　项	作　用	使用示例
-r	判断文件是否具有可读权限	test -r test.txt
-w	判断文件是否具有可写权限	test -w test.txt
-x	判断文件是否具有可执行权限	test -x test
-u	判断文件是否具有 SUID 权限	test -u ctest
-g	判断文件是否具有 SGID 权限	test -g Stest
-k	判断文件是否具有 Sticky bit 权限	test –k ptest
-s	判断文件是否存在并且是否是非空白文件	test -s ltest

从表 9-2 中可以看出，使用 test 命令可以判断文件是否具有可读、可写、可执行以及 SUID、SGID、Sticky bit 权限，还能判断文件是否是非空白文件。在使用 test 命令时，如果文件具有的权限和使用的选项一致，那么 test 命令执行后就会返回逻辑真（整数 0）；如果文件具有的权限和使用的选项不一致，那么 test 命令在执行以后就会返回逻辑假（非 0 整数）。关于 test 命令判断文件属性如示例 9-4.sh 所示。

【示例 9-4.sh】

```
#示例 9-4.sh  使用 test 命令判断文件属性
#! /bin/bash

file1=./9-4.sh

ls -l $file1
echo 判断文件是否具有可读权限
test -r $file1
echo "test -r file1 :$?"
```

```
echo 判断文件是否具有可写权限
test -w $file1
echo "test -w file1 :$?"

echo 判断文件是否具有可执行权限
test -x $file1
echo "test -x file1 :$?"
```

为示例 9-4.sh 赋予可执行权限后执行脚本，结果如下：

```
ben@ben-laptop:~ $chmod u+x 9-4.sh
ben@ben-laptop:~ $./9-4.sh
-rwxrwxrwx 1 ben ben 294 2021-04-07 11:04 ./9-4.sh
判断文件是否具有可读权限
test -r file1 :0
判断文件是否具有可写权限
test -w file1 :0
判断文件是否具有可执行权限
test -x file1 :0
```

从示例 9-4.sh 的执行结果可以看出，使用 test 命令能够实现判断文件具有什么权限。对于实际应用来说，可以根据实际的需要，对文件不具备的权限进行添加，从而方便用户使用。

test 命令还可以用于对两个文件进行比较，比较的内容则仅是两个文件的新旧以及是不是同一类型的文件，这些选项的用法如表 9-3 所示。

表 9-3　使用 test 命令对文件之间的操作

选　项	作　用	使用示例
-nt	判断 file1 是否比 file2 新	test file1 -nt file2
-ot	判断 file1 是否比 file2 旧	test file1 -ot file2
-ef	判断 file1 和 file2 是否相同	test file1 -ef file2

使用 test 命令的特定选项就可以判断两个文件的新旧以及两个文件是否相同。文件的新旧按照文件的更新时间和创建时间来判定，先创建的文件要旧于后创建的。而两个文件只有在类型相同、属性相同并且文件内容相同时，才会相同。关于 test 命令对两个文件的操作如示例 9-5.sh 所示。

【示例 9-5.sh】

```
#示例 9-5.sh  使用 test 命令判断文件的新旧
#! /bin/bash

file1=/dev
file2=/dev;
file3=/tmp;

echo 使用-nt 选项判断文件的新旧
test $file1 -nt $file3
```

```
echo "$file1 -nt $file3 :$?"
test $file3 -nt $file1
echo "$file1 -nt $file3 :$?"
echo

echo 使用-ot 选项判断文件的新旧
test $file1 -ot $file3
echo "$file1 -ot $file3 :$?"
test $file3 -ot $file1
echo "$file1 -ot $file3 :$?"
echo

echo 使用-ef 选项判断文件是否相同
test $file1 -ef $file2
echo "$file1 -ot $file3 :$?"
test $file2 -ef $file3
echo "$file1 -ot $file3 :$?"
```

为脚本 9-5.sh 赋予可执行权限后执行脚本，结果如下：

```
ben@ben-laptop:~ $chmod u+x 9-5.sh
ben@ben-laptop:~ $./ 9-5.sh
使用-nt 选项判断文件的新旧
/dev -nt /tmp :1
/dev -nt /tmp :0

使用-ot 选项判断文件的新旧
/dev -ot /tmp :0
/dev -ot /tmp :1

使用-ef 选项判断文件是否相同
/dev -ot /tmp :0
/dev -ot /tmp :1
```

从示例 9-5.sh 的执行结果可以看出，使用 test 命令可以实现对文件的新旧进行比较，并且能够判断文件是否相同。在实际应用中，可以在对文件操作时，选择新的版本还是旧的版本，从而达到对数据操作的精确要求。

9.1.3 测试字符串

在编写 Shell 脚本时，经常操作的对象还包括字符串。对字符串的操作包括测试字符串是否为空、两个字符串是否相等，常用于测试用户输入的是否为空或比较字符串变量是否是某个特定值。常用的字符串运算符如表 9-4 所示。

表 9-4　常用字符串测试运算符

符　号	作　用	使用示例
-n string	测试字符串 string 是否不为空	test -n "hello"
-z string	测试字符串 string 是否为空	test -z "hello"
string1=string2	测试字符串 string1 是否与字符串 string2 相同	test "hello"="hello"
string1!=string2	测试字符串 string1 是否与字符串 string2 不相同	test "hello"!="hello"

从表 9-4 中可以看出，使用 test 命令对字符串的操作只有判断测试的字符串是否为空以及字符串是否是某个值。对于-n 选项来说，都是判断字符串是否为空，如果字符串为空，那么 test 命令就会返回逻辑假的值；如果字符串不为空，就返回逻辑真的值。对于选项-z 来说，返回的结果和-n 选项正好相反。对于相同符号"="和不相同符号"!="来说，只要是符号左右两边的字符串相同或不同，那么就返回逻辑真或假的结果。字符串测试运算符的用法如示例 9-6.sh 所示。

【示例 9-6.sh】

```
#示例 9-6.sh  使用 test 命令处理字符串
#! /bin/bash

str1="hello";
str2="Hello";
str_null="";
str3="hello";

echo 使用-n 选项测试字符串是否为空
echo 测试字符串 str1 是否为空
test -n $str1
echo "test -n $str1:$?"
echo 测试字符串 str2 是否为空
test -n $str2
echo "test -n $str2:$?"

echo 使用-z 选项测试字符串是否为空
test -z $str_null;
echo "test -z $str_null:$?"

echo 使用符号=判断两个字符串是否相同
test $str1 = $str2;
echo "$str1 = $str2 :$?"
test $str1 = $str3;
echo "$str1 = $str3 :$?"
echo 使用符号!=判断两个字符串是否相同
test $str1 != $str2;
echo "$str1 = $str2:$?"
```

```
test $str1 != $str3;
echo "$str1 = $str3 :$?"
```

为脚本 9-6.sh 赋予可执行权限后执行脚本，结果如下：

```
ben@ben-laptop:~ $chmod u+x  9-6.sh
ben@ben-laptop:~ $./ 9-6.sh
使用-n 选项测试字符串是否为空
测试字符串 str1 是否为空
test -n hello:0
测试字符串 str2 是否为空
test -n Hello:0
使用-z 选项测试字符串是否为空
test -z :0
使用符号=判断两个字符串是否相同
hello = Hello :1
hello = hello :0
使用符号!=判断两个字符串是否相同
hello = Hello:0
hello = hello :1
```

从脚本 9-6.sh 的执行结果可以看出，使用字符串运算符号，可以判断字符串是否为空以及两个字符串是否相同。如果使用不同的选项对字符串进行测试，就会得到不同的结果。

注　意
在比较字符串时，建议字符串变量使用双引号，即使变量为空，也要使用双引号。

9.1.4　测试数值

数值的测试主要是对整数的比较，包括整数之间的大小判断、是否相等的判断，常用的整数比较运算符如表 9-5 所示。

表 9-5　常用整数比较运算符

符　号	作　用	使用示例
num1 -eq num2	num1 和 num2 是否相等	test 3 -eq 5
num1 -ge num2	num1 是否大于或等于 num2	test 3 -ge 5
num1 -gt num2	num1 是否大于 num2	test 3 -gt 5
num1 -le num2	num1 是否小于或等于 num2	test 3 -le 5
num1 -lt num2	num1 是否小于 num2	test 3 -lt 5
num1 -ne num2	num1 是否不等于 num2	test 3 -ne 5

从表 9-5 可以看出，使用特定的符号可以实现整数的比较，可以实现数值的大小比较，这些符号的用法如示例 9-7.sh 所示。

【示例 9-7.sh】

```
#示例 9-7.sh  使用 test 命令判断数值是否相等
#! /bin/bash

num1=3
num2=5
num3=5
echo 判断两个数是否相等
test  $num1  -eq  $num2
echo "$num1 = $num2 :$?"
echo

echo 判断两个数的大小
test  $num3  -le  $num2
echo "$num3 = $num2 :$?"
echo

test  $num3  -lt  $num2
echo "$num3  -lt $num2 :$?"
```

为脚本 9-7.sh 赋予可执行权限后执行脚本，结果如下：

```
ben@ben-laptop:~ $chmod u+x 9-7.sh
ben@ben-laptop:~$./ 9-7.sh
判断两个数是否相等
3 = 5 :1

判断两个数的大小
5 = 5 :0

5  -lt 5 :1
```

从示例 9-7.sh 的执行结果可以看出，在进行数值的比较时，使用不同的符号进行判断，得到的结果就不会相同。

注　意
不能使用大于号或小于号，否则 Bash 会误认为是重定向符号。

9.1.5　复合测试条件

前面的小节中所使用的逻辑表达式都是单个逻辑表达式，而在实际的应用中，经常出现的情况是需要同时满足多个条件或满足多个条件中的某几个条件，才会执行相应的操作。这样就需要使用逻辑运算符将几个逻辑表达式进行连接。常用的逻辑运算符如表 9-6 所示。

表 9-6 常用的逻辑运算符

运算符名称	作 用	使用示例
!	如果 expression 为假，则测试结果为真	!expression
-a	如果 expression1 和 expression2 同时为真，则测试结果为真	expression1 - a expression2
-o	如果 expression1 和 expression2 有一个为真，则测试结果为真	expression1 - o expression2

从表 9-6 中可以看出，Shell 脚本中的逻辑运算符和其他编程语言中的逻辑运算符用法相似，但是表示方式有所不同。在 Shell 脚本中，使用于感叹号“!”来表示逻辑非，当表达式 expression 为真时，返回的结果为逻辑假；而当表达式 expression 的运算结果为假时，得到的最终结果才为真。对于-a 选项来说，只有两个表达式同时为真，最终的结果才是真；如果其中的一个表达式的结果为假，那么 test 命令就会返回逻辑假。对于-o 选项来说，只有当所有的表达式都为假时，test 命令才会返回逻辑假，此外，都会返回逻辑真。逻辑运算符的用法如示例 9-8.sh 所示。

【示例 9-8.sh】

```
#示例 9-8.sh  复合测试条件的使用
#! /bin/bash

num1=3
num2=5
num3=5

echo 使用逻辑或运算符
test $num1 -ge $num2 -o $num3 -eq $num2
echo "逻辑或运算结果:$?"
echo

echo 使用逻辑与运算符
test $num1 -ge $num2 -a $num3 -eq $num2
echo "逻辑与运算结果:$?"
```

为脚本 9-8.sh 赋予可执行权限后运行脚本，操作步骤如下：

```
ben@ben-laptop:~ $chmod u+x 9-8.sh
ben@ben-laptop:~$./ 9-8.sh
使用逻辑或运算符
逻辑或运算结果:0

使用逻辑与运算符
逻辑与运算结果:1
```

从示例 9-8.sh 的执行结果可以看出，在需要使用多个逻辑运算表达式时，可以使用逻辑运算符将多个表达式连接在一起，按照逻辑运算符的运算规则进行运算，从而得出最终的逻辑运算结果。

> **注 意**
>
> 逻辑非运算符和表达式之间要有空格。

9.2 if 分支结构

在 Shell 脚本中，也存在用于处理分支结构的语句，最基本的结构类型就是 if 结构。当使用 if 结构时，只有满足某个条件才会执行某些语句，而在不满足此条件的情况下则会执行其他语句。本节将介绍 if 分支结构的用法。

9.2.1 if -then 结构

在分支结构中，最基本的是 if -then 结构。if -then 语句的基本格式如下：

```
if  expression
then
commands
fi
```

在上述结构中，expression 是一个逻辑表达式，可以使用 test 命令表示，也可以使用测试命令“[ ]”表示。expression 可以是一个逻辑表达式，也可以是多个逻辑表达式的有机组合，当表达式的逻辑运算结果为真时，才会执行 then 与 fi 中间的 commands；如果得到的结果不是逻辑真，那么 commands 就不会被执行，而去执行 fi 后面的语句。在使用 if-then 结构时，不要忘记使用 fi 作为结构的结束符，否则在脚本执行时，会提示有错误。if-then 结构的用法如示例 9-9.sh 所示。

【示例 9-9.sh】

```
#示例 9-9.sh  if -then 结构使用示例
#! /bin/bash

echo 使用 test 命令进行逻辑判断
echo 判断 3 是否小于 5
if test 3 -le 5
then
    echo 3 小于 5
fi
 echo
echo 判断 5 是否小于 3
if test 5 -le 3
then
    echo 5 小于 3
fi
```

为示例 9-9.sh 赋予可执行权限后执行脚本，结果如下：

```
ben@ben-laptop:~ $chmod u+x9-9.sh
ben@ben-laptop:~$./ 9-9.sh
使用 test 命令进行逻辑判断
判断 3 是否小于 5
3 小于 5

判断 5 是否小于 3
```

示例 9-9.sh 展示了使用 test 命令进行 3 与 5 数字大小的逻辑判断，输出相应的提示性信息。下面使用测试命令“[ ]”来重新实现示例 9-10.sh。

【示例 9-10.sh】

```
#示例 9-10.sh  使用符号“[]”代替 test 命令
#! /bin/bash

echo 使用[] 命令替换 test 进行逻辑判断
echo 判断 3 是否小于 5
if [ 3 -le 5 ]
then
    echo 3 小于 5
fi

echo 判断 5 是否小于 3
if [ 5 -le 3 ]
then
    echo 5 小于 3
fi
```

为示例 9-10.sh 赋予可执行权限后执行脚本，结果如下：

```
ben@ben-laptop:~$ chmod u+x9-10.sh
ben@ben-laptop:~$./ 9-10.sh
使用[]命令替换 test 进行逻辑判断
判断 3 是否小于 5
3 小于 5
判断 5 是否小于 3
```

从示例 9-10.sh 的执行结果可以看出，使用命令“[]”可以代替 test 命令来作为逻辑表达式，从而作用于 if-then 结构。

9.2.2 if -then-else 结构

示例 9-9.sh 和 9-10.sh 中的 if -then 结构仅能在表达式成立的时候才会执行相应的语句，当表达式不成立时，没有执行特定的表达式，而是执行了结构外面的语句。为了使得编写的脚本逻辑性更加清晰，可以使用 if -then-else 结构来代替 if -then 结构，这样即使表达式不成立，也会有特定的语句被执行，从而使得结构的逻辑性更加清晰。if -then-else 结构的基本格式如下：

```
if  expression
then
 commands1
else
 commands2
fi
```

在上述结构中，expression 是一个逻辑表达式，可以使用 test 命令表示，也可以使用测试命令“[ ]”表示。expression 可以是一个逻辑表达式，也可以是多个逻辑表达式的有机组合；当表达式的逻辑运算结果为真时，才会执行语句 commands1；如果得到的结果是逻辑假，那么 commands2 就会被执行。当 commands1 或 commands2 执行完毕后，才会执行 fi 后面的语句。由此可以看出，使用 if-then-else 结构增加了当表达式 expression 结果为逻辑假时的处理，这样显得脚本的逻辑性更加清晰。if-then-else 结构的用法如示例 9-11.sh 所示。

【示例 9-11.sh】

```
#示例 9-11.sh  if-then-else 结构
#! /bin/bash

echo 使用 test 命令进行逻辑判断
echo 判断 3 是否小于 5
if test 3 -le 5
then
    echo 3 小于 5
else
    echo 3 大于 5
fi

echo 判断 5 是否小于 3
if test 5 -le 3
then
    echo 5 小于 3
else
    echo 5 大于 3
fi
```

为示例 9-11.sh 赋予可执行权限后执行脚本，结果如下：

```
ben@ben-laptop:~$ chmod u+x9-11.sh
ben@ben-laptop:~$./ 9-11.sh
使用 test 命令进行逻辑判断
判断 3 是否小于 5
3 小于 5
判断 5 是否小于 3
5 大于 3
```

if-then-else 结构也可以使用测试命令“[ ]”来表示 expression，从而得出最终的逻辑结果。使用测试命令“[ ]”表示 if-then-else 结构如示例 9-12.sh 所示。

【示例 9-12.sh】

```
#示例 9-12.sh  命令“[]”在 if-then-else 结构中的使用
#! /bin/bash

echo 使用[]命令替换 test 进行逻辑判断
echo 判断 3 是否小于 5
if [ 3 -le 5 ]
then
   echo 3 小于 5
else
   echo 3 大于 5
fi

echo 判断 5 是否小于 3
if [ 5 -le 3 ]
then
   echo 5 小于 3
else
   echo 5 大于 3
fi
```

为示例 9-12.sh 赋予可执行权限后执行脚本，结果如下：

```
ben@ben-laptop:~ $chmod u+x9-12.sh
ben@ben-laptop:~$./ 9-12.sh
使用[]命令替换 test 进行逻辑判断
判断 3 是否小于 5
3 小于 5
判断 5 是否小于 3
5 大于 3
```

从示例 9-11.sh 和示例 9-12.sh 中可以看出，if-then-else 结构比 if-then 结构在逻辑上更加清晰，当表达式成立时，可以执行某些语句；当表达式不成立时，也可以执行相关的语句，从而保证处理逻辑的完整性。

9.2.3 嵌套结构

在其他编程语言中，都存在嵌套结构。所谓的嵌套结构就是指在某个结构中还存在该结构，从而形成该结构的嵌套使用。对于 Shell 脚本中的分支结构来说，if-then 和 if-then-else 结构都存在嵌套结构。if-then 结构的嵌套基本形式如下：

```
if  expression1
then
if  expression2
then
commands1
fi
```

```
commands2
fi
```

在该结构中，首先判断逻辑表达式 expression1 的逻辑结果是逻辑真还是逻辑假；如果得到的结果为逻辑真，那么按照 if-then 结构的执行方式来执行内层的 if-then 结构。执行完内层的 if-then 结构以后，再执行外层 if-then 结构中的 commands2。当 commands2 执行完毕后，整个 if-then 结构才算执行完毕。关于 if-then 结构的嵌套使用如示例 9-13.sh 所示。

【示例 9-13.sh】

```
#示例 9-13.sh  命令“[]”在 if-then-else 结构中的使用
#! /bin/bash

echo if-then 结构的嵌套使用
echo 判断 3 和 5 的关系
if [ 3 -le 5 ]
then
    if [ 3 -eq 5 ]
    then
        echo 3 等于 5
    fi

    if [ 3 -ge 5 ]
    then
        echo 3 大于 5
    fi
echo 3 小于 5
fi
```

为示例 9-13.sh 赋予可执行权限后执行脚本，结果如下：

```
ben@ben-laptop:~$ chmod u+x9-13.sh
ben@ben-laptop:~$./ 9-13.sh
if-then 结构的嵌套使用
判断 3 和 5 的关系
3 小于 5
```

从示例 9-13.sh 的执行结果可以看出，使用嵌套结构能够使得程序的逻辑判断更加详细和完善，但是如果判断条件较多时，会发生混乱的情形，为了解决这种问题，还可以使用 if-elif-else 结构来代替这种嵌套结构，该结构的基本形式如下：

```
if  expression1
then
    command1
elif  expression2
then
commands2
else
```

```
    command3
fi
```

在上面的结构中，首先判断表达式 expression1 的逻辑运算结果，如果表达式 expression1 的运算结果为逻辑真，那么将执行语句 command1。当执行完毕后，整个结构也执行完毕。如果 express1 的运算结果为逻辑假，那么被执行的语句将判断表达式 elif 后面的表达式 expression1 是否成立。如果表达式 expression2 成立，那么就执行 command2。如果所有的表达式都不成立，将会执行 else 部分中的 command3。在 if-elif-else 结构中可以出现多个 elif 结构，其执行顺序也是从上向下依次执行，如图 9-1 所示。

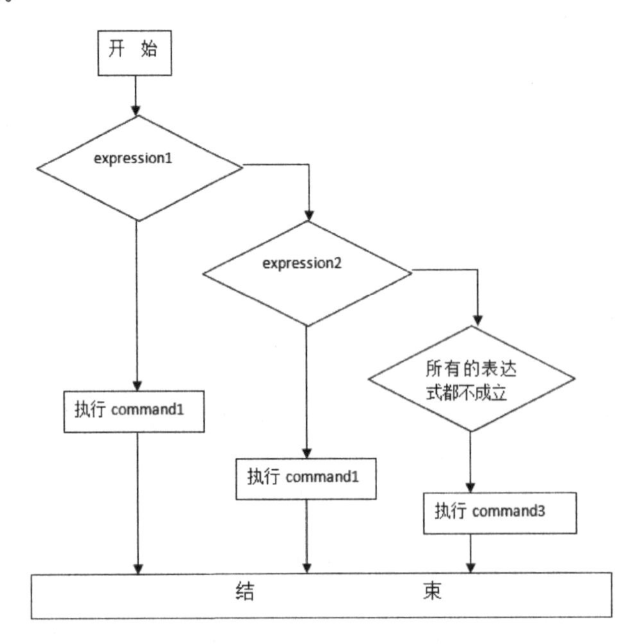

图 9-1 if-elif-else 执行顺序示意图

使用 if-elif-else 结构重新编写示例 9-13.sh，其内容如示例 9-14.sh 所示。

【示例 9-14.sh】

```
#示例 9-14.sh  if-elif-else 结构的使用
#! /bin/bash

echo if-then 结构的嵌套使用
echo 判断 3 和 5 的关系
if [ 3 -le 5 ]
then
   echo 3 小于 5
elif [ 3 -eq 5 ]
then
   echo 3 等于 5
else
    echo 3 大于 5
fi
```

从示例 9-14.sh 可以看出，if-elif-else 结构的使用比嵌套使用 if-then-else 结构更加灵活，用户可以选择嵌套使用 if-then 结构，也可以嵌套调用 if-then-else 结构，还可以使用 if-elif-else 结构。而在任意的结构中，还可以嵌套使用其他结构。此时，可供用户选择的方式就变得很多，这就需要在具体的使用时根据实际需要选择合适的嵌套方式。

9.3　case 多条件分支结构

在 Shell 脚本处理分支结构时，除了使用 if 结构以外，还可以使用 case 结构。case 结构一般用于在一组值当中寻找特定值的情形，比 if 结构能够表示的范围要窄，但是在某些情形下，使用 case 结构比使用 if 结构更适合。本节将重点讲解如何在编写 Shell 脚本时使用 case 结构。

9.3.1　case 结构基础

case 结构一般用来匹配特定的数值，并且需要按照一定的格式进行编写，其基本格式如下：

```
case 变量 in
pattern1)  commands1;;
pattern2| pattern3) command2;;
*) command3;;
esac
```

在上面的结构中，变量的数值匹配 case 结构中的 pattern，如果匹配成功，那么就执行对应的命令；如果匹配不成功，那么就匹配其他 pattern。当所有的 pattern 都不匹配时，将执行星号“*”中的命令。该结构的执行顺序如图 9-2 所示。

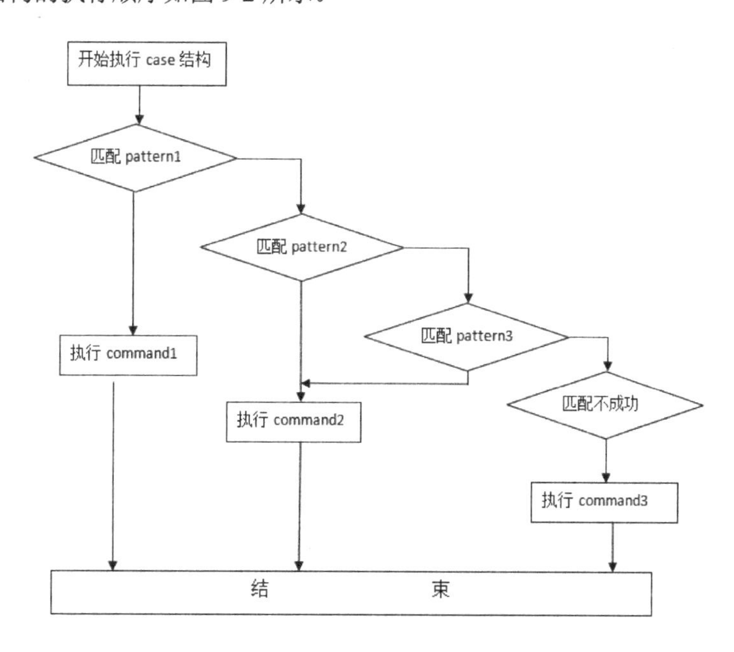

图 9-2　case 结构执行顺序示意图

从图 9-2 中可以看出，执行 case 结构时，首先匹配 pattern，如果匹配成功，则会执行对应的 command。还可以使用或运算符“|”来表示匹配 pattern2 成功或匹配 pattern3 成功，都可以执行 command2。当所有的匹配数值都不能成功时，还需要执行默认的命令，从而使 case 结构变得完整。使用 case 结构的如示例 9-15.sh 所示。

【示例 9-15.sh】

```
#示例 9-15.sh  case 结构的使用
#! /bin/bash

echo -n 输入一个分数:
read num

case $num in
1) echo 输入的数值为 1;
2) echo 输入的数值为 2;
3) echo 输入的数值为 3;
4) echo 输入的数值为 4;
5) echo 输入的数值为 5;
*) echo 输入的数值大于 5;
esac
echo case 结构运行结束
```

为示例 9-15.sh 赋予可执行权限后执行脚本，结果如下：

```
ben@ben-laptop:~$ chmod u+x9-15.sh
ben@ben-laptop:~$./ 9-15.sh
输入一个分数:3
输入的数值为 3
case 结构运行结束
ben@ben-laptop:~ $./9-15*
输入一个分数:1
输入的数值为 1
case 结构运行结束
ben@ben-laptop:~ $./9-15*
输入一个分数:7
输入的数值大于 5
case 结构运行结束
```

从示例 9-15.sh 的执行结果可以看出，在使用 case 结构时，根据输入内容的不同，case 结构会自动执行匹配成功的分支中的指令，而对于其他的指令则“置之不理”。如果都没有匹配成功，就直接执行默认的结构。

注　意
在使用 case 结构时，在结尾处要添加 esac 作为 case 结构的结尾，在每一条执行语句的后面需要添加两个分号作为分支执行结束的标志。

9.3.2 在 Shell 脚本中使用 case 结构

case 结构除了使用整型数值之外，在 Shell 脚本中还可以匹配其他类型的数值，如字符串等。具体参见示例 9-16.sh。

【示例 9-16.sh】

```
#示例 9-16.sh  case 结构的使用
#! /bin/bash

echo 当前使用的用户为$USERNAME
echo 使用 case 结构
case $USERNAME in
"root") echo 使用 root 用户登录，具有最高权限;
"ben") echo 使用 ben 用户登录，具有普通权限;
*) echo 使用其他用户登录，具有权限不明确;
esac
echo 结束 case 结构
```

为示例 9-16.sh 赋予可执行权限后执行脚本，结果如下：

```
ben@ben-laptop:~$ chmod u+x9-16.sh
ben@ben-laptop:~$./ 9-16.sh
当前使用的用户为 ben
使用 case 结构
使用 ben 用户登录，具有普通权限
结束 case 结构
```

根据示例 9-16.sh 的执行结果可以看出，在 Shell 脚本中使用 case 结构时，匹配的变量可以是整数，也可以是某个变量，还可以是某个命令的执行结果。可以根据实际需要选择 case 结构来实现分支结构的处理。

case 结构可以使用 if 结构表示，对于示例 9-16.sh 来说，可以使用 if-then 结构表示，如示例 9-17.sh 所示。

【示例 9-17.sh】

```
#示例 9-17.sh  使用 if 结构替换 case 结构
#! /bin/bash

echo 使用 if 结构替换 case 结构
echo 当前使用的用户为$USERNAME

if [ $user = root ]
then
echo 使用 root 用户登录，具有最高权限
   elif [ $user = ben ]
then
echo 使用 ben 用户登录，具有普通权限
```

```
else
 echo 使用其他用户登录，具有权限不明确
fi
```

为示例 9-17.sh 赋予可执行权限后执行脚本，结果如下：

```
ben@ben-laptop:~$ chmod u+x9-17.sh
ben@ben-laptop:~$./ 9-17.sh
使用 if 结构替换 case 结构
当前使用的用户为 ben
使用 ben 用户登录，具有普通权限
```

从示例 9-17.sh 的执行结果可以看出，使用 if-then 结构可以直接代替 case 结构来实现分支结构类型的脚本的编写，因此，在使用分支类型的脚本时，可以根据实际需要来选择使用 case 结构还是 if-then 结构。

9.3.3 select 命令的使用

在使用 case 结构时，需要提前输入用户的操作方式，然后匹配做什么操作。在 Shell 脚本中，还可以使用 select 命令来实现自动地获取用户的输入，并且自动根据用户的输入进行处理。select 命令的格式如下：

```
select 变量 in 变量列表
do
    命令
done
```

在使用 select 命令时，将在变量列表中查找变量，如果在列表中找到对应的值，就会执行相应的命令，找不到的话就不会执行该命令后面的语句。select 命令将变量列表中的每一项都作为一个编号来显示，用户可以根据选项输入适当的内容，select 命令的用法如示例 9-18.sh 所示。

【示例 9-18.sh】

```
#示例 9-18.sh  select 命令的使用示例
#! /bin/bash
echo select 命令的使用
select choose in 鸡，鸭，鱼，肉，其他
do
break
done
echo  你喜欢的是$choose
```

为示例 9-18.sh 赋予可执行权限后执行脚本，结果如下：

```
ben@ben-laptop:~$chmod u+x 9-18.sh
ben@ben-laptop:~$./9-18.sh
select 命令的使用
1) 鸡
```

```
2) 鸭
3) 鱼
4) 肉
5) 其他
#? 3
你喜欢的是鱼
```

从示例 9-18.sh 的执行结果可以看出，使用 select 命令可以首先显示菜单，然后能自动根据用户的输入获取选项的内容。虽然输入的是数字，但是输出的却是数字表示的字符串。

注　意
select 命令可以循环获取用户的输入，但是在第二次以后就不再显示菜单，因此，一般不使用 select 的循环特性。

9.4 小　结

本章主要介绍了测试命令的使用以及常用的分支结构：if 分支结构和 case 分支结构的用法。测试命令包括 test 命令和“[]”命令两种形式。

使用测试命令可以实现对文件类型、字符串、数值的各种判断，如判断文件是普通文件还是目录文件、具有什么样的权限等；对于字符串的判断包括字符串是否相同、是否为空等常用操作；而 test 命令和“[]”命令可以进行互换。值得注意的是，在 Shell 脚本中，如果测试条件的结果为真，则返回一个 0 值；如果测试条件的运算结果为假，将返回一个非 0 整数值。

使用 if 结构可以实现分支结构的操作，满足某个条件才会执行某些语句，而在不满足此条件的情况下则会执行其他语句。常用的 if 结构包括 if-then 结构、if-then-else 结构以及 if-elif-then 结构。这 3 种结构还可以进行互相的嵌套使用，从而满足在实际编写脚本时对分支结构的需要。

除了使用 if 结构实现 Shell 脚本中的分支结构以外，还可以使用 case 结构实现。case 结构能够在既定的字符序列中选择匹配项的命令执行，对于不匹配的内容则不去执行。在实际操作过程中，可以按照实际需要选择使用哪种操作方式。在某些情况下，可以使用 select 命令来替换 case 结构。select 命令能够自动获取用户的输入，并且自动根据用户的输入进行处理。

第 10 章

Shell 中的循环结构

在日常应用中，除了根据某些条件选择去做什么事情以外，还经常会根据某些条件不断地去做某些事情，比如工作日 9 点上班，在上班的时候我们需要持续工作，而到了下班的时候则不再工作。这个简单的例子就说明了在满足特定的条件（到了上班的时间点）时，不断地循环去做某些事情（完成各种工作）。在 Shell 脚本中，除了条件结构以外，也同样存在循环结构。循环结构是在满足一定条件下重复执行某些操作而使用的结构。在特定的条件下，循环结构能够主动退出，而不会产生不断执行循环结构的情形。本章将重点介绍在 Shell 脚本中如何实现循环结构。

本章的主要内容如下：

- for 循环结构的使用
- while 循环结构的使用
- 循环嵌套的使用
- 循环控制符 break、continue 的使用

10.1 for 循环

在高级编程语言中，循环结构一般是指 for 结构和 while 结构，而在 Shell 脚本中，也可以使用 for 结构和 while 结构来实现循环处理。本节将重点介绍 for 结构的用法。

10.1.1 使用 for-in 结构

在 Shell 脚本中，for 循环结构一般与 in 关键字共同使用。for 循环结构的基本形式如下：

```
for 变量 in 取值列表
do
```

```
    commands;
done
```

在上面的结构中，for 命令后面的变量需要到取值列表中依次取值，并且变量可以用于循环结构中。取值列表是变量的取值范围，一般是一组用空格分隔的字符串，在每次进行 for...in 读取时，会按顺序将读取到的值赋给前面的变量，直到最后一个字符串参与脚本的执行。如果变量的取值在取值列表中，就会执行 do 命令和 done 命令中间的 commands。执行完一次后，再到取值列表中取下一个值，直到最后一个值结束。取值列表 for-in 结构的用法如示例 10-1.sh 所示。

【示例 10-1.sh】

```
#示例 10-1.sh  for 结构的使用
#! /bin/bash

echo "for-in 结构的简单示例"
for str in spring summer autumn winter
do
    echo " the season is $str"
done
```

为示例 10-1.sh 赋予可执行权限后执行脚本，结果如下：

```
ben@ben-laptop:~$ chmod u+x 10-1.sh
ben@ben-laptop:~$ ./10-1.sh
the season is spring
the season is summer
the season is autumn
the season is winter
```

在 for-in 结构中，取值列表默认使用空格进行分隔，如果使用的某个字符串需要多个字符串结合在一起使用，那么就需要使用双引号将需要结合的字符串引起来，从而作为一个字符串来处理，如示例 10-2.sh 所示。

【示例 10-2.sh】

```
#示例 10-2.sh  变量列表的特殊使用
#! /bin/bash

echo "不使用双引号"
for str in fish meat Italian Pizza
do
 echo "今天晚上的菜是： $str"
done

echo "使用双引号"
for str in fish meat "Italian Pizza"
do
echo "今天晚上的菜是： $str"
done
```

为示例 10-2.sh 赋予可执行权限后执行脚本，结果如下：

```
ben@ben-laptop:~$ chmod u+x 10-2.sh
ben@ben-laptop:~$ ./10-2.sh
不使用双引号
今天晚上的菜是： fish
今天晚上的菜是： meat
今天晚上的菜是： Italian
今天晚上的菜是： Pizza
使用双引号
今天晚上的菜是： fish
今天晚上的菜是： meat
今天晚上的菜是： Italian Pizza
```

从示例 10-2.sh 的执行结果可以看出，在两个单词作为一个变量来处理的时候，如果不使用引号将这两个单词引起来，那么就会被当作一个单词。因为，在 Shell 脚本中，变量与变量之间是通过空格来分隔的。

注　意

取值列表中出现的双引号不会出现在字符串变量中，其作用仅是说明引号之间的字符串是一个字符串。

在使用 for-in 结构时，变量的取值不一定非得限制在取值列表中，在脚本中可以进行任意的改变。可以在循环结构中赋予其他的值，在循环结构结束后，也可以进行各种操作，如示例 10-3.sh 所示。

【示例 10-3.sh】

```
#示例 10-3.sh  变量列表的特殊使用
#! /bin/bash
echo "at beginning,the num = $num"
for num in 1 2 3 4 5 6 7
do
   $num=$num+1
   echo "the change, the num = $num"
done
$num=100;
echo "after for in , the num = $num"
```

为示例 10-3.sh 赋予可执行权限后执行脚本，结果如下：

```
ben@ben-laptop:~$ chmod u+x 10-3.sh
ben@ben-laptop:~$ ./10-3.sh
示例$ ben@ben-laptop:~$ ./10-3*
at the begining,the num=1
the change, the num = 1
the change, the num = 2
```

```
the change, the num = 3
the change, the num = 4
the change, the num = 5
the change, the num = 6
the change, the num = 7

after for in , the num = 100
```

在日常操作 for-in 结构时，利用 for-in 结构的特性还可以处理某个目录文件中的所有文件，如使用 test 命令判断其中的文件是什么类型以及文件的权限等。在处理这方面的问题时，只需要将取值列表换成需要处理的文件目录即可，如示例 10-4.sh 所示。

【示例 10-4.sh】

```
#示例 10-4.sh  使用目录作为变量列表
#! /bin/bash

for file in $(ls /home)
do
if test -d $file
then
   echo $file 是目录文件
elif test -f $file
then
   echo $file 是普通文件
elif test -L $file
then
   echo $file 是链接文件
elif test -S $file
then
   echo $file 是 socket 文件
else
   echo $file 未知类型文件
fi
 done
```

为示例 10-4.sh 赋予可执行权限后执行脚本，结果如下：

```
ben@ben-laptop:~$ chmod u+x 10-4.sh
ben@ben-laptop:~$ ./10-4.sh
ben 是目录文件
media 是目录文件
```

从脚本 10-4.sh 的执行结果可以看出，在 for 循环结构中，不但可以使用普通的变量列表，还可以使用命令执行的结果来作为变量的取值，从而扩展了 for 结构的使用范围。

注　意

在示例 10-4.sh 中进行文件名检测的时候，参数列表还可以使用其他方式，有兴趣的读者可以进行测试。

10.1.2　C 式 for 结构

在 C 语言编程中也有类似的 for 结构，C 语言的 for 结构的基本结构如下：

```
for (expression1; expression2; expression3)
{
    循环体;
}
```

在上述结构中，expression1 一般用于变量的初始化，而 expression2 则是一个逻辑表达式，当该逻辑表达式的运行结果为真时，for 循环中的循环体部分才会被执行；当该表达式的运行结果为逻辑假时，直接跳过 for 循环，而去执行 for 循环之外的语句。expression3 是一个循环变量变化的表达式，用来对循环变量进行各种变化操作。

在 Shell 脚本中存在类似的 for 结构，其基本形式如下：

```
for (( expression1; expression2; expression3))
do
    循环体;
done
```

在上面的结构中，expression1 也是给变量赋初始值，赋值语句不像是 Shell 中的其他赋值语句一样，在等号的两边可以有空格。expression2 是一个逻辑表达式，当逻辑表达式的结构为逻辑真时，循环体部分才会被执行，而当逻辑表的结果为逻辑假时，将直接跳出循环体，而去执行循环体外面的语句。expression3 是一个使得变量发生变化的表达式，通过这个表达式可以使得变量发生变化。在表达式 expression2 和 expression3 中，对于变量的引用不必使用美元符号“$”，而直接使用变量名即可。C 式 for 命令的用法如示例 10-5.sh 所示。

【示例 10-5.sh】

```
#示例 10-5.sh  C 式 for 命令
#! /bin/bash

echo "使用 C 式 for 命令"
for (( i = 1; i <= 10; i++ ))
do
    echo "当前的变量值为： $i";
done
```

为示例 10-5.sh 赋予可执行权限后执行脚本，结果如下：

```
ben@ben-laptop:~$ chmod u+x 10-5.sh
ben@ben-laptop:~$ ./10-5.sh
```

```
"使用 C 式 for 命令"
"当前的变量值为： 1"
"当前的变量值为： 2"
"当前的变量值为： 3"
"当前的变量值为： 4"
"当前的变量值为： 5"
"当前的变量值为： 6"
"当前的变量值为： 7"
"当前的变量值为： 8"
"当前的变量值为： 9"
"当前的变量值为： 10"
```

从脚本 10-5.sh 的执行结果可以看出，使用 C 式 for 命令能够实现类似于 C 语言中的 for 循环结构的功能，从而方便熟悉 C 语言的用户来编写相应的 for 结构，简化了 Shell 脚本中的 for 循环结构。

C 式 for 命令虽然大部分类似于 C 语言中的 for 结构，但是也存在一定的差别。这个差别就在于在 Shell 中，C 式 for 结构中 expression2 中的逻辑表达式只能有一个，而不像在 C 语言中那样，可以存在多个逻辑表达式。但是可以像在 C 语言中那样存在多个变量，如示例 10-6.sh 所示。

【示例 10-6.sh】

```
#示例 10-6.sh  使用多个表达式
#! /bin/bash

echo "使用 C 式 for 命令包含一个逻辑表达式"
for (( i = 1; i <= 10; i++ ))
do
   echo "当前的变量值为： $i";
done

echo "使用 C 式 for 命令包含两个变量以及逻辑表达式"
for (( i = 1, j = 5; i <= 10; i++, j-- ))
do
   echo "变量 i 的当前值为： $i";
   echo "变量 j 的当前值为： $j";
done
```

为示例 10-6.sh 赋予可执行权限后执行脚本，结果如下：

```
ben@ben-laptop:~$ chmod u+x 10-6.sh
ben@ben-laptop:~$ ./10-6.sh
使用 C 式 for 命令包含一个逻辑表达式
当前的变量值为： 1
当前的变量值为： 2
当前的变量值为： 3
当前的变量值为： 4
```

```
当前的变量值为： 5
当前的变量值为： 6
当前的变量值为： 7
当前的变量值为： 8
当前的变量值为： 9
当前的变量值为： 10

使用 C 式 for 命令包含两个变量以及逻辑表达式
变量 i 的当前值为： 1
变量 j 的当前值为： 5
变量 i 的当前值为： 2
变量 j 的当前值为： 4
变量 i 的当前值为： 3
变量 j 的当前值为： 3
变量 i 的当前值为： 4
变量 j 的当前值为： 2
变量 i 的当前值为： 5
变量 j 的当前值为： 1
变量 i 的当前值为： 6
变量 j 的当前值为： 0
变量 i 的当前值为： 7
变量 j 的当前值为： -1
变量 i 的当前值为： 8
变量 j 的当前值为： -2
变量 i 的当前值为： 9
变量 j 的当前值为： -3
变量 i 的当前值为： 10
变量 j 的当前值为： -4
```

从示例 10-6.sh 的执行结果可以看出，在 Shell 脚本中，也可以使用多个变量，在进行处理时，每一个变量都会按照执行顺序进行，直至逻辑表达式的运算结果为假，才会退出整个循环。

注　意
C 式的 for 命令方便了熟悉 C 语言的程序员，由于其语法的改变，对于熟悉 Shell 编程的程序员来说，用起来需要格外注意。

10.2　while 命令的使用

在编写 Shell 脚本中的循环结构时，除了使用 for 循环结构以外，还可以使用 while 结构。while 结构更像是 if-then 结构和 for 结构的组合，即只有满足特定条件时才会执行循环结构。本节将重点介绍 while 结构以及类似的 until 结构的用法。

10.2.1　使用 while 结构

while 结构的基本格式如下：

```
while test expression
do
   commands
done
```

从上面的基本格式可以看出，在执行 while 结构时，首先使用 test 命令判断表达式 expression 的结果。expression 是一个逻辑表达式，当表达式的逻辑结果是逻辑真时，while 循环结构中的 commands 才会被执行；当表达式的结果为逻辑假时，直接跳过 while 循环结构，而去执行循环以外的语句。while 结构的基本用法如示例 10-7.sh 所示。

【示例 10-7.sh】

```
#示例 10-7.sh  while 结构使用示例
#! /bin/bash

num=1
echo while 循环开始
while [ $num -le 6 ]
do
  echo "the current num is $num"
  let num++
done
echo while 循环结束
```

为示例 10-7.sh 赋予可执行权限后执行脚本，结果如下：

```
ben@ben-laptop:~$ chmod u+x 10-7.sh
ben@ben-laptop:~$ ./10-7.sh
while 循环开始
the current num is 1
the current num is 2
the current num is 3
the current num is 4
the current num is 5
the current num is 6
while 循环结束
```

从脚本 10-7.sh 的执行结果可以看出，在使用 while 循环结构时，当满足循环条件时，将会一直执行结构中的语句；当不满足循环条件时，就会自动退出循环，从而执行循环下面的语句。

注　意
在使用 while 循环结构时，要注意在计算的过程中，逻辑表达式 expression 的结果要出现逻辑假，否则 while 循环结构会一直执行，形成死循环。

10.2.2 多条件的 while 结构

在 while 结构中，expression 可以是一个表达式，也可以是多个表达式。对于多个表达式来说，Shell 首先依次执行每一个表达式，而循环体是否能够执行，则按照最后一个表达式的结果进行判断。如果最后一个表达式的逻辑运算结果为真，那么 while 结构的循环体部分就会被执行；如果最后一个表达式的逻辑运算结果为假，即使前面的表达式的逻辑运算结果都为真，循环体部分仍然不会被执行。多条件的 while 结构如示例 10-8.sh 所示。

【示例 10-8.sh】

```
#示例 10-8.sh  多条件的 while 结构
#! /bin/bash

echo "使用多个表达式的 while 结构"
num=4
while [ $num -gt 3 -a $num -lt 6 ]
do
   echo  num=$num
let num++
done
```

为示例 10-8.sh 赋予可执行权限后执行脚本，结果如下：

```
ben@ben-laptop:~$ chmod u+x 10-8.sh
ben@ben-laptop:~$ ./10-8.sh
使用多个表达式的 while 结构
num=4
num=5
num=6
```

从示例 10-8.sh 的执行结果可以看出，在使用多个表达式时，需要用逻辑连接符将多个表达式进行连接，然后按照逻辑连接符的作用方式对表达式进行计算。最终的结果将作为测试命令的运算结果，从而决定循环结构的执行方式。

10.2.3 使用 until 命令

until 命令的使用方式和 while 命令类似，也是通过判断逻辑表达式的结果，来决定是否执行循环体中的语句。until 命令的基本形式如下：

```
until test expression
do
```

```
   commands;
done;
```

在上面的循环结构中，首先判断表达式 expression 的逻辑结果，如果表达式 expression 结果为逻辑真，即表达式 expression 的返回状态为 0，那么 until 命令中的 commands 部分就不会被执行。只有当表达式 expression 结果为逻辑假，即表达式 expression 的返回状态为非 0 的数值时，until 命令中的 commands 部分才会被执行。until 命令的用法如示例 10-9.sh 所示。

【示例 10-9.sh】

```
#示例 10-9.sh  until 结构使用示例
#! /bin/bash

num=1
echo until 循环开始
until [ $num -ge 6 ]
do
   echo "the current num is $num"
   let num++
done
echo until 循环结束
```

为示例 10-9.sh 赋予可执行权限后执行脚本，结果如下：

```
ben@ben-laptop:~$ chmod u+x 10-9.sh
ben@ben-laptop:~$ ./10-9.sh
until 循环开始
the current num is 1
the current num is 2
the current num is 3
the current num is 4
the current num is 5
the current num is 6
until 循环结束
```

从脚本 10-9.sh 的执行结果可以看出，在使用 until 循环结构时，直到满足循环判断条件，循环才会退出。也就是当 num 的值大于等于 6 时，循环退出。当 num 的值小于 6 时，一直在循环中运行。

注　意
until 结构是一类单独的结构，但是其用法和 while 结构类似，所以在此将 until 结构和 while 放在同一小节中进行讲解。

对于 until 命令来说，逻辑表达式 expression 也可以由多个表达式构成。当 expression 是多个表达式时，决定循环体否被执行的依据也是最后一个表达式的值，而与其他表达式的运算无关。关于使用多个表达式的 until 命令如示例 10-10.sh 所示。

【示例 10-10.sh】

```
#示例 10-10.sh  until 结构多条件使用示例
#!  /bin/bash

echo 使用多个表达式的 until 结构

num=5
while [ $num -lt 10 -o $num -gt 5 ]
do
   echo num=$num
   let num++
     if [ $num -eq 9 ]
     then
         break
      fi
done
```

为示例 10-10.sh 赋予可执行权限后执行脚本，结果如下：

```
ben@ben-laptop:~$ chmod u+x 10-10.sh
ben@ben-laptop:~$ ./10-10.sh
使用多个表达式的 until 结构
num=5
num=6
num=7
num=8
num=9
```

从脚本 10-10.sh 的执行结果可以看出，在使用多个表达式作为判断条件时，需要对循环条件进行仔细斟酌。

10.3 命令的嵌套

在使用循环操作的命令时，循环体部分可以是单独的语句，也可以是其他语句的组合，还可以是其他循环命令。如在 for 命令中使用 for 命令、while 命令、until 命令等，这种在一个结构中套用该结构的使用方式称为嵌套。

10.3.1 for 命令的嵌套

for 命令在嵌套使用时，可以嵌套另外一个 for 命令，从而在外层的 for 命令满足运行条件时，继续执行内层的 for 命令，而内层的 for 命令则按照其条件执行循环内的语句。常用的 for 命令嵌套的基本格式如下：

```
for var1 in var_list1
do

   for var2 in var_list2
   do
      commands1;
   done
   commands2
done
```

在上面的结构中，迭代从 var_list1 中取出第一个值，取出的数值作为变量 var1 的值，然后执行内层的循环语句。 在执行外层 for 命令的循环语句时，按照 for 命令的执行方式，从 var_list2 中取值并赋给变量 var2，进而运行 commands1。当从 var_list2 中取完最后一个值以后，内层的 for 命令执行完毕，从而继续执行 commands2 中的语句。这样，外层的 for 命令执行完第一次循环。然后从 var_list1 中获取第二个数值，再次进入循环体中重新执行内层的 for 命令以及 commands2。上述结构的执行过程如图 10-1 所示。

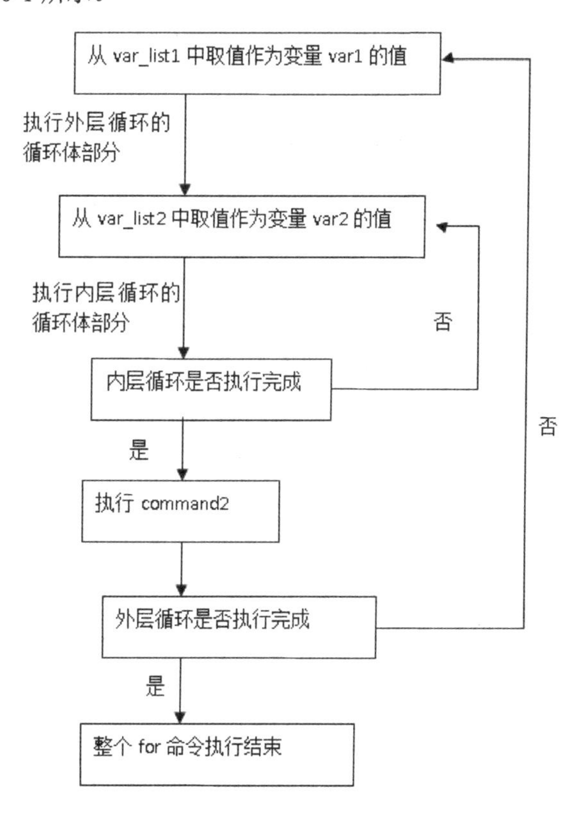

图 10-1　for 命令嵌套使用的执行过程

使用 C 式 for 命令的嵌套方式如下：

```
for (( expression11; expression12;  expression13 ))
{
   for (( expression21; expression22;  expression23 ))
```

```
    {
        commands2;
    }
    commands1;

}
```

对于C式for命令的循环嵌套使用来说，语句的执行方式和C语言中for循环的执行方式类似。首先执行外层 for 命令中的表达式 expression11 来为变量赋初始值，然后执行 expression12 从而对变量进行逻辑判断，如果逻辑判断的结果为真，那么就执行外层 for 命令的循环体部分。当进入循环以后，按照 C 式 for 命令的执行规则去执行内层的 for 命令。当内层的 for 命令执行完毕后，再对外层 for 命令中的变量值按照 expression13 为变量重新赋值，然后再判断表达式 expression12 是否成立。如果 expression12 的结果为逻辑真，那么继续重新执行内层的 for 命令以及 commands1，直至逻辑表达式 expression12 得到的结果为逻辑假，整个 for 命令才算执行完毕，不再执行循环体部分。C 式 for 命令的嵌套结构执行过程如图 10-2 所示。

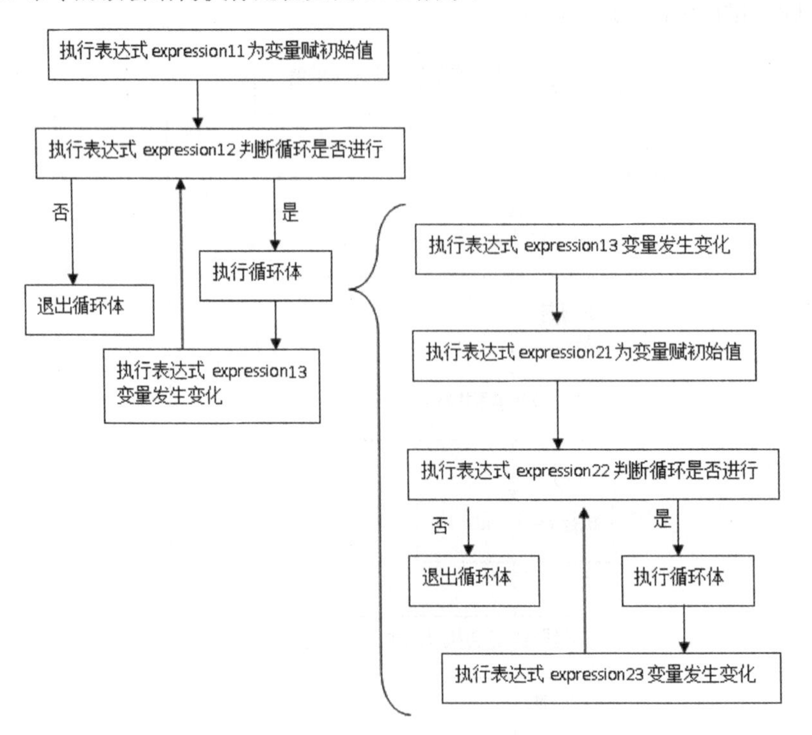

图 10-2　C 式 for 命令嵌套执行顺序

for 结构的嵌套使用如示例 10-11.sh 所示。

【示例 10-11.sh】

```
#示例 10-11.sh  for 结构的嵌套使用
#! /bin/bash

echo "for 命令的嵌套使用"
```

```
num1=1;
num2=2;

for (( num1=1; num1<3; num1++ ))
{
   echo "外层循环体中，变量 num1 的值为：$num1";

   for (( num2=1; num2<5; num2++ ))
   {
      echo "内层循环体中，变量 num2 的值为：$num2";
   }
   echo

}
```

为示例 10-11.sh 赋予可执行权限后执行脚本，结果如下：

```
ben@ben-laptop:~$ chmod u+x 10-11.sh
ben@ben-laptop:~$ ./10-11.sh
for 命令的嵌套使用
外层循环体中，变量 num1 的值为：1
内层循环体中，变量 num2 的值为：1
内层循环体中，变量 num2 的值为：2
内层循环体中，变量 num2 的值为：3
内层循环体中，变量 num2 的值为：4

外层循环体中，变量 num1 的值为：2
内层循环体中，变量 num2 的值为：1
内层循环体中，变量 num2 的值为：2
内层循环体中，变量 num2 的值为：3
内层循环体中，变量 num2 的值为：4
```

从示例 10-11.sh 的执行结果可以看出，在使用嵌套循环时，首先进入外层循环，在遇到新的循环体之后，需要将新的循环体执行完毕，才能执行外层循环的其他内容，直至执行完毕。而当再次执行外层循环的内容时，内层循环还会从头开始执行一次。

10.3.2 while 命令的嵌套

在 Shell 脚本中，while 命令和 until 命令都可以使用嵌套结构。在使用嵌套结构时，可以是 while 命令之间的嵌套或 until 命令之间的嵌套，也可以是 while 命令和 until 命令之间的嵌套。本小节仅介绍 while 命令之间的嵌套和 until 命令之间的嵌套。至于 until 命令之间的嵌套，因为它和 while 命令之间的嵌套基本一致，所以在此不再专门讲解。

嵌套使用 while 命令的基本结构如下：

```
while test expression1
do
```

```
    while test expression2
    do
        commands2;
    done

    commands1;
done
```

while 命令嵌套使用时也是首先判断 expression1 的逻辑运算结果，如果运算结果为逻辑真，那么就进入循环体内部执行内层的 while 命令和 commands1，当执行完以后，再次判断表达式 expression1 是否成立。只有当表达式的逻辑运算结果为假时，内层的 while 命令和 commands1 才不会被执行。每次执行内层循环时，while 命令都会重新执行。关于 while 命令的嵌套使用如示例 10-12.sh 所示。

【示例 10-12.sh】

```
#示例 10-12.sh  while 结构嵌套使用示例
#! /bin/bash

num=1
echo while 循环开始
while [ $num -le 3 ]
do
    num2=1
        while [ $num2 -le 3 ]
        do
            echo num2 = $num2
            let num2++
        done
    echo 内层循环结束
    echo the current num is $num
    let num++
echo
done
echo while 循环结束
```

为示例 10-12.sh 赋予可执行权限后执行脚本，结果如下：

```
ben@ben-laptop:~$ chmod u+x 10-12.sh
ben@ben-laptop:~$ ./10-12.sh
while 循环开始
num2 = 1
num2 = 2
num2 = 3
内层循环结束
the current num is 1
```

```
num2 = 1
num2 = 2
num2 = 3
内层循环结束
the current num is 2

num2 = 1
num2 = 2
num2 = 3
内层循环结束
the current num is 3

while 循环结束
```

从示例 10-12.sh 的执行结果可以看出，使用 while 嵌套循环时，内层循环每一次都会重新执行，内层循环和外层循环互不干涉。

while 命令的嵌套除了可以嵌套使用 while 命令以外，还可以嵌套使用 until 结构以及其他结构。在嵌套使用其他结构时，要特别注意各种结构命令的可执行条件以及执行过程，既要防止出现死循环，又要防止出现循环不运行的情况。

10.3.3 until 命令的嵌套

until 命令也可以实现嵌套使用，在进行嵌套使用时，可以嵌套使用 until 结构，还可以嵌套使用 while 结构、for 结构以及其他语句，可以根据实际需要选择使用哪种结构。until 结构的用法如示例 10-13.sh 所示。

【示例 10-13.sh】

```
#示例 10-13.sh  until 结构嵌套 while 结构使用示例
#! /bin/bash

num=1
echo until 循环开始
until [ $num -ge 6 ]
do
    num2=1
    while [ $num2 -le 3 ]
    do
        echo num2 = $num2
        let num2++
    done
    echo 内层 while 循环结束
    echo the current num is $num
    let num++
    echo
```

```
done
echo until 循环结束
```

为示例 10-13.sh 赋予可执行权限后执行脚本，结果如下：

```
ben@ben-laptop:~$ chmod u+x 10-13.sh
ben@ben-laptop:~$ ./10-13.sh
until 循环开始
num2 = 1
num2 = 2
num2 = 3
内层 while 循环结束
the current num is 1

num2 = 1
num2 = 2
num2 = 3
内层 while 循环结束
the current num is 2

num2 = 1
num2 = 2
num2 = 3
内层 while 循环结束
the current num is 3

until 循环结束
```

从示例 10-13.sh 的执行结果可以看出，通过 until 嵌套使用其他结构时，同样要注意循环条件的使用，否则会造成执行顺序混乱的情况。

注　意
在使用循环结构时，要特别注意循环条件的使用，防止死循环或不循环的现象发生。

10.4　循环控制符

在使用循环命令时，并非只有当相应的逻辑表达式计算结果为假时，循环才会退出。在 Shell 脚本中，还可以使用 break 命令和 continue 命令来中断当前循环命令的运行，转而运行循环体外的内容或其他相应的内容。本节将重点讲解如何使用 break 命令和 continue 命令来控制循环的运行。

10.4.1　使用 break 中断

break 命令的使用方式与在其他高级编程语言中的使用方式类似，都是跳出本循环，转而执行循环外部的语句。在 Shell 脚本中，break 还有自己独特的用法，就是可以选择跳出几层循环。在 Shell 中，break 的基本使用方式如下：

```
break n;
```

在上面的结构中，n 代表 break 命令将要跳出的层数，而 n 一般是从 2 开始取值，并且只能取正整数。当 n 为 1 时，break 只能跳出本层循环，而此时一般省略不写。break 命令的基本用法如示例 10-14.sh 所示。

【示例 10-14.sh】

```
#示例 10-14.sh  break 的简单使用
#! /bin/bash

echo “使用 break 命令中断 for 循环执行”
for (( i = 1; i <= 10; i++ ))
do
    echo "当前的变量值为： $i";
    if [ $i -eq 6 ]
    then
    echo "跳出循环之前变量值为： $i";
        break;
    fi
done
```

为示例 10-14.sh 赋予可执行权限后执行脚本，结果如下：

```
ben@ben-laptop:~$ chmod u+x 10-14.sh
ben@ben-laptop:~$ ./10-14.sh
使用 break 命令中断 for 循环执行
当前的变量值为： 1
当前的变量值为： 2
当前的变量值为： 3
当前的变量值为： 4
当前的变量值为： 5
当前的变量值为： 6
跳出循环之前变量值为：6
```

break 命令不但能够跳出 for 命令组成的循环，还能跳出 while 命令和 until 命令组成的循环。而在使用嵌套的循环中，特别需要注意 break 命令到底是跳出本层循环，还是跳出第几层循环。break 的复杂用法如示例 10-15.sh 所示。

【示例 10-15.sh】

```
#示例 10-15.sh  break 的复杂使用
#! /bin/bash

echo "使用 break 命令中断 for 循环执行"
```

```
for (( num1 = 1; num1 <= 10; num1++ ))
do

    for (( num2 = 1; num2 <= 10; num2++ ))
    do

    echo "变量 num1 的当前值为：$num1";
    echo "变量 num2 的当前值为：$num2";

    if [ $num2 -eq 5 ]
    then
        echo 退出内层循环后继续外层循环
        break;
    fi;

    if [ $num1 -eq 3 ]
then
    echo 退出 2 层循环
        break 2;
    fi
    done
done
echo 结束整个循环
```

为示例 10-15.sh 赋予可执行权限后执行脚本，结果如下：

```
ben@ben-laptop:~$ chmod u+x 10-15.sh
ben@ben-laptop:~$ ./10-15.sh
使用 break 命令中断 for 循环执行
变量 num1 的当前值为：1
变量 num2 的当前值为：1
变量 num1 的当前值为：1
变量 num2 的当前值为：2
变量 num1 的当前值为：1
变量 num2 的当前值为：3
变量 num1 的当前值为：1
变量 num2 的当前值为：4
变量 num1 的当前值为：1
变量 num2 的当前值为：5
退出内层循环后继续外层循环
变量 num1 的当前值为：2
变量 num2 的当前值为：1
变量 num1 的当前值为：2
变量 num2 的当前值为：2
变量 num1 的当前值为：2
变量 num2 的当前值为：3
```

```
变量 num1 的当前值为：2
变量 num2 的当前值为：4
变量 num1 的当前值为：2
变量 num2 的当前值为：5
退出内层循环后继续外层循环
变量 num1 的当前值为：3
变量 num2 的当前值为：1
退出 2 层循环
结束整个循环
```

从示例 10-15.sh 的运行结果可以看出，使用 break 时，默认跳出本层循环，还可以指定跳出几层循环，从而使得脚本的执行顺序更加灵活。

注　意
break 命令跳出循环后，其后面的语句以及未完成的循环将不再执行。但是循环之外的语句可以正常执行。

10.4.2　使用 continue 命令

continue 命令也可以用于改变循环结构的执行过程，但是 continue 命令不像 break 命令那样直接跳出循环，而是结束本次循环，直接运行下一次循环。continue 命令的基本用法如示例 10-16.sh 所示。

【示例 10-16.sh】

```
#示例 10-16.sh  continue 命令的使用
#! /bin/bash

echo “使用 continue 命令中断本次循环执行”
for (( i = 1; i <= 10; i++ ))
do
    if [ $i -eq 6 ]
    then
    echo “跳出循环之前变量值为： $i”;
        continue;
    fi
echo “当前的变量值为： $i”;

done
```

为示例 10-16.sh 赋予可执行权限后执行脚本，结果如下：

```
ben@ben-laptop:~$ chmod u+x 10-16.sh
ben@ben-laptop:~$ ./10-16.sh
使用 continue 命令中断本次循环执行
当前的变量值为：1
```

```
当前的变量值为：2
当前的变量值为：3
当前的变量值为：4
当前的变量值为：5
跳出循环之前变量值为：6
当前的变量值为：7
当前的变量值为：8
当前的变量值为：9
当前的变量值为：10
```

从示例 10-16.sh 的运行结果可以看出，在未执行 continue 命令时，循环的最后都会输出一条语句，显示变量当前的数值是多少。当执行了 continue 命令后，输出变量值的语句不再执行，转而执行新一轮的循环。

特别需要注意的是，在使用 continue 命令时，当执行了 continue 命令以后，该命令后面的语句将不再执行，转而执行下一次循环。因此，要执行的语句需要放在 continue 语句之前，防止发生应该执行的语句未执行的情形。

10.5 小　　结

本章重点介绍了循环命令在 Shell 脚本中的用法。在编写 Shell 脚本时，可以使用 for 命令、while 命令、until 命令以及这 3 个命令的相互嵌套组成的循环结构。还可以根据实际需要，使用 break 命令和 continue 命令来改变循环的执行过程。

for 命令可以迭代变量列表，无论是以命令行形式提供的还是用变量名提供的，还可以通过通配符获取文件或目录的名称。

while 命令则是通过判断一个逻辑表达式的结果来决定是否执行循环部分。只有当表达式的结果为逻辑真时，循环部分才会被执行。

until 命令的执行方式和 while 命令相反，当表达式的返回结果为非 0 值时（逻辑假），循环部分才会被执行。

在循环执行的过程中，还可以使用 break 命令或 continue 命令中断循环的执行。break 命令用来跳出本层循环或跳出几层循环，可以使用参数进行确定。continue 命令用来结束本次循环，转而执行下一次循环。执行了 break 语句之后，break 以后的语句以及未完成的循环都不再执行；而执行了 continue 语句之后，continue 语句后面的部分将不再执行，但是下一次循环执行时，如果 continue 没有执行，后面的语句还会被执行。

第11章 创建函数

在执行 Shell 命令时，有时候经常重复执行某些语句，但是这些语句不能循环执行，此时如果需要的语句很少的话，可以在需要执行语句的地方添加相应的语句。当语句很多，书写量比较大时，就需要使用另外以一种方式，这种方式就是函数。本章将重点介绍 Shell 脚本中函数的使用方式。

本章的主要内容如下：

- 函数的基本用法
- 函数的返回值
- 函数中全局变量和局部变量的区别
- 数组在函数的中的作用
- 函数的递归使用
- 函数的嵌套使用

11.1 脚本函数的基本用法

在使用高级语言（如 C 语言）编写比较复杂的程序时，一般采用模块化的设计方式将系统分成一个一个小模块，每一个模块一般通过一个函数实现。在需要调用函数的时候，可以使用函数名代替整个函数体，从而完成函数体中语句的调用。在 Shell 脚本中，函数的作用也是将一些语句集合在一起，在需要调用这些语句时，使用函数名来代替。

11.1.1 函数的创建与使用

在 Shell 脚本中，使用函数之前首先要创建函数。创建函数一般有两种方式，第 1 种方式如下所示：

```
function name
{
    commands;
}
```

在上面的基本结构中，使用命令 function 定义了名字为 name 的函数，在函数中执行的语句是 commands。函数名称 name 在同一个脚本文件中必须是唯一的，否则在执行函数时，Bash 不知道需要执行哪一个函数。commands 由一条或多条语句组成，在函数调用时，Bash 会按照语句的先后顺序去执行函数体中的每一条语句。

在 Shell 脚本中，还存在另外一种创建函数的形式，其基本结构如下所示：

```
name()
{
    commands;
}
```

在上面的结构中，省略了命令 function，而使用一对小括号“()”来代替命令 function，从而让 bash 知道 name 是一个函数。其函数体部分仍然需要按照语句的先后顺序逐条执行。

函数创建以后可以在当前脚本文件中适合的地方进行调用。在 Shell 脚本中，调用函数的方式和调用普通 Bash 命令的方式类似，直接使用函数名即可实现函数的调用。函数的基本创建方式如示例 11-1.sh 所示。

【示例 11-1.sh】

```
#示例 11-1.sh  创建函数的基本方式
#! /bin/bash

echo "在 shell 脚本中使用函数"
echo "使用命令 function 创建函数"
function fun1
{
    echo "使用命令 function 创建函数";
}

echo "调用函数 fun1"
fun1

echo "不使用命令 function 创建函数"
function fun2
{
    echo "在函数 fun2 中";
}
echo "调用函数 fun2"
fun2
```

为示例 11-1.sh 赋予可执行权限后执行脚本，结果如下所示：

```
ben@ben-laptop:~$ chmod u+x 11-1.sh
ben@ben-laptop:~$ ./11-1.sh
在 shell 脚本中使用函数
使用命令 function 创建函数
调用函数 fun1
使用命令 function 创建函数
不使用命令 function 创建函数
调用函数 fun2
在函数 fun2 中
```

在使用函数时，注意函数的调用要在函数创建之后，也就是说在使用函数之前，必须先创建函数，如果调用未创建的函数，那么在执行函数的过程中会发生错误，如示例 11-2.sh 所示。

【示例 11-2.sh】

```
#示例 11-2.sh  使用未创建的函数
#! /bin/bash

echo "在 shell 脚本中使用未创建的函数 fun1"

fun1

function fun1
{
   echo "在调用函数 fun1 之后创建函数"
}
```

为示例 11-2.sh 赋予可执行权限后执行脚本，结果如下：

```
ben@ben-laptop:~$ chmod u+x 11-2.sh
ben@ben-laptop:~$ ./11-2.sh

"在 shell 脚本中使用未创建的函数 fun1"
ben@ben-laptop:~$ ./11-2.sh: line 4: fun1: 找不到命令
```

从示例 11-2.sh 的执行结果可以看出，若使用未创建的函数，在函数执行时将会提示“找不到命令”。因此，如果想使用某个函数，首先需要创建函数，然后才可以使用该函数。

11.1.2 函数的参数

在其他编程语言中，使用函数时可以给函数添加参数，这些参数一般在函数运行时才会确定具体的数值。在Shell脚本中，函数也可以使用参数，但是这些参数必须由标准参数变量表示并且由命令行传递给函数的参数。这些参数一般包括$0、$1、$2……$#等。其中$0一般用来表示函数名，而$1、$2等用来表示传递给函数的第1个、第2个参数等。$#一般用来表示传递给函数的参数的个数。函数参数的用法如示例11-3.sh所示。

【示例 11-3.sh】

```
#示例 11-3.sh  使用函数参数
#! /bin/bash

echo "在函数 fun 中使用函数参数"
fun()
{
    echo "传入的参数的个数为：$#";
    echo "函数名是：$0";
    echo "第 1 个参数是：$1";
    echo "第 2 个参数是：$2";
    echo "第 3 个参数是：$3";
    echo "第 4 个参数是：$4";
    echo "第 5 个参数是：$5";

}

echo "调用函数，并传递 5 个参数"
fun 1 2 3 4 5
fun "hello" "world" "is" "the" "first" "shell script"
```

为示例 11-3.sh 赋予可执行权限后执行脚本，结果如下：

```
ben@ben-laptop:~$ chmod u+x 11-3.sh
ben@ben-laptop:~$ ./11-3.sh
在函数 fun 中使用函数参数
调用函数，并传递 5 个参数
传入的参数的个数为：5
函数名是：11-3.sh
第 1 个参数是：1
第 2 个参数是：2
第 3 个参数是：3
第 4 个参数是：4
第 5 个参数是：5
传入的参数的个数为：6
函数名是：./11-3.sh
第 1 个参数是：hello
第 2 个参数是：world
第 3 个参数是：is
第 4 个参数是：the
第 5 个参数是：first
```

从示例11-3.sh的执行结果可以看出，在函数中使用参数，可以使用符号$1~$9来代替传递给函数的参数，并且使用$0来表示函数名，这样在编写脚本时，可以非常方便地对传递的参数进行各种操作。

注　意

$#表示的参数的个数不包括函数名。函数名不在函数参数的范围之列。

11.2 函数的返回值

在高级编程语言（如 C 语言）中，函数在运行完之后，都会返回一个相应的数值，这个数值可以用来判断函数的执行结果。而在 Shell 脚本中，函数同样会在执行完之后返回一个数值，即使普通的命令在执行完毕后都会产生返回值。本节将介绍返回值以及函数的返回值。

11.2.1 返回值基础

在 Bash Shell 中，任何命令执行完成后都会产生一个返回值，这个返回值可以用来判断命令执行是否正确。在 Unix 系统中，一般使用 0 表示命令执行成功，而非 0 值表示执行失败，不同的数值表示不同的错误方式。要想获取命令的返回值，一般使用参数“$?”，该参数自动记录上一个命令的返回值。参数“$?”的用法如示例 11-4.sh 所示。

【示例 11-4.sh】

```
#示例 11-4.sh  使用函数返回值
#! /bin/bash

echo "返回普通命令的返回值"
ls /home
echo "正确执行命令 ls 后返回值为：$?"
ls /no_exist
echo "错误执行命令 ls 后返回值为：$?"

ls /no_exist
ls /home
echo "上一条命令是正确执行命令 ls 后返回值为：$?"

ls /home
ls /no_exist
echo "上一条命令是错误执行命令 ls 后返回值为：$?"
```

为示例 11-4.sh 赋予可执行权限后执行脚本，结果如下所示：

```
ben@ben-laptop:~$ chmod u+x 11-4.sh
ben@ben-laptop:~$ ./11-4.sh
返回普通命令的返回值
ben
正确执行命令 ls 后返回值为：0
ls: 无法访问/no_exist: 没有那个文件或目录
```

```
错误执行命令 ls 后返回值为：2
上一条命令是正确执行命令 ls 后返回值为：0
上一条命令是错误执行命令 ls 后返回值为：2
```

从示例 11-4 的执行结果可以看出，符号“$?”自动记录最后一个 Shell 命令的返回值，而其他命令的返回值被下一条命令的返回值所覆盖。因此，如果需要使用某个命令的返回值，就需要及时使用，防止被覆盖。

11.2.2 函数的默认返回值

在默认的情况下，函数的返回值是最后一条命令的返回值，当函数执行完毕后，会将最后一条命令的返回值作为整个函数的返回值，可以通过获取参数“$?”的值来获取函数的返回值，如示例 11-5.sh 所示。

【示例 11-5.sh】

```
#示例 11-5.sh  函数默认返回值
#! /bin/bash

echo "获取函数的默认返回值"
fun1()
{
    echo "最后一条命令为执行正确的命令"
    echo "hello world"
}
fun1
echo "函数 fun1 的返回值为：$?"
echo

fun2()
{
    echo "最后一条命令为执行错误的命令"
    ls /no_exist.sh

}
fun2
echo "函数 fun2 的返回值为：$?"
```

为示例 11-5.sh 赋予可执行权限后执行脚本，结果如下：

```
ben@ben-laptop:~$ chmod u+x 11-5.sh
ben@ben-laptop:~$ ./11-5.sh
获取函数的默认返回值
最后一条命令为执行正确的命令
hello world
函数 fun1 的返回值为：0
```

```
最后一条命令为执行错误的命令
ls：无法访问/no_exist.sh：没有那个文件或目录
函数 fun2 的返回值为：2
```

从示例 11-5.sh 的执行结果可以看出，在默认的情况下，函数的返回值是函数中最后一条命令的返回值，而与其他命令的执行结果无关。

注　意
函数的默认返回值取决于最后一个命令的执行结果，因此一般不使用默认返回值作为函数的返回值。

11.2.3 return 命令的使用

在 Shell 脚本中，函数的返回值除了使用默认返回值以外，一般使用 return 命令来返回特定的返回值，从而使得函数能够获取特定的执行状态。使用 return 命令的基本方式如下所示：

```
return value;
```

在使用 return 语句时，value 是函数的返回值，这个返回值必须在 0~255 之间。如果 value 值大于 255，Bash 会使用其他合适的值代替。return 命令的基本用法如示例 11-6.sh 所示。

【示例 11-6.sh】

```
#示例 11-6.sh  使用 return 命令返回特定返回值
#! /bin/bash

echo "使用 return 命令返回函数的返回值"
fun1()
{
    for (( num=1; num<10; num++ ))
    {
        if  [$num -eq 5]
        then
            return $num
        fi
    }
}
fun1
echo "函数 fun1 的返回值为：$?"
echo

fun2()
{
    echo "使用 return 命令返回大于 255 的数值"
    return 256
```

```
}
fun2
echo "函数 fun2 的返回值为：$?"
```

为示例 11-6.sh 赋予可执行权限后执行脚本，结果如下：

```
ben@ben-laptop:~$ chmod u+x 11-6.sh
ben@ben-laptop:~$ ./11-6.sh
使用 return 命令返回函数的返回值
函数 fun1 的返回值为：5

使用 return 命令返回大于 255 的数值
函数 fun2 的返回值为：0
```

从示例 11-6.sh 的执行结果可以看出，使用 return 语句可以为函数返回一个特定的返回值，如果该数值超过 255，那么就按照 0 返回，而不再返回特定的数值。

注　意
在使用 return 命令返回函数的返回值时，要尽快取值，否则会被后续执行的命令的返回值覆盖。

11.2.4 使用函数的返回值

函数的返回值除了使用参数“$?”显示以外，还可以直接将函数的返回值赋给某个变量，在使用这种方式时，函数可以返回任意类型的数值给变量，如下所示：

```
var='function'
```

上面的表达式的作用是将函数 function 的执行结果赋值给变量 var，变量 var 可以接受任何类型的函数返回值。使用函数返回值如示例 11-7.sh 所示。

【示例 11-7.sh】

```
#示例 11-7.sh  使用函数的返回值
#! /bin/bash

echo "使用 return 命令返回函数的返回值"
fun1()
{
    for (( num=1; num<10; num++ ))
    {
        if  [$num -eq 5]
         then
           return $num
         fi
    }
```

```
}
fun1
echo "函数 fun1 的返回值为：$?"
```

为示例 11-7.sh 赋予可执行权限后执行脚本，结果如下：

```
ben@ben-laptop:~$ chmod u+x 11-7.sh
ben@ben-laptop:~$ ./11-7.sh
使用 return 命令返回函数的返回值
函数 fun1 的返回值为：5
```

从示例 11-7.sh 的执行结果可以看出，使用 return 命令可以返回特定的返回值，而使用符号“$?”可以来接收函数的返回值。但是 return 命令的返回值只能在 0 到 255 之间，否则就会按照 0 返回。

11.3 函数中的全局变量和局部变量

在其他编程语言中，变量用来存储程序运行过程中不断变化的内容，而在 Shell 脚本编程中，仍然需要使用变量来表示一些不确定的数值。根据变量作用域的不同可以将变量分为以下两类：

- 全局变量
- 局部变量

本节将重点介绍全局变量和局部变量在函数中的具体使用。

11.3.1 全局变量

全局变量是在整个脚本文件中都有效的变量，全局变量可以在函数外定义，也可以在函数内部定义。无论在什么地方定义了全局变量，只要是定义了该变量，在 Shell 脚本的任何地方都可以使用该变量。全局变量在 Shell 中的用法如示例 11-8.sh 所示。

【示例 11-8.sh】

```
#示例 11-8.sh  全局变量的使用
#! /bin/bash

echo "在函数中使用全局变量"
num=10
string="hello world"
fun1()
{
   $num=$[ $num + 10]
   echo "全局变量 string = $string"
}
fun1
echo "在函数 fun1 中变化以后，变量 num 的值为：$num"
```

为示例 11-8.sh 赋予可执行权限后执行脚本，结果如下所示：

```
ben@ben-laptop:~$ chmod u+x 11-8.sh
ben@ben-laptop:~$ ./11-8.sh
在函数中使用全局变量
全局变量 string = hello world
在函数 fun1 中变化以后，变量 num 的值为：20
```

从示例 11-8.sh 的执行结果可以看出，全局变量可以在全局使用，其作用范围为定义之后直到脚本文件结束。

注　意

变量在定义时默认是全局变量。因此在使用全局变量时，特别需要注意：如果多个函数调用同一个变量，需要明确该全局变量在函数中发生了何种变化，以防止误操作。

11.3.2 局部变量

局部变量，顾名思义就是变量的作用域局限在某个区域，而不能随意应用。就像是某些图书馆中的图书只能在阅览室中阅读，而不能拿到阅览室之外的地方阅读。在定义局部变量时，需要使用命令 local。定义局部变量的方式如下所示：

```
local valnum
```

在上面的结构中，valnum 可以是单个变量，也可以是一个赋值语句。在使用 local 命令限定变量为局部变量以后，该变量只能在函数内使用。由于变量的作用域只局限于函数内部，因此，如果在函数外部或其他地方定义了同名的全局变量，Bash 会很好地处理两个变量的关系，使得这两个变量都能正常使用。局部变量在函数中的用法如示例 11-9.sh 所示。

【示例 11-9.sh】

```
#示例 11-9.sh  局部变量的使用
#! /bin/bash

echo "在函数中使用局部变量"
num=10
string="hello world"
fun1()
{
    local num=100
    local string="local value"
    echo "在函数 fun1 中调用获取的变量 num 的值为：$num"
    echo "在函数 fun1 中调用获取的变量 string = $string"
    num=$[ $num + 100]
}
```

```
fun1
echo "在函数 fun1 外，变量 num 的值为：$num"
echo "在函数 fun1 外，变量 string 的值为：$string"
```

为示例 11-9.sh 赋予可执行权限后执行脚本，结果如下：

```
ben@ben-laptop:~$ chmod u+x 11-9.sh
ben@ben-laptop:~$ ./11-9.sh
在函数中使用局部变量
在函数 fun1 中调用获取的变量 num 的值为：100
在函数 fun1 中调用获取的变量 string = local value
在函数 fun1 外，变量 num 的值为：10
在函数 fun1 外，变量 string 的值为：hello world
```

从示例 11-9.sh 的执行结果可以看出，局部变量只能在当前函数中生效；而在其他地方不会生效，也就无法使用。

11.4 数组与函数

在 Shell 脚本中，数组是一类比较特殊的变量，使用数组可以同时表示多个变量。数组可以用在 Shell 脚本的任何地方，函数也不例外。但是，在函数中使用数组存在诸多的限制。本节将重点介绍数组在函数中的用法。

11.4.1 数组作为函数参数

函数在运行时可以使用由标准参数变量表示，并且由命令行传递给函数的参数，这些参数的类型可以是任意的类型，同样，数组类型的变量也可以作为参数传递给函数，但是不能将数组作为一个整体传递给函数，否则函数只能提取数组中的第一个数值，并且提示“数组错误”。

为了使数组能够作为函数的参数，并且保证脚本能够正确地执行，需要将数组中的每一个数据单独传递给函数，并且在函数内部使用局部数组变量重新将传递的参数整合成数组，然后在函数中使用数组。数组作为函数参数如示例 11-10.sh 所示。

【示例 11-10.sh】

```
#示例 11-10.sh  数组作为函数参数
#! /bin/bash

echo "正常方式下使用数组作为函数的参数"
num1=(1,2,3,4,5)
num2=(a,b,c,d,e)

fun1()
{
    local array1=($1)
```

```
    echo "传递的数组 1 中的数值分别为：${array1[*]}"

    local array2=($2)
    echo "传递的数组 2 中的数值分别为：${array2[*]}"

}
fun1 "${num1[*]}"
echo

echo "向函数传递多个数组作为参数"
fun2 "${num1[*]}""${num2[*]}"
```

为示例 11-10.sh 赋予可执行权限后执行脚本，结果如下：

```
ben@ben-laptop:~$ chmod u+x 11-10.sh
ben@ben-laptop:~$ ./11-10.sh
正常方式下使用数组作为函数的参数
传递的数组 1 中的数值分别为
1,2,3,4,5
传递的数组 2 中的数值分别为：

向函数传递多个数组作为参数
传递的数组 1 中的数值分别为
1,2,3,4,5
传递的数组 2 中的数值分别为：
a,b,c,d,e
```

从示例 11-10.sh 的执行结果可以看出，当函数运行时，可以传递数组作为函数的参数。当传递的参数中包含多个数组时，可使用变量$1、$2 等进行区分，从而使函数能够使用正确的参数进行数据处理。

11.4.2 数组作为函数返回值

使用 return 命令可以将函数中任意类型的数值作为函数的返回值，同样，数组也可以作为函数的返回值。当数组作为函数的返回值时，需要使用另外一个数组接收函数的返回值。数组作为函数返回值的如示例 11-11.sh 所示。

【示例 11-11.sh】

```
#示例 11-11.sh  数组作为函数返回值
#!/bin/bash

fun()
{
    local old
    local new
```

```
    local num
    local i
    old=(`echo "$@"`)
    new=(`echo "$@"`)
    num=$[ $# - 1 ]
    echo "传递给函数的数组为：${old[*]}"
    for (( i = 0; i <= $num; i++ ))
    {
       new[$i]=$[ ${old[$i]} * 2 ]
    }
    echo ${new[*]}
}
array=(1 2 3 4 5)
echo "数组的值为：${array[*]}"
arg1=`echo ${array[*]}`
result=(`fun $arg1`)
echo "函数的返回数组为：${result[*]}"
```

为示例 11-11.sh 赋予可执行权限后执行脚本，结果如下：

```
ben@ben-laptop:~$ chmod u+x 11-11.sh
ben@ben-laptop:~$ ./11-11.sh
数组的值为 1 2 3 4 5
传递给函数的数组为：1 2 3 4 5
函数的返回数组为：2 4 6 8 10
```

从示例 11-11.sh 的执行结果可以看出，使用 echo 命令可以将数组作为函数的返回值返回，而函数的返回值也需要使用另外一个数组接受，从而保证数据的一致性。

注　意
普通变量不能用来接收数组返回值。

11.5 脚本函数递归

在高级编程语言中，函数可以实现递归调用。在 Shell 脚本语言中，函数也可以实现递归调用。在递归调用时，可使用递归函数来调用函数本身，直至不再调用函数本身为止。调用过程如图 11-1 所示。

函数的递归调用过程需要有一个参数进行控制，这样可以限制调用的次数，否则就会使得函数重复调用，形成死循环。

函数的递归调用一般使用阶乘来作为示例进行讲解，阶乘的 Shell 脚本如示例 11-12.sh 所示。

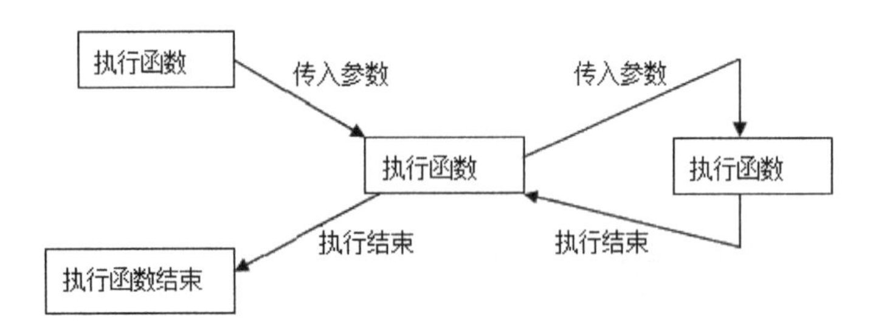

图 11-1　递归函数执行过程示意图

【示例 11-12.sh】

```
#示例 11-12.sh　递归函数的使用
#!/bin/bash

factor()
{
   rest=0
   fact=0
   if (( $1 <= 1));
   then
      rest=1
      return 0
   else
      ((fact = $1 -1 ))
      factor $fact        #递归调用函数 factor
      ((rest=$1*$rest))
      rest=$rest
      return 0
   fi
}
factor $1
echo factor of $1 is $rest
```

为示例 11-12.sh 赋予可执行权限后执行脚本，结果如下：

```
ben@ben-laptop:~$ chmod u+x 11-12.sh
ben@ben-laptop:~$ ./11-12.sh 5
factor of 5 is 120
```

从示例 11-12.sh 的执行结果可以看出，递归函数 factor 的调用在传递的参数为 1 时，退出整个函数的调用，当满足其他条件时，不断地调用函数本身来执行。

注　意
在使用递归函数时，要注意设定函数退出的条件，否则函数会不停地调用本身，形成“死循环”。

11.6 函数的嵌套调用

函数除了进行递归调用以外，还可以进行嵌套使用。所谓函数的嵌套使用，就是在一个函数中调用另外一个函数。调用函数的方式和普通函数的执行方式类似，函数嵌套调用的基本使用如下所示：

```
fun1()
{
    commands;
}
fun2()
{
    fun1
    commands
}
```

在函数 fun2()的调用过程中，当执行到函数 fun1()时，会根据函数名直接跳转到函数 fun1()中去执行，当执行完函数 fun1()以后，再执行函数 fun2()中的其他内容。函数嵌套使用示例如脚本 11-13.sh 所示。

【示例 11-13.sh】

```
#示例 11-13.sh  嵌套函数的使用

#! /bin/bash
echo "函数的嵌套使用示例"
fun1()
{
    echo "在函数 fun1\(\)中"
}
fun2()
{
    echo "在函数 fun2\(\)中"
    echo

    echo "执行函数 fun1\(\)"
    fun1

}

echo "调用函数 fun2\(\)"
fun2
```

为示例 11-13.sh 赋予可执行权限后执行脚本，结果如下：

```
ben@ben-laptop:~$ chmod u+x 11-13.sh
ben@ben-laptop:~$ ./11-13.sh
```

```
函数的嵌套使用示例
调用函数 fun2()
在函数 fun2()中

执行函数 fun1()
在函数 fun1()中
```

从示例 11-13.sh 的执行结果可以看出，当嵌套调用函数时，首先执行嵌套函数内部的语句，当嵌套函数内部的语句执行完以后，自动跳出嵌套函数，从而继续执行嵌套函数外面的语句，其执行方式如图 11-2 所示。

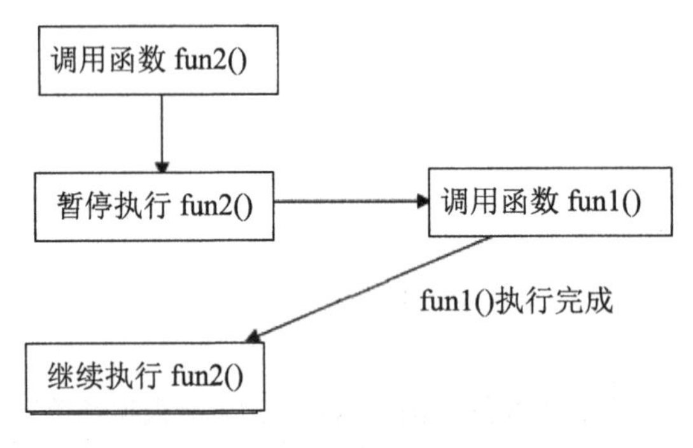

图 11-2　函数嵌套执行过程

11.7　小　　结

本章主要介绍了 Shell 脚本中函数的使用。可以将某些需要重复执行的命令使用函数的方式进行封装，当需要执行这些命令时，Bash 执行到函数名，便直接跳转到函数中来执行相应的命令。

创建函数时可以使用关键字 function 或省略关键字而使用普通函数的创建方式。函数只能在创建之后被执行。函数在执行时，可以使用来自标准参数变量表示并且由命令行传递给函数的参数，从而使得函数的执行更加灵活。

函数在执行过程中，可以使用默认返回值，还可以使用 return 命令返回特定的返回值。默认的返回值就是函数中最后一条命令的返回值。而 return 命令可以返回任意类型的返回值。函数的返回值可以赋值给某个变量，从而将函数的返回值添加到主程序中执行。

函数在执行过程中可以使用全局变量、局部变量以及数组变量等各种类型的变量。全局变量是在整个脚本文件中都可以使用的变量。局部变量只能在函数内部使用。数组变量可以通过特定的方式，作为函数的参数参与函数的执行；函数在执行完成后，还可以将数组作为返回值来返回给主程序。

在 Shell 脚本中，函数可以实现递归调用和嵌套调用。递归调用就是函数不断地调用函数本身，当满足某个条件以后，结束递归调用过程。如果没有条件使得递归结束，就会形成死循环。函数的嵌套调用就是在一个函数中调用另外一个函数，当函数执行到另外一个函数时，Bash 会根据函数名跳转到被调用的函数中去执行相应的语句。

第 12 章 处理数据的输入

在执行 Shell 脚本的时候，为了能够灵活地实现某些功能，需要在执行脚本的时候输入数据当作脚本执行时的参数，从而实现用户和脚本之间的交互式操作。Bash Shell 提供了不同的方式来实现用户输入数据作为脚本执行时的参数，这些方式包括命令行参数、命令行选项，以及直接从键盘读取输入数据作为参数等。本章将对这些输入方式逐一进行介绍。

本章的主要内容如下：

- 命令行参数
- 特殊参数变量
- 处理选项
- 选项标准化
- 获取用户输入

12.1 命令行参数

命令行参数指执行的脚本命令后面提供的数据，这也是向 Shell 脚本中传递数据的最基本的方式。该方式如下所示：

```
./add.sh 1 2
```

在上面的示例中 add.sh 作为执行的 Shell 脚本命令，而后面的 1 和 2 就是脚本执行时输入的命令行参数，下面我们详细介绍如何使用命令行参数。

12.1.1 读取参数

在Bash Shell中，一般通过位置参数来读取命令行参数。位置参数作为一类特殊的变量存在，分别存储命令行中的所有的参数。位置参数变量是$加数字构成。其中$0表示执行的脚本名称，$1表示输入的第一个参数，$2表示第二个参数，一直到$9结束。对于上面的示例来说，$1就表示数字1，而$2用来表示数字2，$0表示脚本名称add.sh。位置参数的示例如示例12-1.sh所示。

【示例12-1.sh】

```
#示例12-1.sh  位置参数的使用
ben@ubuntu:~$ cat 12-1.sh
#!/bin/bash

echo the first paramater is $1
echo the second paramater is $2
echo the third parater is $3

echo $1 + $2 = $[ $1 + $2 ]
ben@ubuntu:~$
ben@ubuntu:~$ ./12-1.sh 1 2
the first paramater is 1
the second paramater is 2
the third parater is
1 + 2 = 3
```

对于命令行参数来说，一般是使用空格来分隔每一个参数，其中的内容除了可以使用数字之外，还可以使用字符串等文本作为命令参数，每一个参数之间都需要使用空格来分隔。如果需要将空格或者两个以及两个以上的字符串作为一个参数来传递，这个参数就需要使用引号引用。此时的引号可以使用单引号，也可以使用双引号。如示例12-2.sh所示。

【示例12-2.sh】

```
#示例12-2.sh  使用字符串作为命令行参数
ben@ubuntu:~$ cat 12-2.sh
#! /bin/bash

echo the first string is $1
echo the second string is $2
echo the third string is $3
echo the fourth string is $4

ben@ubuntu:~$
ben@ubuntu:~$ chmod 777 12-2.sh
ben@ubuntu:~$ ./12-2.sh hello world 'hello world' "hello world"
the first string is hello
```

```
the second string is world
the third string is hello world
the fourth string is hello world
```

示例 12-2.sh 展示了使用字符串作为命令行参数供脚本调用，其中第 3、第 4 个参数分别使用了单引号和双引号，使得 hello 和 world 以及中间的空格作为一个参数传递给脚本。在不使用引号情况下，hello 和 world 因为中间存在空格，所以被视为两个参数。

说　明
位置参数如果使用$9 仍然无法完成，就需要考虑重构脚本或者使用其他方式。

12.1.2　读取脚本名

在上一小节中，我们了解到使用位置参数$0 可以用来存储执行的脚本名称，在执行 Shell 脚本时常用的执行方式有以下两种形式：

- ./相对路径下脚本名称 命令行参数
- ./绝对路径下脚本名称 命令行参数

下面讲解使用位置参数如何表示上述两种方式中的脚本名。

（1）对于第一种方式来说，位置参数$0 表示的是脚本的名称，并且不包含“./”符号，后面的命令行参数将由其他位置的变量来表示，如示例 12-3.sh 所示。

【示例 12-3.sh】

```
#示例 12-3.sh  相对路径下脚本名称
ben@ubuntu:~/12$ cat 12-3.sh
#! /bin/bash
echo 使用./方式执行脚本，查看脚本名称
echo 当前脚本的名称为： $0
echo 输入的参数为：$1
ben@ubuntu:~/12$ chmod u+x 12-3.sh
ben@ubuntu:~/12$ ./12-3.sh test
使用./方式执行脚本，查看脚本名称
当前脚本的名称为： ./12-3.sh
输入的参数为：test
ben@ubuntu:~/12$
```

（2）对于第二种方式来说，在当前目录执行其他目录中的 Shell 脚本时，使用绝对路径的方式来执行。而执行当前目录中的 Shell 脚本也同样可以使用绝对路径的方式来执行。如示例 12-4.sh 所示。

【示例 12-4.sh】

```
#示例 12-4.sh  绝对路径下脚本名称
ben@ubuntu:~/12$ cat 12-4.sh
```

```
#! /bin/bash
echo 使用绝对路径的方式执行脚本，查看脚本名称
echo 当前脚本的名称为： $0
echo 输入的参数为：$1
ben@ubuntu:~/12$ chmod u+x 12-4.sh
ben@ubuntu:~/12$ bash /home/ben/12/12-4.sh test
使用绝对路径的方式执行脚本，查看脚本名称
当前脚本的名称为： /home/ben/12/12-4.sh
输入的参数为：test
```

从 12-4.sh 的执行结果可以看出，在使用绝对路径执行脚本时，位置参数$0 表示的也是脚本的绝对路径。在使用绝对路径执行脚本命令的情况下，如果需要将脚本名称和脚本的路径进行分离，即只需要获取到脚本的名称，而不需要脚本的路径，那么就需要使用 basename 命令来实现。该命令能够返回不包含路径的脚本名称，如示例 12-5.sh 所示。

【示例 12-5.sh】

```
#示例 12-5.sh  basename 命令的使用
ben@ubuntu:~/12$ cat 12-5.sh
#! /bin/bash
echo 使用 basename 命令返回脚本名称
echo 执行命令时脚本的名称为： $0
echo 剥离脚本名称为 $(basename $0)
echo 输入的参数为：$1
ben@ubuntu:~/12$
ben@ubuntu:~/12$ chmod u+x 12-5.sh
ben@ubuntu:~/12$ bash /home/ben/12/12-5.sh test
ben@ubuntu:~/12$ bash /home/ben/12/12-5.sh test
使用 basename 命令返回脚本名称
执行命令时脚本的名称为： /home/ben/12/12-5.sh
剥离脚本名称为 12-5.sh
输入的参数为：test
```

从示例 12-5.sh 的执行结果可以看出，使用了 basename 命令之后，能够将执行的 Shell 脚本的名称从其绝对路径中剥离出来，从而获得脚本名称以进行其他操作。

12.1.3 测试参数

在使用命令行参数的时候，有一个很重要的问题就是如果使用的参数和脚本中需要的参数不一致，那么脚本在执行时就会报错。如在执行一个加法运算时，如果不提供需要的参数，那么在执行时就无法得到正常的结果，如示例 12-6.sh 所示。

【示例 12-6.sh】

```
#示例 12-6.sh  测试参数错误
ben@ubuntu:~/12$ cat 12-6.sh
#! /bin/bash
```

```
echo 测试少传递一个参数运行脚本
total = $[ $1 + $2 ]
echo $total =  $1 + $2
ben@ubuntu:~/12$ chmod u+x 12-6.sh
ben@ubuntu:~/12$ ./12-6.sh 1
测试少传递一个参数运行脚本
./12-6.sh: 行 3: 1 +  : 语法错误: 需要操作数 (错误符号是 "+  ")
= 1 +
ben@ubuntu:~/12$
```

从示例 12-6.sh 的运行结果可以看出，在执行到加运算符时，因为少传递一个参数，因此无法进行正常的加运算，这时就会提示错误。

为了避免在执行脚本时无法获取到需要的参数，我们在脚本中需要对参数进行测试，从而检测在执行脚本时是否输入了足够个数的参数。一般我们会使用-n 选项来判断输入的参数是否为空，如示例 12-7.sh 所示。

【示例 12-7.sh】

```
#示例 12-7.sh  判断参数
ben@ubuntu:~/12$ cat  12-7.sh
#! /bin/bash
echo 使用-n 检测参数是否传递
if [ -n "$2" ]
then
   total = $[ $1 + $2 ]
   echo $total =  $1 + $2
else
  echo "请输入正确的参数个数"
fi
ben@ubuntu:~/12$ chmod u+x 12-7.sh
ben@ubuntu:~/12$ ./12-7.sh 20 30
使用-n 检测参数是否传递
./12-7.sh: 行 5: total: 未找到命令
= 20 + 30
ben@ubuntu:~/12$ ./12-7.sh 20 30
使用-n 检测参数是否传递
50 = 20 + 30
ben@ubuntu:~/12$ ./12-7.sh 20
使用-n 检测参数是否传递
请输入正确的参数个数
ben@ubuntu:~/12$
```

从示例 12-7.sh 可以看出，在使用了-n 来判断最后一个参数$2 是否为空之后，如果输入的参数缺少一个，那么就会提示输入的参数错误，而不会像执行示例 12-6.sh 那样直接提示错误，从而降低脚本的友好性。

在进行参数测试的时候，还可以通过其他更简洁的方式来实现，这种方式将在下一节中进行讲解。

12.2 特殊参数变量

在使用命令行参数时，有几个特殊的变量可以记录输入的参数，这些参数和位置参数一样，能够给我们的脚本编写带来方便。

12.2.1 参数统计

记录命令行参数重要的特殊变量之一就是记录参数的个数，这个参数的个数记录的是除脚本名称之外，输入的所有参数的个数。该变量使用$#来表示，在脚本中可以使用该变量来判断输入的参数个数是否符合要求。如示例 12-8.sh 所示。

【示例 12-8.sh】

```
#示例 12-8.sh  参数统计
ben@ubuntu:~/12$ cat 12-8.sh
#! /bin/bash
echo 使用-n 检测参数是否传递
if [ $# -ne 2 ]
then
    echo "脚本执行时的正确格式为./12-8.sh 数值 1 数值 2"
else
    echo 输入的参数格式正确
    total = $[ $1 + $2 ]
    echo $total =  $1 + $2
fi
ben@ubuntu:~/12$ chmod u+x 12-8.sh
ben@ubuntu:~/12$ ./12-8.sh 10 20
使用-n 检测参数是否传递
输入的参数格式正确
30 = 10 + 20
ben@ubuntu:~/12$ ./12-8.sh 10
使用-n 检测参数是否传递
脚本执行时的正确格式为./12-8.sh 数值 1 数值 2
ben@ubuntu:~/12$
```

从示例 12-8.sh 可以看出，使用变量$#可以用来记录输入的命令行参数的个数，通过这个变量我们可以间接地获取到输入的最后一个参数。如示例 12-9.sh 所示。

【示例 12-9.sh】

```
#示例 12-9.sh  获取输入的参数
ben@ubuntu:~/12$ cat 12-9.sh
#! /bin/bash
num=$#
echo 输入的最后一个参数为: $num
echo 输入的最后一个参数为: ${!#}
ben@ubuntu:~/12$ chmod u+x 12-9.sh
ben@ubuntu:~/12$ ./12-9.sh 1 2 3 4 5
输入的最后一个参数为: 5
输入的最后一个参数为: 5
```

示例 12-9.sh 展示了两种通过变量$#来获取最后一个参数的方式。第一种方式使用了中间变量 num 来表示输入的参数的个数，然后再通过位置参数获取到相应的参数内容。第二种方式则是因为无法在花括号中使用符号$，从而使用了符号!#来实现获取到最后的位置参数。在编写脚本时，可以根据自己的需要来选择使用哪种方式。

12.2.2　获取所有的参数

位置参数仅能够使用特定的变量来获取特定位置上输入的参数内容，除此之外还存在两个变量能够一次性获取所有的参数，这些参数保存在变量中，在使用时可以根据空格进行拆分，然后选择合适的变量进行使用。

变量$@和$*都能在一个变量中包含所有的命令行参数，然而这两个变量又存在着不同。变量$*是将命令行中的所有的参数都作为一个单词来处理，这个单词中包含命令、脚本在执行时的所有的参数。对于变量$*来说，它将输入的参数看作是多个对象，而不是和$*一样，将每一个参数作为一个对象来处理。一般情况，这两个变量没有区别，只有在使用 for 结构时，这两个变量的区别非常明显。相应的 Shell 脚本如示例 12-10.sh 所示。

【示例 12-10.sh】

```
#示例 12-10.sh  变量$@和$*的使用
ben@ubuntu:~/12$ cat 12-10.sh
#! /bin/bash

echo 使用 for 结构处理变量$@
count=1
for tmpstr in "$@"
do
   echo 第$count 个变量的值为: $tmpstr
   count=$[ $count + 1 ]
done
echo

echo 使用 for 结构处理变量$*
```

```
count=1
for tmpstr in "$*"
do
    echo 第$count 个变量的值为：$tmpstr
    count=$[ $count + 1 ]
done

ben@ubuntu:~/12$ chmod u+x 12-10.sh
ben@ubuntu:~/12$ ./12-10.sh hello world  1234 567
使用 for 结构处理变量 hello world 1234 567
第 1 个变量的值为："hello
第 2 个变量的值为：world
第 3 个变量的值为：1234
第 4 个变量的值为：567"

使用 for 结构处理变量 hello world 1234 567
第 1 个变量的值为："hello
第 2 个变量的值为：world
第 3 个变量的值为：1234
第 4 个变量的值为：567"
```

从示例 12-10.sh 的执行结果可以看出，变量“$@”一般将传递的参数作为一个参数来处理；而变量“$*”则类似于一个数据的组合，将所有的参数都作为一个单独的变量来处理。

12.3 特殊的输入方式

在处理用户输入的命令行参数时，还存在一些特殊的用法，如移动参数位置从而忽略掉某些不必要的参数、从文件中读取数据、处理输入的参数和选项等。下面将分别介绍这几种特殊的输入方式。

12.3.1 移动变量

当我们在遍历所有的输入参数时，除了使用前面章节中介绍的方式之外，还可以使用shift命令来实现。shift命令能够实现将输入的参数变量向左移动一个位置，即将位置变量$2的数值传递给$1，将位置变量$3的数值传递给$4，以此类推。每移动一次变量，就会将原来的$1丢弃，而换上了新的变量。对于变量$0来说，因为其指代的是脚本名称，因此不管怎么移动其他变量，该变量会一直保持不变。

shift 变量默认执行一次会移动一个位置，也可以通过指定参数来指定其移动的步长。使用 shift 命令移动变量如示例 12-11.sh 所示。

【示例 12-11.sh】

```
#示例 12-11.sh  shift 命令的使用
ben@ubuntu:~/12$ cat 12-11.sh
#! /bin/bash

echo 使用 shift 命令移动参数
echo 输入的参数初始值为： $*
echo
shift
echo 移动 1 个位置后，输入的参数值为： $*
echo
shift 3
echo 移动 3 个位置后，输入的参数值为： $*
ben@ubuntu:~/12$ chmod u+x 12-11.sh
ben@ubuntu:~/12$ ./12-11.sh hello world 123 456 678 890
使用 shift 命令移动参数
输入的参数初始值为： hello world 123 456 678 890

移动 1 个位置后，输入的参数值为： world 123 456 678 890

移动 3 个位置后，输入的参数值为： 678 890
```

从示例 12-11.sh 的执行结果可以看出，在使用了 shift 命令之后，第一个参数 hello 被丢弃；而第二参数移动到第一个参数上，变成了$1；其他输入的参数的位置也进行了移动。在指定移动 3 个位置后，第一个参数变成了原来的 678，而前面的三个参数都已经丢弃掉。使用 shift 参数可以轻松地跳过不必要处理的参数，转而进行处理需要的参数。

12.3.2　读取文件

前面我们讲解了如何使用 read 命令来读取用户的输入到一个变量中。此外，read 命令还能够通过特定的方式来读取文件中的内容，供 Shell 脚本使用。最常用的方式就是通过 cat 命令、管道符和 while 命令来实现文件的读取。如示例 12-12.sh 所示。

【示例 12-12.sh】

```
#示例 12-12.sh  读取文件

ben@ubuntu:~/12$ cat 12-12.sh
#! /bin/bash

lineNum=1
echo 使用 cat 管道符号 while 实现 read 文件内容
cat 12-12.sh |while read lineInfo
do
   echo $lineNum: $lineInfo
```

```
    lineNum=$[ $lineNum + 1 ]
done
ben@ubuntu:~/12$ chmod u+x 12-12.sh
ben@ubuntu:~/12$ ./12-12.sh
使用 cat 管道符号 while 实现 read 文件内容
1: #! /bin/bash
2:
3: lineNum=1
4: echo 使用 cat 管道符号 while 实现 read 文件内容
5: cat 12-12.sh |while read lineInfo
6: do
7: echo $lineNum: $lineInfo
8: lineNum=$[ $lineNum + 1 ]
9: done
ben@ubuntu:~/12$
```

在示例 12-12.sh 中，我们使用 read 命令读取了文件 12-12.sh 中的内容，在管道符号的帮助下，我们获取到了文件中的每一行记录。

12.4 将选项标准化

在处理执行命令的选项时，可以根据自己的需要将任何一个字符作为一个能够实现特殊操作的选项。然而在开源世界中，如果这些“高级”代码被不熟悉的人使用，在使用之前没有仔细阅读使用手册，那么在命令执行之后，可能会造成很严重的后果。因此我们需要将选项进行标准化，从而固定一些选项的功能，使其做到统一。

在 Linux 系统中已经存在了一些某种程度上标准化了的选项。这些选项的作用对于不同的命令来说大体一致，这样在使用时可以适当地选择不参考帮助手册，就能了解选项的含义。常见的标准化的选项如表 12-1 所示。

表 12-1 常用的 Linux 系统标准选项

选　项	作　用
-a	全部对象
-d	针对目录做处理
-c	计数
-f	针对文件做处理
-h	帮助信息
-r	递归操作，一般用于目录文件操作
-v	生成详细信息输出
-y	对所有的问题回答 yes

如果个人开发的命令中使用了一些选项，那么需要将这些选项实现的功能，按照标准化选项的要求来开发。这样，用户在使用命令的时候，就不需要刻意去查找相关的帮助手册，而直接就可以使用。

12.5 小　　结

本章主要讲解了如何处理用户的输入，这些输入的内容一般被称为命令行参数。Linux 系统通过位置参数来记录输入的参数，以供脚本调用。还可以使用 shift 命令移动参数，从而获取到想要的参数。

命令行参数主要用来记录用户在执行脚本时输入的内容，包含脚本名以及输入的其他参数，这些参数能够扩大脚本的处理范围，使得一个脚本能够完成更多的数据处理。输入的参数个数和参数的内容都有特殊的变量来记录，我们可以灵活使用这些特殊变量来获取输入的参数。

输入的参数还可以使用 shift 命令实现移动，使其按照需要移动位置。同时，还能通过其他的符号来实现读取文件。不管进行任何操作，为了统一规范，还需要使用标准的选项来定义自己封装的某些命令，防止出现选项相同但是作用不同的现象，同时也增加了脚本的通用性。

第 13 章

处理数据的输出

输入和输出在任何一个系统中都是非常重要的部分，上一章介绍了如何处理执行脚本时的输入，当时输出的内容都是到显示器上的。但是，在生产环境中，大多数情况下需要输出到某个文件中，这就需要读者了解 Linux 系统中的另外一个重要概念：文件描述符。本章将介绍如何操作文件描述符来完成标准的 Linux 输入和输出。

本章的主要内容如下：

- 理解输入和输出的基本知识
- 重定向输出
- 重定向输入
- 创建自己的重定向
- 常用操作（列出文件描述符、清空命令输出、记录消息等）

13.1 理解输入和输出

在执行一个 Shell 命令行时通常会自动打开 3 个标准文件：

- 标准输入文件（STDIN）：通常对应终端的键盘。
- 标准输出文件（STDOUT）：对应终端的屏幕。
- 标准错误输出文件（STDERR）：STDERR 和上面的 STDOUT 文件都对应终端的屏幕。

进程将从标准输入文件中得到输入数据，将正常输出数据输出到标准输出文件，而将错误信息送到标准错误文件中。

13.1.1　标准文件描述符

对于计算机来说，在进行输入操作时，输入信息的来源可以是内存、文件、数据库等，而标准输入就是从键盘上获取输入信息。也就是从键盘上键入字符来作为输入信息，这种输入一般被认为是标准输入。在 Linux 系统中，使用 STDIN 来表示，对应的设备文件是/dev/stdin，而在进行操作时，则需要从键盘上输入字符供程序使用。在 Shell 脚本中，标准输入对应的文件描述符为 0。

对于计算机来说，系统输出的信息可以存放在内存、文件、数据库中，而标准输出就是将需要输出的信息显示到屏幕上。在 Linux 系统中，标准输出使用 STDOUT 来表示，对应的设备文件是/dev/stdout。在使用标准输出时，所有的信息都会显示在屏幕上。在 Shell 脚本中，标准输出对应的文件描述符为 1。

标准错误的用法和标准输出类似，需要将信息发送到屏幕上显示。对于标准错误来说，显示的信息是错误信息。在 Linux 系统中，一般使用 STDERR 来表示标准错误。在 Shell 脚本中，标准错误对应的文件描述符为 2。

13.1.2　重定向

对于计算机的输入输出操作来说，除了标准输入、标准输出以外，还存在其他的输入输出途径。如当数据量很大时，可以选择从文件中获取输入信息，而为了更好地保存、备份数据，可以将输出到屏幕上的信息转存到文件、数据库中，这就需要将输入输出的方向进行改变，这种改变就是重定向。在 Linux 系统中，最常用的重定向包括输入重定向和输出重定向。

重定向一般来说是 IO 重定向，即输入输出的重定向，也就是说，捕捉来自非键盘输入的数据内容作为输入信息，然后把本来应该输出到显示器屏幕上的输出内容，输出到其他的地方。简单来说，重定向就是将标准的输入（来自键盘的输入）或者标准的输出（输出到屏幕）更改成其他的方式，如示例 13-1.sh 所示。

【示例 13-1.sh】

```
#示例 13-1.sh  重定向符简单使用
#! /bin/bash

echo '使用 ls 命令显示目录/home 中部分的内容'
ls -l /home

echo 'home 重定向 ls 命令显示的目录/home 中部分的内容'
ls -l /home  1>home.txt

echo 显示重定向文件 home.txt 中的内容
cat home.txt
```

为示例 13-1.sh 赋予可执行权限后执行脚本，具体操作步骤如下所示：

```
root@ben-laptop:~# chmod u+x 13-1.sh
root@ben-laptop:~# ./ 13-1.sh
```

```
使用 ls 命令显示目录/home 中部分的内容
总用量 8
drwxr-xr-x 52 ben  ben  4096 2021-04-07 23:07 ben
drwxr-xr-x  2 root root 4096 2021-04-05 22:08 media
home 重定向 ls 命令显示的目录/home 中部分的内容
显示重定向文件 home.txt 中的内容
总用量 8
drwxr-xr-x 52 ben  ben  4096 2021-04-07 23:07 ben
drwxr-xr-x  2 root root 4096 2021-04-05 22:08 media
```

上面的命令显示了重定向的操作方式。对于第一条命令来说，显示目录文件 home 中的所有内容到屏幕上，这种输出操作属于标准输出。第二句使用的方式是将 ls 命令的执行结果保存在 home.txt 文件中，而不再输出到屏幕上，这就是将标准输出重定向到文件 dev.txt 中。使用重定向以后，原本应该显示在屏幕上的内容转而保存到文件 home.txt 中，这就是简单的输出重定向。

注　意

对于标准输出来说，系统默认的文件描述符就是 1，因此 1 可以省略，而直接使用类似于 ls /dev >dev.txt 的形式。

13.2　在脚本中重定向输出

在编写 Shell 脚本时，需要将中间结果使用 echo 命令展示出来，以便于调试。当脚本正式使用后，就需要将这些中间结果记录到日志文件中，以便于后期查询使用。因此单纯地使用 echo 命令远远不够。为了实现这个目的，就需要在脚本中将输出重定向到日志文件中。

13.2.1　重定向

输出重定向是指把命令（或可执行程序）的标准输出或标准错误输出重新定向到指定文件中。这样，该命令的输出就不显示在屏幕上，而是写入到指定文件中。输出重定向除了能够将标准输入定向到文件中以外，还可以把一个命令的输出当作另一个命令的输入，这种操作需要借助管道符来完成。关于管道的使用在第 5 章已经做了讲解，在此不再赘述。

输出重定向使用的符号是“>”，使用输出重定向符的一般形式如下所示：

```
命令 > 文件名
```

该符号类似于比较运算中的大于号，在输出重定向符的左边是需要执行的命令，而符号的右边是将左边的命令的输出重定向到左边的文件中。如果左边的文件不存在，就会创建一个文件；如果文件已经存在，那么这个文件将被重写，文件中原来的内容将被删除，新的内容是执行命令的输出内容。如果输出重定向符的右边的文件已经存在，那么再次重定向到该文件时，文件原来的内容就会被当前的内容覆盖。

重定向符的一个重要作用就是实现文件的复制，即使用 cat 命令显示某个文件的内容（源文件），而将 cat 命令的输出重定向到另外一个文件中（目标文件），在执行完命令后，就会生成一个复制文件，如示例 13-2.sh 所示。

【示例 13-2.sh】

```
#示例 13-2.sh  输出重定向符

#! /bin/bash

echo 显示数据文件 data.txt 中的内容
cat data.txt
echo

echo 使用输出重定向符并且显示重定向后的文件内容
cat data.txt > data_bak.txt
cat data_bak.txt
```

为示例 13-2.sh 赋予可执行权限后执行脚本，具体操作步骤如下所示。

```
root@ben-laptop:~# chmod u+x 13-2.sh
root@ben-laptop:~# ./6-8.sh
显示数据文件 data.txt 中的内容
1
h
1
使用输出重定向符并且显示重定向后的文件内容
1
h
1
```

从脚本 13-2.sh 的执行结果可以看出，使用输出重定向符能够实现文件的复制。如果重定向的文件不存在时，将创建该文件。如果文件存在时，当前命令的执行结果会将文件中的原内容进行覆盖，从而使得文件只存储当前命令的执行结果。

为了解决在同一个文件中，只能存放当前命令的输出结果，在 Shell 中提供了重定向输出的追加方式，该方式将当前命令的输出内容放到指定文件的后面，这样就避免了当前命令的输出内容替换文件中原来的内容，从而使得原文件中的内容不被覆盖。

13.2.2　追加重定向

追加重定向使用的操作符是“>>”，追加重定向符的一般形式如下所示：

```
命令 >> 文件名
```

该符号是两个输出重定向符一起使用，在重定向符的中间没有任何的符号。而文件可以是存在的文件，也可以是不存在的文件。如果文件名对应的文件存在，就以追加的方式将当前命令的执行结果放入文件中；如果文件不存在，就将当前命令的执行结果直接放在文件中。追加重定向符的用法如示例 13-3.sh 所示。

【示例 13-3.sh】

```
#示例 13-3.sh  追加输出重定向符
#! /bin/bash

echo 显示数据文件 data.txt 中的内容
cat data.txt
echo

echo 使用输出重定向符并且显示重定向后的文件内容
cat data.txt > data_bak.txt
cat data_bak.txt

echo 使用追加方式进行重定向符并且显示重定向后的文件内容
cat data.txt >> data_bak.txt
cat data_bak.txt
```

为示例 13-3.sh 赋予可执行权限后执行脚本，具体操作步骤如下所示：

```
root@ben-laptop:~# chmod u+x 6-9.sh
root@ben-laptop:~# ./6-9.sh
显示数据文件 data.txt 中的内容
1
h
1

使用输出重定向符并且显示重定向后的文件内容
1
h
1
使用追加方式进行重定向符并且显示重定向后的文件内容
1
h
1
1
h
1
```

从示例 13-3.sh 的执行结果可以看出，使用追加重定向符可以保存原文件中的内容，而当前命令的执行结果将会以追加的方式存入已经存在的文件中。

13.2.3 永久重定向

在脚本中，如果存在很多的 echo 命令，使用重定向 echo 语句就会非常麻烦。为了编写脚本方便，需要在脚本执行的过程中，将所有的 echo 命令进行统一的重定向。在 Linux 系统中，可以使用 exec 命令来实现这个功能，如示例 13-4.sh 所示。

【示例 13-4.sh】

```
#示例 13-4.sh  永久重定向
ben@ubuntu:~/13$ cat 13-4.sh
#! /bin/bash
#永久重定向输出到文件
exec 1>13-4.log
echo '#! /bin/bash'
echo '永久重定向'
echo 'hello world'
echo bye
```

为示例 13-4.sh 赋予可执行权限后执行脚本，具体操作步骤如下所示：

```
ben@ubuntu:~/13$ chmod u+x 13-4.sh
ben@ubuntu:~/13$
ben@ubuntu:~/13$ ./13-1.sh
ben@ubuntu:~/13$ cat 13-1.log
#! /bin/bash
永久重定向
hello world
bye
```

从上面的运行结果可以看出，在使用 exec 命令将标准输出重定向到 13-4.log 之后，后面的 echo 命令就可以不使用重定向命令了，并且在整个脚本中都会生效，从而实现了在脚本执行过程中的永久重定向。

13.3　在脚本中重定向输入

如果某个脚本在运行时需要进行大量的输入操作，比如脚本每次运行都需要从键盘进行大量的输入操作，这个输入过程不但需要花费很长的时间，而且还会造成数据的输入错误。解决这个问题的方式就是，提前将需要输入的内容放到文件中，而后在脚本执行时，将输入源重定向到该文件，这样就减少了因为输入大量数据而造成的时间浪费，还可以保证脚本获取到的数据的正确性和一致性。输入重定向是指把标准输入重定向到指定的文件中。也就是说，在重定向以后，输入可以不需要来自键盘的输入，而是来自一个指定的文件。所以说，输入重定向主要用于改变一个命令的输入源，特别是改变那些需要大量输入的输入源。

在进行输入重定向时，使用输入重定向符号“<”来表示，使用该符号的一般形式如下所示：

```
命令 < 文件名
```

该符号类似于比较运算中的小于号，符号的左边是需要执行的命令，符号的右边是重定向后的数据输入源，可以用来提供左边的命令执行时需要的数据。如果在输入重定向符号的右边使用 0，那么该输入还是使用标准输入作为命令的输入数据源。

示例 13-5.sh 使用 wc 命令来获取输入信息中所包含的行数、单词数和字符数等信息。在脚本中，使用输入重定向来统计文件中的单词数和字符数，以此来讲解输入重定向的作用和用法。

【示例 13-5.sh】

```
#示例 13-5.sh  输入重定向符
#! /bin/bash

echo 显示 data.txt 中的内容
cat data.txt
echo
echo 显示 data.txt 中的行数
wc -l < data.txt

echo 显示 data.txt 中的字符数
wc -c < data.txt
```

为示例 13-5.sh 赋予可执行权限后执行脚本，具体操作步骤如下所示：

```
root@ben-laptop:~# chmod u+x 6-7.sh
root@ben-laptop:~# ./6-7.sh
显示 data.txt 中的内容
1
h
1

显示 data.txt 中的行数
3
显示 data.txt 中的字符数
6
```

从示例 13-5.sh 的执行结果可以看出，在使用了输入重定向以后，在执行 wc 命令时，需要统计的内容变成了文件 date.txt 中的内容，这样既减少了输入时系统的等待时间，也避免了在输入的过程中因为输入错误而产生脚本执行后统计结果不一致的错误。

在 Linux 系统中，由于大多数命令都以参数的形式在命令行上指定输入文件的文件名，所以输入重定向并不经常使用。尽管如此，在使用一个不接受文件名作为输入参数的命令，而需要的输入内容又存在一个文件里时，就能用输入重定向解决问题。

13.4 创建自己的重定向

在 Linux 系统中一般可以打开 9 个文件描述符，而每个进程启动的时候，除了自动打开标准输入、标准输出、标准错误 3 个文件描述符之外。用户还可以创建属于自己的文件描述符，也就是实现了创建自己的重定向。

13.4.1　创建输出文件描述符

创建输出文件描述符可以使用 exec 命令来实现。在脚本中使用 exec 命令给输出分配文件描述符之后，如果这个文件描述符分配给一个文件，那么这个重定向就会一直有效，直到重新分配新的文件描述符给另外一个文件。如示例 13-6.sh 所示。

【示例 13-6.sh】

```
#示例 13-6.sh  输出文件描述符
ben@ubuntu:~/13$ cat 13-6.sh
#! /bin/bash

echo 重建输出描述符
exec 3>13-6.log
echo '输出文字到 13-6.log 中'>&3
echo '再次输出文字到 13-6.log 中' >&3
echo 输出结束
```

为示例 13-6.sh 赋予可执行权限后执行脚本，具体操作步骤如下所示：

```
ben@ubuntu:~/13$ ./13-6.sh
重建输出描述符
输出结束
ben@ubuntu:~/13$ cat 13-6.log
输出文字到 13-2.log 中
再次输出文字到 13-2.log 中
ben@ubuntu:~/13$
```

在示例 13-6.sh 中展示了如何创建新的文件描述符。首先通过 exec 命令将描述符 3 重定向到文件 13-6.log 中，然后在使用 echo 命令进行数据输出时，使用重定向命令将输出内容部分展示在屏幕上，另外一部分展示在文件 13-6.log 中。这样就实现了自定义文件描述符 3，并且将该文件描述符重定向到其他文件中。

13.4.2　创建输入文件描述符

前面小节介绍了如何创建输出文件描述符，对于创建输入文件描述符来说，其方式和输出文件描述符类似，都需要使用 exec 命令来实现。具体如示例 13-7.sh 所示。

【示例 13-7.sh】

```
#示例 13-7.sh  输入文件描述符
ben@ubuntu:~/13$ cat 13-7.sh
#! /bin/bash

echo 重建输入描述符
exec 3<&0
```

```
exec 0<13-7.sh

while read line
do
   echo "   $line"
done
exec 0<&3
echo 输出结束
```

为示例13-7.sh赋予可执行权限后执行脚本，具体操作步骤如下所示：

```
ben@ubuntu:~/13$ chmod u+x 13-7.sh
ben@ubuntu:~/13$ ./13-3.sh
重建输入描述符
   #! /bin/bash

   echo 重建输入描述符
   exec 3<&0
   exec 0<13-3.sh

   while read line
   do
   echo "   $line"
   done
   exec 0<&3
   echo 输出结束
输出结束
ben@ubuntu:~/13$
```

在示例13-7.sh中，我们实现了创建新的输入文件描述符3来读取文件13-7.sh中的内容。在示例中，首先使用exec命令将标准输入描述符重定向到描述符3，然后将文件13-7.sh定向到标准输入描述符。通过在while循环中使用read命令的方式来循环读取文件13-7.sh中的内容，从而实现了自定义输入文件描述符。

13.4.3 关闭文件描述符

当不再使用创建的文件描述符后，就需要将其关闭，以防止造成系统资源浪费。在Shell脚本中，关闭文件描述符同样使用exec命令，使用该命令将要关闭的文件描述符重定向到&-，就实现了关闭文件描述符。在关闭文件描述符之后，如果再次打开同一个文件描述符，再次写入的数据就会将上一次的数据覆盖掉，而只保留最近一次的记录。

关闭文件描述符的演示如示例13-8.sh所示。

【示例13-8.sh】

```
#示例13-8.sh  关闭文件描述符
ben@ubuntu:~/13$ cat 13-8.sh
```

```
#! /bin/bash

echo 打开文件描述符示例
exec 3>13-8.log
echo '第一次打开文件描述符后进行输入'>&3
echo '关闭文件描述符'
echo 3>&-
echo
echo '查看文件 13-8.log 中的内容'
cat 13-8.log
echo 再次打开文件描述符示例
exec 3>13-8.log
echo '第二次打开文件描述符后进行输入'>&3
echo '关闭文件描述符'
echo
echo '查看文件 13-8.log 中的内容'
cat 13-8.log
```

为示例 13-8.sh 赋予可执行权限后执行脚本，具体操作步骤如下所示：

```
ben@ubuntu:~/13$ chmod u+x 13-4.sh
ben@ubuntu:~/13$ ./13-4.sh
打开文件描述符示例
关闭文件描述符


查看文件 13-4.log 中的内容
第一次打开文件描述符后进行输入
再次打开文件描述符示例
关闭文件描述符

查看文件 13-4.log 中的内容
第二次打开文件描述符后进行输入
ben@ubuntu:~/13$
```

在示例 13-8.sh 中展示了如何关闭文件描述符。在关闭了文件描述符 3 之后再打开该描述符，就会发现第一次输入的内容已经被第二次的内容覆盖了。因此，在关闭文件描述符的时候需要额外注意，防止第一次打开的有用内容被覆盖掉。

13.5 其他常用操作

除了前面介绍的文件描述符的操作之外，在日常工作中还有其他的常用操作。本节将介绍如何列出打开的文件描述符和清除所有输出这两个操作，对于其他操作，读者可以根据实际需要，利用所学的知识灵活运用。

13.5.1 列出打开的文件描述符

在前面的讲解中，我们了解到用户能使用的文件描述符只有 9 个，而在 Linux 系统中打开的文件描述却会出现很多。如果想管理这些文件描述符，就需要知道已经打开了哪些描述符，在 Linux 系统中可以使用 lsof 命令来实现这个功能。

lsof 命令不仅可以查看进程打开的文件、目录，还可以查看进程监听的端口等 socket 相关的信息，常用的选项如表 13-1 所示。

表 13-1 lsof 命令常用选项

选　项	作　用
-a	列出打开文件存在的进程（结果进行“与”运算）
-c <进程名>	列出指定进程所打开的文件
-d <文件描述符>	列出占用该文件号的进程
+D <目录>	递归输出指定目录下被打开的文件和目录
-p <进程号>	输出指定 PID 的进程所打开的文件
-u	输出指定用户打开的文件

在表 13-1 展示了 lsof 常用的部分选项，通过这些选项能够帮助我们更好地了解哪些文件描述符被哪些进程打开。如查看当前 Shell 中打开了哪些文件描述符，其用法如下所示：

```
ben@ubuntu:~/13$ lsof -a -p $$|more
COMMAND  PID USER   FD   TYPE DEVICE SIZE/OFF   NODE NAME
bash    2381 ben  cwd    DIR    8,1     4096 529449 /home/ben/13
bash    2381 ben  rtd    DIR    8,1     4096      2 /
bash    2381 ben  txt    REG    8,1  1113504 262151 /bin/bash
bash    2381 ben  mem    REG    8,1    47568 792627 /lib/x86_64-linux-gnu/libn
ss_files-2.27.so
```

上面的示例展示了在当前的 Shell 中打开了哪些文件描述符，因为打开的描述符很多，因此我们使用 more 命令展示其中部分的文件描述符。lsof 命令默认输出的各列的说明如表 13-2 所示。

表 13-2 lsof 默认输出各列作用

选　项	作　用
COMMAND	程序的名称
PID	进程 Id 号
USER	进程所有者
FD	文件描述符
TYPE	文件类型，如 DIR、REG 等
DEVICE	设备编号，使用逗号进行分隔
SIZE/OFF	文件的大小（bytes）
NODE	文件的索引节点
NAME	打开的文件的详细名称

在表13-2中展示了lsof命令的默认输出项目及其作用，其中FD 列中的常见内容如下所示：

```
cwd 表示当前的工作目录
rtd 表示根目录
txt 表示程序的可执行文件
mem 表示内存映射文件：
```

除此之外还能说明文件的读写模式，该模式一般使用以下字母表示：

```
r 表示只读模式
w 表示只写模式
u 表示该文件被打开并处于读取/写入模式
```

TYPE 列中常用的文件类型标识如下所示：

```
REG 表示普通文件和目录
DIR 表示目录
CHR 表示字符
BLK 表示块设备
unix 表示 UNIX domain 套接字
fifo 表示先进先出(FIFO)队列
IPv4/IPv6 表示 IPv4/IPv6 套接字
```

通过这些命令和常用的选项，可以更加详细地了解文件描述符的“由来”。

13.5.2 清空命令输出

前面我们介绍了在命令输出的时候可以通过重定向将输出的内容输出到日志文件中。在某些情况下，我们需要将所有的输出全都清除掉，即不保留任何的输出信息，这就需要将所有的输出都重定向到文件/dev/null中。

文件/dev/null是系统中的特殊文件，可以认为是一个特殊的回收站，该回收站中不保存任何的内容，一旦输出到该文件中，那么就会立刻被系统丢弃，因此该文件永远都是个空文件。如下面的示例所示：

```
ben@ubuntu:~/13$ lsof -a -p  $$ >lsof.log
ben@ubuntu:~/13$ cat lsof.log
COMMAND  PID USER  FD   TYPE DEVICE SIZE/OFF   NODE NAME
bash    2381  ben  cwd   DIR    8,1     4096 529449 /home/ben/13
bash    2381  ben  rtd   DIR    8,1     4096      2 /
bash    2381  ben  txt   REG    8,1  1113504 262151 /bin/bash
bash    2381  ben  mem   REG    8,1    47568 792627 /lib/x86_64-linux-gnu/
libnss_files-2.27.so
……
ben@ubuntu:~/13$ lsof -a -p  $$ >/dev/null
ben@ubuntu:~/13$ cat /dev/null
ben@ubuntu:~/13$
```

在上面的示例中，我们首先将lsof命令的输出结果重定向到文件lsof.log中，而在查看文件内容后也发现，lsof.log 中保存了 lsof 命令的内容。当重定向到文件/dev/null 中之后，并没有将内容保存下来，而是全部的清空了。因此，在使用该文件时需要确认是否需要保存，否则会造成不必要的损失。

/dev/null 除了作为输出重定向的目标文件之外，还能作为输入重定向来清空某些文件中的内容。如下面的示例所示：

```
ben@ubuntu:~/13$ cat /dev/null > lsof.log
ben@ubuntu:~/13$ cat lsof.log
ben@ubuntu:~/13$
```

上面的示例实现了快速清空文件 lsof.log 中的内容，而文件本身被保留了下来，不用先通过删除文件再重建的方式来实现。

13.5.3 记录消息

我们在进行日志等消息的记录时，为了操作方便一般需要将输出信息输出到屏幕上，而这些信息也有必要存储在文件中。如果使用两次重定向来实现这个功能就会显得非常麻烦。因此，我们需要学习一个新的命令 tee 来实现这种操作。

tee 命令可以将输出的记录分发到两个地方，一个是发送到 STDOUT 即标准屏幕上，一个是发送到文件中。默认的情况，写入文件的内容会覆盖文件原有的内容，如果想一直保存文件中的内容，需要使用-a 选项采用追加的方式。tee 命令的用法如示例 13-9.sh 所示。

【示例 13-9.sh】

```
#示例 13-9.sh  记录信息
ben@ubuntu:~/13$ cat 13-9.sh
#! /bin/bash

echo 使用 tee 命令的默认方式，将 testfile 的内容写入 13-9.log，同步展示到屏幕
cat testfile|tee 13-9.log
echo
echo 第一次查看日志 13-9.log 中的内容
cat 13-9.log
echo

echo 再次使用 tee 命令，获取当前时间
date|tee 13-9.log
echo 第二次查看日志 13-9.log 中的内容
cat 13-9.log
echo
echo 使用 tee 命令的追加的方式使用
cat testfile|tee -a 13-9.log
echo
echo 第三次查看日志 13-9.log 中的内容
cat 13-9.log
```

为示例 13-9.sh 赋予可执行权限后执行脚本，具体操作步骤如下所示：

```
ben@ubuntu:~/13$ chmod u+x 13-5.sh
ben@ubuntu:~/13$ ./13-5.sh
使用 tee 命令的默认的方式，将 testfile 的内容写入 13-5.log，同步展示到屏幕
hello world

第一次查看日志 13-5.log 中的内容
hello world

再次使用 tee 命令，获取当前时间
Tue Feb 18 03:13:49 PST 2020
第二次查看日志 13-5.log 中的内容
Tue Feb 18 03:13:49 PST 2020

使用 tee 命令的追加的方式使用
hello world

第三次查看日志 13-5.log 中的内容
Tue Feb 18 03:13:49 PST 2020
hello world
```

在示例 13-9.sh 中展示了如何使用 tee 命令将输出的内容一方面展示到屏幕上，同时将展示的内容写入到指定的文件中，使用-a 选项还可以实现以追加的方式添加文件内容。

13.6　小　　结

本章主要介绍了如何通过文件描述符来处理执行 Shell 脚本时的输入和输出。文件描述符可以用来标识打开的文件，还用来记录一些文件的信息。而重定向则赋予了标准的文件描述符更加丰富的生命力，使其能够处理更多的内容。

重定向一般用来重新定义输入的源头或输出的目的地。对于输出重定向来说，除了能将输出转移到其他位置之外，还能够根据实际需要，进行追加重定向或者将重定向进行永久的固定。而输入重定向一般是将文件中的内容作为输入信息传递给脚本，从而实现更加丰富的脚本执行参数。

除了标准的重定向之外，用户还能创建属于自己的重定向。也就是通过创建输出文件描述符、输入文件描述符来实现了用户自己的重定向。

Linux 系统为了更好地操作文件，还提供了很多关于文件描述符的操作，常用的操作如列出当前系统中打开的文件描述符、清空命令输出、记录日志信息等功能，真是任重道远，我们还需要掌握这些常用的功能来简化自己的日常运维工作。

第 14 章

图形化 Shell 编程

前面章节讲解了 Shell 脚本的编写方法，这些脚本都用简单的文字来描述，运行结果也是用文字来表达的，缺乏图形化的运行效果。在实际应用中，脚本运行过程一点也不直观。为了达到直观的效果，在 Shell 脚本运行时，可以对其进行图形化，使 Shell 脚本的运行过程脱离纯文字。

本章的主要内容如下：

- 窗口的添加，即 dialog 软件包的使用
- 在 Shell 脚本运行时添加颜色效果
- 菜单的创建

14.1 创建文本菜单

在 Windows 系统以及 Linux 系统中经常出现菜单栏，一般会将所有可能出现的操作选项放到一起，作为一个菜单，而用户需要做的就是按照自己的需求，从所有的菜单项中选择适合自己的操作项目。在 Shell 脚本中也可以实现类似的功能，本节将模拟实现计算器的基本功能来展示菜单的创建和使用。

14.1.1 创建菜单

在 Shell 脚本中创建菜单，可以使用 dialog 命令中的--menu 选项来完成，也可以使用 case 命令来实现。本小节主要介绍如何使用 case 命令创建菜单。

我们可以使用 echo 命令来显示菜单项。在显示菜单项时，一般会为每个菜单选项设计一个编号，这样方便用户选择。使用 echo 命令创建菜单项的脚本如示例 14-1.sh 所示。

【示例 14-1.sh】

```
#示例 14-1.sh  使用 echo 命令创建菜单
#! /bin/bash

echo 请按照菜单项选择进行操作的方式
echo  -n "1  加法"
echo "2  减法"
echo  -n "3  乘法"
echo  "4  除法"
echo  "5  退出"
```

为示例 14-1.sh 赋予可执行权限后执行脚本，具体操作步骤如下所示：

```
ben@ben-laptop:~$chmod u+x  14-1.sh
ben@ben-laptop:~$./14-1.sh
请按照菜单项选择进行操作的方式
1  加法    2  减法
3  乘法    4  除法
5  退出
```

当菜单栏显示到屏幕上以后，需要用户根据需要进行选择。选择时用户输入数字或是单个字符，因此可以使用 read 命令来获取用户的输入。为了保证用户输入的是单个字符，本例使用-n 选项来进行限定。使用-n 选项后，不需要按 Enter 键，当用户输入一个字符以后，自动将输入的字符赋值给变量。read 命令的用法如示例 14-2.sh 所示。

【示例 14-2.sh】

```
#示例 14-2.sh  输入操作方式
#! /bin/bash

echo -n 请输入选项方式:
read -n choose
echo 用户选择的是：$choose
```

为示例 14-2.sh 赋予可执行权限后执行脚本，具体操作步骤如下所示：

```
ben@ben-laptop:~$chmod u+x  14-2.sh
ben@ben-laptop:~$./14-2.sh
请输入选项方式：1
用户选择的是：1
```

示例 14-1.sh 和示例 14-2.sh 的作用是对用户进行友好性提示，提示用户当前应该进行何种操作，并且获取用户输入的操作方式，从而为后续的操作进行必要的数据准备。

14.1.2　创建子菜单函数

在高级编程语言中，一般使用函数来实现各个子模块。比如整个菜单栏的显示、子菜单功能的实现等，都可以使用函数来实现。函数可以将某些比较独立的功能封装到一起，在第 11 章已经介绍了如何使用函数，现在就利用函数的知识来解决这个实际问题。使用函数实现加、减、乘、除这 4 种运算。

在进行计算之前，需要首先输入两个数值作为计算的数据，输入整数也是使用 read 命令为两个变量赋值，如示例 14-3.sh 所示。

【示例 14-3.sh】

```
#示例 14-3.sh  输入两个操作数
#! /bin/bash

echo -n 请输入第一个操作数：
read  num1

echo -n 请输入第一个操作数：
read num2
echo 输入的操作数为$num1 和$num2
```

为示例 14-3.sh 赋予可执行权限后执行脚本，具体操作步骤如下所示：

```
ben@ben-laptop:~$chmod u+x  16-15.sh
ben@ben-laptop:~$./16-15.sh
请输入第一个操作数：10
请输入第一个操作数：14
输入的操作数为 10 和 14
```

对于每一个子菜单来说，都可以使用一个子函数来实现。这些子函数可以通过 case 命令连接在一起，从而构成整个程序的主体部分。case 命令的作用就是根据从菜单选择的字符调用该字符对应的菜单，类似于高级语言中的 switch 结构。case 命令的用法如示例 14-4.sh 所示。

【示例 14-4.sh】

```
#示例 14-4.sh  数据操作部分
#! /bin/bash

case $choose in
1)echo $num1 + $num2 = $((num1+num2));;
2)echo $num1 - $num2 = $((num1-num2));;
3)echo $num1 * $num2 = $((num1*num2));;
4)echo $num1 /  $num2 = $((num1/num2));;
5)return 0;;
*)echo 输入错误
esac;;
```

从示例 14-4.sh 可以看出，根据输入的不同选择 case 结构中不同的分支，从而实现不同的操作方式。

对于示例 14-4.sh 来说，除了可以使用 case 结构之外，还可以使用 if-then-else 结构来实现不同的操作方式，如示例 14-5.sh 所示。

【示例 14-5.sh】

```
#示例 14-5.sh  使用 if 结构代替 case 结构
#! /bin/bash

if [  $choose -eq 1 ]
then
   echo $num1 + $num2 = $((num1+num2))
elif [  $choose -eq 2 ]
then
   echo $num1 - $num2 = $((num1-num2))
elif [  $choose -eq 3 ]
then
   echo $num1 * $num2 = $((num1*num2))
elif [  $choose -eq 4 ]
then
   echo $num1 / $num2 = $((num1/num2))
else
then
   echo 输入错误
fi
```

14.1.3　脚本的整合——实现一个计算器

通过上面的讲解，计算器程序的 Shell 脚本版已经初具规模，剩下的工作就是将上面相关的脚本按照流程进行整合，从而完成计算器脚本。该计算器的设计思路如图 14-1 所示。

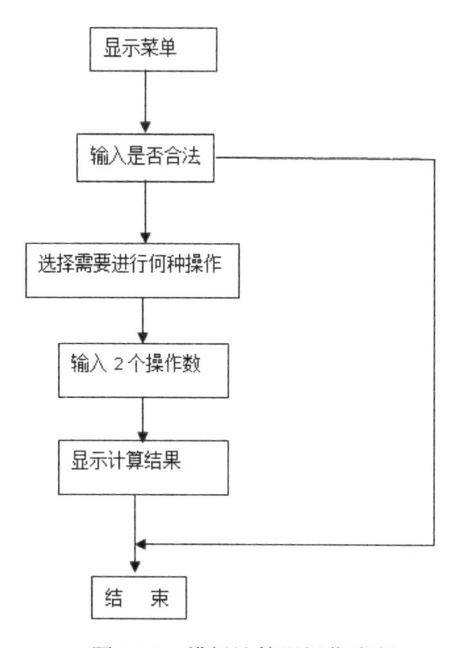

图 14-1　模拟计算器操作流程

从图 14-1 可以看出，在脚本执行以后，首先要将菜单显示出来，使用户可以选择何种操作。当用户选择了某种操作以后，判断用户的选择是否正确，只有正确的选择才能进行后面的操作。如果用户选择错误，就结束脚本的运行。选择了正确的操作以后，根据提示输入用于操作的两个操作数，然后根据用户选择的操作以及输入的操作数进行数据计算，并将结果显示出来。具体内容如示例 14-6.sh 所示。

【示例 14-6.sh】

```
#示例 14-6.sh  脚本的整合
#! /bin/bash

./14-3.sh
./14-1.sh
./14-2.sh
./14-4.sh
```

为示例 14-6.sh 赋予可执行权限后执行脚本，具体操作步骤如下所示：

```
ben@ben-laptop:~$chmod u+x  14-6.sh
ben@ben-laptop:~$./ 14-6.sh
请输入第一个操作数：10
请输入第一个操作数：14
输入的操作数为 10 和 14
请按照菜单项选择进行操作的方式
1  加法      2  减法
3  乘法      4  除法
5  退出
请输入选项方式：1
用户选择的是：1
10+14=24
```

从示例 14-6.sh 的执行结果可以看出，使用 echo 命令能够按照菜单的方式进行输出，而使用 case 结构可以根据用户的输入方式来进行相应的处理。

说　明
示例 14-6.sh 还可以使用循环结构来使得整个操作过程可以循环进行，从而使得用户能够进行多次操作。

14.1.4 使用 select 命令实现菜单

在创建菜单项目时除了使用上面的方式之外，还可以使用 select 命令来实现。select in 是 Shell 独有的一种循环，在其他编程语言中没有这种方式。select in 循环具有极强的交互性，命令执行时能显示出带编号的菜单，用户在执行菜单时仅需要输入不同的编号，就可以实现选择不同的菜单，从而执行该菜单对应的功能。该命令的常用方式如下所示：

```
select variable in value_list
do
   statements
done
```

在上面的示例中，variable 表示变量，该变量作为在代码体中使用的变量；value_list 表示变量能够获取数值的取值列表，而代码体也可以和 case 命令一块使用，从而方便编写脚本。select 命令的用法如示例 14-7.sh 所示。

【示例 14-7.sh】

```
#示例 14-7.sh  select 命令使用示例
#!/bin/bash
echo -n 请输入第一个操作数：
read  num1

echo -n 请输入第一个操作数：
read num2
echo 输入的操作数为$num1 和$num2

echo "请输入操作符:"
select operate in "+"  "-"   "*"   "/"
do
  case $choose in
  "+" )echo $num1 + $num2 = $((num1+num2));;
  "-")echo $num1 - $num2 = $((num1-num2));;
  "*")echo $num1 * $num2 = $((num1*num2));;
  "/")echo $num1 /  $num2 = $((num1/num2));;
esac;;
done
```

为示例 14-7.sh 赋予可执行权限后执行脚本，具体操作步骤如下所示：

```
ben@ben-laptop:~$chmod u+x  14-7.sh
ben@ben-laptop:~$./ 14-7.sh
请输入第一个操作数：10
请输入第一个操作数：14
输入的操作数为 10 和 14
请输入操作符:
1） 加法
2） 减法
3） 乘法
4） 除法
请输入选项方式：3
10 * 14= 140
```

从示例 14-7.sh 中可以看出，使用了 select 指令之后，可以非常方便地输出菜单项，并且菜单项上带着编号，只需要输入编号就可以操作相应的功能。

14.2 制作窗口

现在最常用的操作系统是Windows和Linux，在使用这两个系统的过程中，经常会出现各种窗口，Shell也可以使用dialog软件包来实现窗口的效果。本节将讲解如何在Shell脚本中使用窗口。

14.2.1 使用dialog包

dialog软件包是Linux系统中常用的软件包，该软件包最初是由Savio Lam设计，它利用了ANSI转义控制码在文本环境中创建标准的Windows窗口，从而在Shell脚本中可以使用窗口的方式实现文本的交互。

如果用户是第一次使用dialog软件，需要安装dialog的相关软件包，因为Linux系统默认是不安装dialog软件的。可以使用apt-get命令进行安装，安装过程如下所示：

```
ben@ben-laptop:sudo apt-get install dialog
[sudo] password for ben:
正在读取软件包列表... 完成
正在分析软件包的依赖关系树
正在读取状态信息... 完成
下列【新】软件包将被安装：
  dialog
升级了 0 个软件包，新安装了 1 个软件包，要卸载 0 个软件包，有 313 个软件包未被升级
需要下载 271kB 的软件包
解压缩后会消耗掉 1,466kB 的额外空间
获 取 ： 1  http://cn.archive.ubuntu.com/ubuntu/  lucid/universe  dialog
1.1-20080819-1 [271kB]
下载 271kB，耗时 1 秒 (158kB/s)
选中了曾被取消选择的软件包 dialog
(正在读取数据库 ... 系统当前总共安装有 162467 个文件和目录)
正在解压缩 dialog (从 .../dialog_1.1-20080819-1_i386.deb) ...
正在处理用于 man-db 的触发器...
正在设置 dialog (1.1-20080819-1) ...
```

在运行了apt-get命令之后，系统首先查找dialog程序相关的软件包以及软件包之间的依赖关系，当找到之后，就会按照软件包的依赖关系进行自动安装。安装完成后，dialog就能正常使用了。

在进行dialog的安装过程中，要保证网络的畅通，并且只有root用户才能进行软件安装。如果使用普通用户进行安装，那么就需要使用sudo命令来提升命令的执行权限。

14.2.2 dialog帮助选项

dialog命令在创建不同的窗口时，需要使用不同的输出格式，面对数量众多的选项和参数，一般人不会选择将所有的内容都记下来，这样很浪费时间，而且长时间不用还会遗忘。幸好dialog命令提供了一个--help选项，能够详细展示dialog命令的使用信息。命令如下所示：

```
ben@ben-laptop:~$ dialog --hellp
cdialog (ComeOn Dialog!) version 1.1-20080819
Copyright 2000-2007,2008 Thomas E. Dickey
This is free software; see the source for copying conditions.  There is NO
warranty; not even for MERCHANTABILITY or FITNESS FOR A PARTICULAR PURPOSE.

* Display dialog boxes from shell scripts *

Usage: dialog <options> { --and-widget <options> }
where options are "common" options, followed by "box" options

Special options:
  [--create-rc "file"]
Common options:
  [--ascii-lines] [--aspect <ratio>] [--backtitle <backtitle>]
  [--begin <y> <x>] [--cancel-label <str>] [--clear] [--colors]
  [--column-separator <str>] [--cr-wrap] [--default-item <str>]
  [--defaultno] [--exit-label <str>] [--extra-button]
  [--extra-label <str>] [--help-button] [--help-label <str>]
  [--help-status] [--ignore] [--input-fd <fd>] [--insecure]
  [--item-help] [--keep-tite] [--keep-window] [--max-input <n>]
  [--no-cancel] [--no-collapse] [--no-kill] [--no-label <str>]
  [--no-lines] [--no-ok] [--no-shadow] [--nook] [--ok-label <str>]
  [--output-fd <fd>] [--output-separator <str>] [--print-maxsize]
  [--print-size] [--print-version] [--quoted] [--separate-output]
  [--separate-widget <str>] [--shadow] [--single-quoted] [--size-err]
  [--sleep <secs>] [--stderr] [--stdout] [--tab-correct] [--tab-len <n>]
  [--timeout <secs>] [--title <title>] [--trace <file>] [--trim]
  [--version] [--visit-items] [--yes-label <str>]
Box options:
  --calendar     <text> <height> <width> <day> <month> <year>
  --checklist     <text> <height> <width> <list height> <tag1> <item1>
<status1>...
  --dselect      <directory> <height> <width>
  --editbox      <file> <height> <width>
  --form         <text> <height> <width> <form height> <label1> <l_y1> <l_x1>
<item1> <i_y1> <i_x1> <flen1> <ilen1>...
  --fselect      <filepath> <height> <width>
  --gauge        <text> <height> <width> [<percent>]
  --infobox      <text> <height> <width>
  --inputbox     <text> <height> <width> [<init>]
  --inputmenu    <text> <height> <width> <menu height> <tag1> <item1>...
  --menu         <text> <height> <width> <menu height> <tag1> <item1>...
  --mixedform    <text> <height> <width> <form height> <label1> <l_y1> <l_x1>
<item1> <i_y1> <i_x1> <flen1> <ilen1> <itype>...
```

```
    --mixedgauge   <text> <height> <width> <percent> <tag1> <item1>...
    --msgbox      <text> <height> <width>
    --passwordbox  <text> <height> <width> [<init>]
    --passwordform <text> <height> <width> <form height> <label1> <l_y1> <l_x1>
<item1> <i_y1> <i_x1> <flen1> <ilen1>...
    --pause       <text> <height> <width> <seconds>
    --progressbox  <height> <width>
    --radiolist     <text>  <height>  <width>  <list  height>  <tag1>  <item1>
<status1>...
    --tailbox     <file> <height> <width>
    --tailboxbg    <file> <height> <width>
    --textbox     <file> <height> <width>
    --timebox     <text> <height> <width> <hour> <minute> <second>
    --yesno       <text> <height> <width>

  Auto-size with height and width = 0. Maximize with height and width = -1.
  Global-auto-size if also menu_height/list_height = 0.
```

从上面的运行结果可以看出，使用--help 可以将 dialog 命令中的所有窗口类型，以及创建这些窗口时能够使用的参数展现出来，这样就免去了记忆所有内容的麻烦。初学者只需要记住：遇到问题时先使用--help 选项即可。

14.2.3 dialog 命令的使用

dialog 软件包的功能由 dialog 命令来实现，dialog 命令的使用方式如下所示：

```
dialog  --窗口类型  --参数
```

dialog 能够将需要显示的内容显示在确定的窗口上。窗口类型前面一般使用双横线“--”进行标识。dialog 命令常用的窗口类型如表 14-1 所示。

表 14-1 dialog 命令使用的命令行参数

命令行参数	作　用
calendar	显示日历
checklist	复选框
form	表单
editbox	编辑框
fselect	文件选择窗口，即平时上传本地文件时的那个窗口
gauge	进度条
infobox	弹出一个文本信息，不需要等待回应
inputbox	文本框
inputmenu	可编辑菜单
menu	选择菜单
msgbox	弹出一个文本信息，需要用户选择，并单击 OK 按钮确认

（续表）

命令行参数	作　用
pause	暂停页
passwordbox	密码文本框，输入的任何内容显示为*
passwordform	密码表单
radiolist	单选按钮选框
tailbox	显示 tail 命令类似内容
tailboxbg	加个背景的 tailbox
textbox	文本窗口，如果一屏显示不了，可以滚动在整个窗口显示
timebox	选择时间的文本框
yesno	显示 yes 和 no 按钮

从表 14-1 中描述的 dialog 窗口类型可以看出，在 Shell 脚本中，通过 dialog 命令的特定选项就可以创建 Windows 系统中常用的窗口类型。如示例 14-8.sh 所示。

【示例 14-8.sh】

```
#示例 14-8.sh  dialog 命令创建简单的 Windows 窗口
#! /bin/bash
   ,
echo 创建普通的消息窗口
dialog --msgbox "hello world" 10 20
```

为示例 14-8.sh 赋予可执行权限后执行脚本，具体操作步骤如下所示：

```
ben@ben-laptop:~$chmod u+x  14-8.sh
./ 14-8.sh
```

从示例 14-8.sh 的执行结果（见图 14-2）可以看出，使用--msgbox 命令实现了创建一个尺寸为 10×20 的窗口，它类似于 Windows 系统中的消息窗口，再添加了特定的信息以后，就能实现不同的给功能。

图 14-2　模拟计算器操作流程

dialog 命令还可以使用参数来丰富窗口的内容，如添加标题、背景颜色、显示某些按钮等。dialog 命令常用的选项如表 14-2 所示。

表 14-2　dialog 命令的常用选项

选　项	作　用
--backtitle	背景标题
--begin y x	用于指定窗口的位置，y 为离上边缘的距离，x 离左边缘的距离
--colors	使用\Z 开始，\ZN 结束框起来
--defaultno	确定默认的按钮是在【YES】按钮还是【NO】按钮
--default-item	如果是个多选框，默认选中的条目
--insecure	使用密码框时是否显示密码为*，默认显示为星号
--nocancel	不显示【CANCEL】按钮
--nook	不显示【OK】按钮
--no-shadow	文本框是否有阴影，默认有阴影
--ok-label	默认 label 显示【OK】按钮
--timeout	如果给出一个窗口，什么都不做的话，超时时间是多少
--title	确定标题内容

在表 14-2 中展示了 dialog 命令的常用选项，可以选择一个选项单独使用，还可以使用多个选项共同使用。这些选项的简单用法如示例 14-9.sh 所示。

【示例 14-9.sh】

```
#示例 14-9.sh  dialog 命令常用选项使用
#! /bin/bash

echo 创建有背景标题的窗口
dialog --title "test" --msgbox "hello world" 10 20
```

为示例 14-9.sh 赋予可执行权限后执行脚本，具体操作步骤如下所示：

```
ben@ben-laptop:~$chmod u+x  14-9.sh
ben@ben-laptop:~$./14-9.sh
```

从示例 14-9.sh 的运行结果（见图 14-3）可以看出，在添加了--title 选项以后，现实的窗口中出现了标题栏，这样可以使得窗口的功能更加明显。

图 14-3　模拟计算器操作流程

窗口部件可以和 Bash 实现数据的交互，所有的部件都提供两种输出方式：

- 使用标准错误 STDERR。
- 使用特定的退出代码状态。

使用 STDREE 可以将 dialog 输出的内容显示到屏幕上，还可以使用重定向技术将 STDERR 重定向到其他的文件。

dialog 返回的特定退出代码取决于选择的是哪个按钮，如果选择【YES】按钮或是【OK】按钮，那么 dialog 的退出代码为 0，如果选择【NO】按钮或是【CANCEL】按钮，那么 dialog 的退出代码 1。关于 dialog 返回状态如示例 14-10.sh 和示例 14-11.sh 所示。

【示例 14-10.sh】

```
#示例 14-10.sh  dialog 命令返回值 1
#! /bin/bash

echo 创建窗口，选择 yes 按键
dialog --yesno --title “提示框” “是否删除” 10 20
echo 返回值是$?
```

为示例 14-10.sh 赋予可执行权限后执行脚本，具体操作步骤如下所示：

```
ben@ben-laptop:~$chmod u+x  14-10.sh
ben@ben-laptop:~$./14-10.sh
```

运行结果如图 14-4 所示。

图 14-4 模拟计算器操作流程

示例 14-11.sh 的内容如下所示。

【示例 14-11.sh】

```
#示例 14-11.sh  dialog 命令返回值 2
#! /bin/bash

echo 创建窗口，选择 no 按键
```

```
dialog --yesno --title "提示框" "是否删除" 10 20
echo 返回值是$?
```

为示例 14-11.sh 赋予可执行权限后执行脚本，具体操作步骤如下所示：

```
ben@ben-laptop:~$chmod u+x  14-11.sh
ben@ben-laptop:~$./14-11.sh
```

从示例 14-10.sh 和示例 14-11.sh 的运行结果（见图 14-5）可以看出，在退出时选择不同的按钮，那么 dialog 命令的退出状态就会不同，这样就可以判断在选择退出方式时具体选择的是哪个按钮。

图 14-5　模拟计算器操作流程

说　明
在 Bash 中，一般使用标准变量$?来获取 dialog 窗口的返回代码，从而进一步获取用户选择了哪个按钮的信息。

14.2.4　常用窗口示例

1. 消息窗口

消息窗口一般用来显示需要输出的提示性信息，在窗口上一般提供一个【OK】按钮，当用户单击了【OK】按钮以后，该消息窗口就会退出，而该窗口的返回状态是 0。使用 dialog 命令显示消息窗口的基本格式如下所示：

```
dialog --msgbox text height width
```

在上面的表达式中，text 是在消息窗口中现实的内容，参数 height 和 width 表示窗口的高度和宽度，使用这两个参数以后，文本可以自动地进行调整以适应窗口的大小。在使用消息窗口时，还可以使用--title 参数来表示窗口的标题。消息窗口如示例 14-12.sh 所示。

【示例 14-12.sh】

```
#示例 14-12.sh  消息窗口使用示例
```

```
#! /bin/bash

echo 创建消息窗口
dialog --title "消息窗口实例" --msgbox "显示窗口" 20 20
```

为示例 14-12.sh 赋予可执行权限后执行脚本，具体操作步骤如下所示：

```
ben@ben-laptop:~$chmod u+x  14-12.sh
ben@ben-laptop:~$./ 14-12.sh
```

从示例 14-12.sh 的运行结果（见图 14-6）可以看出，改变了创建窗口的尺寸之后，创建出来的窗口的大小会随之变化。因此在创建窗口时，需要使得窗口的大小正好合适，否则会影响运行结果的整体效果。

图 14-6　模拟计算器操作流程

2. yesno 窗口

yesno 窗口在底部出现两个按钮：【YES】按钮和【NO】按钮，允许用户可以根据实际需要选择【YES】按钮或【NO】按钮，如果选择【YES】按钮，那么该窗口的返回状态为 0；如果选择【YES】按钮，那么该窗口的返回状态为 1。在选择按钮时，可以使用鼠标单击要选择的按钮，也可以使用 Enter 键或空格键来选择按钮。关于 yesno 窗口如示例 14-13.sh 所示。

【示例 14-13.sh】

```
#示例 14-13.sh  yesno 窗口使用示例
#! /bin/bash

dialog --title "是否保存" --yesno  "请确认是否保存？" 10 20
```

为示例 14-13.sh 赋予可执行权限后执行脚本，具体操作步骤如下所示。

```
ben@ben-laptop:~$chmod u+x  14-13.sh
ben@ben-laptop:~$./ 14-13.sh
```

从示例 14-13.sh 的运行结果（见图 14-7）可以看出，yesno 窗口中出现了可供选择的两个按钮【是】和【否】。用户可以根据实际需要进行选择。

yesno 窗口的默认选择按钮是【YES】按钮，默认按钮就是在窗口创建以后，自动选择的按钮，这个默认按钮可以通过--defaultno 进行修改。关于默认按钮的选择如示例 14-14.sh 所示。

图 14-7　模拟计算器操作流程

【示例 14-14.sh】

```
#示例 14-14.sh  yesno 窗口默认按钮
#! /bin/bash

echo 修改默认按钮
dialog --title "是否保存"  --defaultno --yesno "请确认是否保存？" 10 20
```

为示例 14-14.sh 赋予可执行权限后执行脚本，具体操作步骤如下所示：

```
ben@ben-laptop:~$chmod u+x  14-14.sh
ben@ben-laptop:~$./ 14-14.sh
```

从示例 14-14.sh 的运行结果（见图 14-8）可以看出，在使用了--defaultno 选项后，yesno 窗口的默认选项变成了【否】按钮。通过这种方式可以改变该窗口的默认选择方式，尤其是那些大部分需要选择“否”的情形。

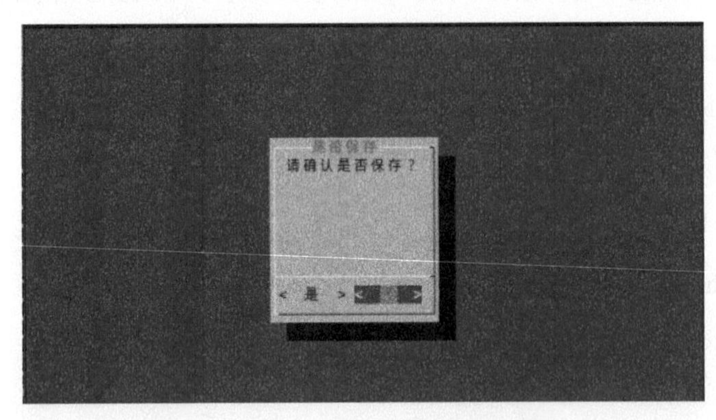

图 14-8　模拟计算器操作流程

3. 文本框的使用

文本框一般用来输入或是输出一些文本信息。常用的文本框有编辑框和文本框，在编辑框中可以进行文本的输入和编辑，而文本框只能实现既定文本的输出，如示例 14-15.sh 所示。

【示例 14-15.sh】

```
#示例 14-15.sh  使用格式控制码
#! /bin/bash

echo 显示输入框
dialog --inputbox "请输入信息" 10 20 "hello world"

echo  输入编辑框
dialog --editbox date.txt  12 30

cat date.txt
test
```

为示例 14-15.sh 赋予可执行权限后执行脚本，具体操作步骤如下所示。

```
ben@ben-laptop:~$chmod u+x  14-15.sh
ben@ben-laptop:~$./ 14-15.sh
输入编辑框
```

从示例 14-15.sh 的运行结果（见图 14-9、图 14-10）可以看出，在创建文本框时需要指定文本框的初始内容，初始内容不能被改变。而对于文本编辑框来说，还可以进行编辑输入其他的数据，当需要退出时，需要使用 Tab 键选择确定或取消按钮来确认。

图 14-9　模拟计算器操作流程

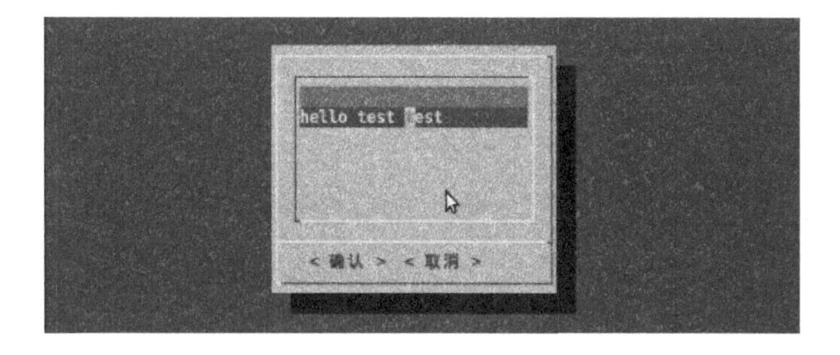

图 14-10　模拟计算器操作流程

4. 菜单的使用

在使用桌面操作系统时，经常会出现在多个菜单中选择一个菜单的情形，这就需要提前创建菜单。创建菜单时，主要是提供一个选择标签和显示的文本。创建菜单的方式如下所示：

```
dialog --menu title  height width 菜单项
```

在上面的表达式中，title 表示菜单的标题，而 height 和 width 表示整个菜单窗口的高度和宽度。在加入菜单项时，菜单项的基本格式如下所示：

```
lable 文本
```

在上面的表达式中，lable 表示菜单的标签号，后面的文本表示菜单项中显示的内容。当用户选择相应的选项后，再单击窗口底部的【OK】按钮或【CANCEL】按钮，该窗口会自动退出。只有选择了【OK】按钮以后，选中的菜单项才会生效。菜单窗口如示例 14-16.sh 所示。

【示例 14-16.sh】

```
#示例 14-16.sh  菜单窗口使用示例
#! /bin/bash

echo 添加菜单
dialog --menu 选择计算方式 13 23 5 1 加法 2 减法 3 乘法 4 除法 5 退出
```

为示例 14-16.sh 赋予可执行权限后执行脚本，具体操作步骤如下所示。

```
ben@ben-laptop:~$chmod u+x  14-16.sh
ben@ben-laptop:~$./ 14-16.sh
```

从示例 14-16.sh 的运行结果（见图 14-11）可以看出，在使用 menu 选项之后，可以创建供用户选择的菜单窗口，当用户选择之后就可以退出窗口，这样就可以记住用户的选择，便于根据用户的选择进行相应的操作。

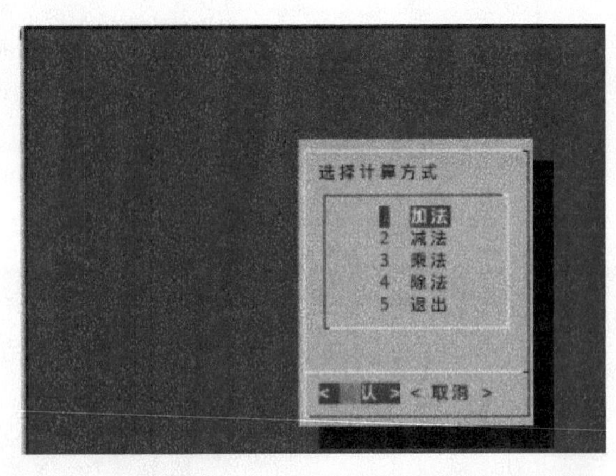

图 14-11　模拟计算器操作流程

14.3　颜色的使用

在 Windows 操作系统上，窗口显示的颜色是五颜六色的，而对于默认的 Shell 脚本来说，不管是脚本的编辑环境、运行环境还是运行结果的显示，都显得相对单调。因此，在 Shell 脚本运行过程中，可以通过设置输出格式的 ANSI 转义码来实现为 Shell 脚本的运行添加一点点“颜色”。

ANSI 转义码是以控制序列指示器（Control Sequence Indicator，简称 CSI）开头，后面添加要在显示器上执行的操作数据，CSI 的作用就是告诉终端该数据表示一个转义码，而不是普通的字符。大多数终端模拟软件都能够识别设置输出格式的 ANSI 转义码。

ANSI 转义码可以实现多种功能，可以将光标定位在显示器的特定位置，还可以按照特定的格式来进行显示。当使用 ANSI 转义码时，需要将对应的控制码发送到终端，在发送时需要按照一定的格式进行发送，基本的格式如下所示：

```
^[+[+控制码+文字
```

在上面的基本格式中，第一个符号是一个 ESC，但是一般都会使用十六进制数值 033 来表示，我们需要在前面加一个转移字符“\”，才会启动 ANSI 转义码。在 ESC 符号的后面是一个左中括号“[”，该符号是 CSI 中的特定字符，和 ESC 按键组成整个 CSI 字符。控制码可以选择一个，也可以选择多个，控制码之间使用分号分隔，最后需要使用符号 m 结尾。对于一般的操作来说，是使用 echo 命令在终端上按照特定的格式来进行文字的显示和控制码的重现。

在上面的结构中，m代表控制显示格式的转义码，也称为选择图形再现（Select Graphic Rendition，SGR）转义码，SGR转义码的基本格式如下所示：

```
CSIn[;k]m
```

在上面的基本格式中，n 和 k 分别用于控制显示的内容格式。n 和 k 可以只用一个参数，如果都用的话，中间需要使用分号隔开。n 和 k 能够表示的参数内容如下所示：

- 效果控制代码。
- 前景色控制代码。
- 背景色控制代码。

效果控制代码用来控制文字在终端上的显示效果，如文字的显示是普通字体还是使用斜体，显示的内容的亮度是否有特殊要求，是否需要闪烁的效果，常用的效果控制代码如表 14-3 所示。

表 14-3　显示格式使用的控制码

使用控制码	功能描述
0	重置为普通模式
1	设置为强亮度
2	设置为弱亮度
3	使用斜体
4	使用单下画线

（续表）

使用控制码	功能描述
5	使用慢闪烁
6	使用快闪烁
7	背景、前景颜色反转
8	前景色设定为背景色

从表 14-3 可以看出，如果需要使用什么样的显示效果，只需要使用相应的控制码即可。改变了显示效果之后，还可以恢复到普通的模式，如示例 14-17.sh 所示。

【示例 14-17.sh】

```
#示例 14-17.sh  使用格式控制码
#! /bin/bash

echo 使用斜体显示
echo  -e "\033[3mhello"
echo  this is control_test

echo 使用下画线
echo  -e "\033[4mhello"
echo  this is control_test
```

为示例 14-17.sh 赋予可执行权限后执行脚本，具体操作步骤如下所示：

```
ben@ben-laptop:~$chmod u+x  14-17.sh
ben@ben-laptop:~$./ 14-17.sh
使用斜体显示
hello
this is control_test
使用下画线
hello
this is control test
ben@ben-laptop:~$
```

从示例 14-17.sh 的执行结果可以看出，系统使用的默认输出方式是普通模式，而在使用了不同的格式控制码之后，显示出来的文字就会按照特定的格式进行显示。这里使用 echo 命令的-e 选项是为了开启特定的显示方式，如果不使用-e 选项，即使使用了格式控制码也不会按照特定的方式进行显示，仍然会按照默认的方式显示。

在使用了某种控制码改变了文字的显示方式之后，在没有恢复默认的显示格式之前，所有的输出内容都会使用上一次设定的结果进行显示，直到恢复默认显示格式之后，文字的显示方式才会使用默认的方式进行显示，如示例 14-18.sh 所示。

【示例 14-18.sh】

```
#示例 14-18.sh  使用格式控制码
#! /bin/bash
```

```
echo 使用下画线
echo  -e "\033[4mhello"

echo 恢复默认设置
echo -e "\033[0m"
echo  this is control_test
```

为示例 14-18.sh 赋予可执行权限后执行脚本，具体操作步骤如下所示：

```
ben@ben-laptop:~$chmod u+x  14-18.sh
ben@ben-laptop:~$./ 14-18.sh
Hello
恢复默认设置
this is control_test
ben@ben-laptop:~$
```

从示例 14-18.sh 的执行结果可以看出，在使用 ANSI 转义码之后，后续的显示内容会按照上一次成功设置的格式进行输出，直到重新设置成普通模式，输出的内容才会恢复正常。

注　意

使用 ANSI 转义码设置了新的输出格式之后，要及时恢复默认设置，否则，后面文字显示的格式会按照上一次成功设置的格式进行输出。

ANSI 转义码除了能够改变文字的显示格式之外，还可以控制文字显示的前景色和背景色。前景色控制代码和背景色控制代码使用了同一套颜色控制代码，但是需要使用特殊的数字来标注设定的是前景色还是背景色，一般使用 3 来表示前景色，使用 4 来表示背景色。颜色控制代码如表 14-4 所示。

表 14-4　颜色控制码

使用控制码	表示颜色
0	黑色
1	红色
2	黄色
3	绿色
4	蓝色
5	洋红色
6	青色
7	白色

在需要将特殊的文字按照不同的颜色显示时，只需要将相应的颜色控制码放到需要该颜色的文字前面，然后当语句执行了之后，就会按照相应的颜色显示出来，如示例 14-19.sh 所示。

【示例 14-19.sh】

```
#示例 14-19.sh  格式控制码简单使用
#! /bin/bash

echo 背景色变成红色
echo  -e "\033[41mhello\033[0m"

echo 前景色变成黄色
echo  -e "\033[32mhello\033[0m"
```

为示例 14-19.sh 赋予可执行权限后执行脚本，具体操作步骤如下所示：

```
ben@ben-laptop:~$chmod u+x  14-19.sh
ben@ben-laptop:~$./ 14-19.sh
```

执行结果如图 14-12 所示。

图 14-12　示例 14-19.sh 执行结果

从示例 14-19.sh 的执行结果可以看出，在使用了 ANSI 控制码之后，输出文字会按照特定的格式进行输出。为了保证后续的输出能够正常显示，要在输出的最后恢复输出格式为默认格式。

说　明
一般来说，能引起操作者注意的地方是在菜单栏中进行选择，或者是其他需要用户输入的地方，或者是输出内容中比较重要的地方。

14.4　小　　结

本章主要介绍了如何使用 Shell 脚本进行图形化编程，主要包括创建菜单、添加窗口、给 Shell 脚本的运行增加颜色等 3 部分内容。这 3 部分内容使得 Shell 脚本的运行更加“绚丽多彩”。

在 Shell 脚本中，可以使用 case 命令创建一个菜单，然后根据用户的选择来执行对应菜单的功能项。每一个子菜单项都可以使用函数来实现，这样可以为子菜单项创建一个具有交互性的 Shell 脚本。还可以使用 select 命令代替 case 命令，直接根据用户的输入来处理对应的功能模块。

dialog 是 Linux 系统中常用的软件包，在 Linux 系统中可以使用命令在 Shell 脚本中创建窗口，可以通过选项以及窗口类型来创建各种类型的窗口，并且可以使用各种参数来调整创建的窗口的大小以及展示的内容，从而使得 Shell 脚本更加生动。

使用 ANSI 转义码可以发送转义码到终端，从而使得脚本运行时不再是单调的颜色，而是可以在终端中采用“五颜六色”的展示方式来显示。

第 15 章

安装软件程序

在 Linux 系统的使用过程中，不可避免地需要使用到系统中没有安装的软件。Linux 系统通过包的方式来管理软件。包提供了操作系统的基本组件，以及共享的库、应用程序、服务和文档。因此，如何管理包实际上是学会使用 Linux 系统的重要环节。

本章的主要内容如下：

- 包管理基础
- 基于 Debian 的包管理
- 基于 Red Hat 的包管理

15.1 包管理基础

大多数 Linux 系统都是围绕包文件的集合构建出来的。包文件通常是一个存档文件，它包含已编译的二进制文件以及安装、运行软件必须的其他资源，如安装脚本、安装命令等。同时包文件中也包含有价值的元数据，包括它们的依赖项（如运行时不可缺少的动态库、静态库等）以及安装和运行它们所需的其他包的列表。

对于 Linux 系统的诸多发行版本来说，不同的系统对于包的管理大致相同，但是对于包的打包和安装方式来说，却不尽相同。如表 15-1 所示。

表 15-1　不同发行版本的打包方式

操作系统	格　式	工　具
Debian	.deb	apt、dpkg
Ubuntu	.deb	apt、dpkg
CentOS	.rpm	yum

```
# deb-src http://security.ubuntu.com/ubuntu bionic-security universe
deb http://security.ubuntu.com/ubuntu bionic-security multiverse
# deb-src http://security.ubuntu.com/ubuntu bionic-security multiverse
```

在上面的配置文件中，展示了在安装系统时添加的软件仓库网站，在大部分的情况下，我们不需要修改这个配置文件，直接使用上面推荐的仓库即可。如果推荐的仓库中没有需要的软件包，可以将包所在的网站添加到这个文件中，然后重新安装即可。

15.2.2 搜索软件包

在进行包的安装之前，一般会先查找包是否存在，只有存在的包才能进行安装。包搜索可以使用以下命令实现：

```
apt-cache search 包名
```

通过上面的命令就可以实现对软件包的搜索。在使用 apt 命令的时候，一般需要管理员权限，我们在操作的时候一般也是一次性的操作，因此需要在前面加上 sudo 命令，用来临时授予 apt 命令以管理员权限，从而使得命令能够正常执行。在笔者系统中执行搜索命令后，效果如下所示：

```
ben@ubuntu:~$ sudo apt-cache search dpkg
build-essential - 编译所必需的软件包列表
dpkg - Debian 软件包管理系统
dpkg-dev - Debian 软件包开发工具
exim4 - 简化 Exim MTA (v4) 安装的定义包
exim4-base - 所有的 Exim MTA (v4) 包的支持文件
libc6-arm64-cross - GNU C Library: Shared libraries (for cross-compiling)
libc6-armhf-cross - GNU C Library: Shared libraries (for cross-compiling)
libc6-powerpc-cross - GNU C Library: Shared libraries (for cross-compiling)
libc6-ppc64el-cross - GNU C Library: Shared libraries (for cross-compiling)
apt-clone - Script to create state bundles
aptdaemon - transaction based package management service
archdetect-deb - Hardware architecture detector
dctrl-tools - Command-line tools to process Debian package information
debootstrap - Bootstrap a basic Debian system
default-libmysqlclient-dev - MySQL database development files (metapackage)
devscripts - scripts to make the life of a Debian Package maintainer easier
dh-exec - Scripts to help with executable debhelper files
dpkg-cross - tools for cross compiling Debian packages
dpkg-repack - Debian package archiving tool
exim4-config - configuration for the Exim MTA (v4)
exim4-daemon-heavy - Exim MTA (v4) daemon with extended features, including
exiscan-acl
exim4-daemon-light - lightweight Exim MTA (v4) daemon
exim4-dev - header files for the Exim MTA (v4) packages
```

```
    libc6-dev-arm64-cross - GNU C Library: Development Libraries and Header Files
(for cross-compiling)
    libc6-dev-armhf-cross - GNU C Library: Development Libraries and Header Files
(for cross-compiling)
    libc6-dev-powerpc-cross - GNU C Library: Development Libraries and Header Files
(for cross-compiling)
    libc6-dev-ppc64el-cross - GNU C Library: Development Libraries and Header Files
(for cross-compiling)
    libdebian-dpkgcross-perl - functions to aid cross-compiling Debian packages
    libdpkg-dev - Debian package management static library
    libdpkg-perl - Dpkg perl modules
    libparse-debianchangelog-perl - parse Debian changelogs and output them in other
formats
    pkgbinarymangler - strips translations and alters maintainers during build
    ucf - Update Configuration File(s): preserve user changes to config files
    unattended-upgrades - automatic installation of security upgrades
    apt-dpkg-ref - APT、Dpkg 快速参考手册
    apt-show-source - 显示源代码软件包信息
    apt-show-versions - 列出发行版中可用的软件包版本
    galternatives - 一个图形界面配置工具，用于配置可选系统
    ......
    ben@ubuntu:~$
```

从上面的示例可以看出，执行命令 apt-cache 搜索软件包 dpkg 之后，展示出来和 dpkg 软件包相关的所有的内容。通过这些我们可以了解到 dpkg 的详细信息，从而确定搜索到的软件包是否为我们真正需要的软件包。

15.2.3 安装软件包

在搜索到正确的软件包之后，就可以通过 apt 命令进行软件包的安装。安装软件包默认使用 apt-get install 命令来执行。该命令能够自动安装指定的软件包以及软件包需要的所有依赖，从而保证软件包安装之后，能够正常使用。除了使用 install 之外，还有其他安装方式，常见的方式如表 15-2 所示。

表 15-2 常用软件包安装方式

命　令	作　用
apt-get install 包名称	普通安装，即默认安装方式
apt-get install 包名称=版本号	安装指定包的指定版本
apt-get --reinstall install PackageName	重新安装
apt-get build-dep PackageName	安装源码包所需要的编译环境
apt-get -f install	修复依赖关系
apt-get source PackageName	下载软件包的源码

在进行安装的时候，一般情况下使用默认安装方式即可，如果需要其他安装方式，可以选择表 15-2 中的合适的方式来进行安装。采用默认安装的方式来安装软件包 dpkg 如下所示：

```
ben@ubuntu:~$ sudo apt-get install dpkg
[sudo] ben 的密码：
正在读取软件包列表... 完成
正在分析软件包的依赖关系树
正在读取状态信息... 完成
建议安装：
  debsig-verify
下列软件包将被升级：
  dpkg
升级了 1 个软件包，新安装了 0 个软件包，要卸载 0 个软件包，有 113 个软件包未被升级。
需要下载 1,136 kB 的归档。
解压缩后会消耗 1,024 kB 的额外空间。
获取:1 http://us.archive.ubuntu.com/ubuntu bionic-updates/main amd64 dpkg
amd64 1.19.0.5ubuntu2.3 [1,136 kB]
已下载 1,136 kB，耗时 20 秒 (56.0 kB/s)
(正在读取数据库 ... 系统当前共安装有 171237 个文件和目录。)
正准备解包 .../dpkg_1.19.0.5ubuntu2.3_amd64.deb ...
正在将 dpkg (1.19.0.5ubuntu2.3) 解包到 (1.19.0.5ubuntu2.1) 上 ...
正在设置 dpkg (1.19.0.5ubuntu2.3) ...
正在处理用于 man-db (2.8.3-2ubuntu0.1) 的触发器 ...
ben@ubuntu:~$
```

在执行了安装软件包命令之后，就可以使用命令 dpkg 了。

15.2.4 更新软件包

软件在使用一段时间之后，就会有新的版本发布。这时就需要对软件进行更新，从而获取到最新版本的软件。对软件包的更新可以采用表 15-3 中的命令来操作。

表 15-3 常用软件包安装方式

命　令	作　用
apt-get update	更新安装源（Source）
apt-get upgrade	更新已安装的软件包
apt-get dist-upgrade	识别并处理依赖关系的改变，并且更新已安装的软件包

在表 15-3 中展示了 3 种更新软件的方式，第 1 种方式仅对安装源进行更新，并不更新实际的软件包，这种方式在更新了包仓库之后需要首先更新安装源，然后才会对新的包仓库中进行各种的操作。第 2 种方式会直接更新已经安装的软件包，使其变成新版本。

15.2.5 卸载软件包

软件在安装之后会占用系统中的存储空间，当存储空间不够用时，可以卸载之前安装的不再使用的软件包，从而节省空间，也便于系统管理。在 Debian 系统中，卸载软件包可以选择表 15-4 中的命令来进行。

表 15-4 卸载软件包常用命令

命　令	作　用
apt-get remove 软件包	删除已安装的软件包，并且保留配置文件
apt-get --purge remove 软件包	删除已安装的软件包，但是不保留配置文件
apt-get autoremove 软件包	删除软件包同时删除相关的依赖
apt-get autoclean	清除已下载的软件包和旧软件包
apt-get clean	清除已下载的软件包和旧软件包

在表 15-4 中列出了卸载软件包的常用命令，在使用 Ubuntu 系统时，如果需要卸载某个软件，可以根据实际情况灵活选择表中某个命令来进行。

15.3 基于 Red Hat 的系统

前面的章节中介绍了 Ubuntu 系统软件包的管理。在 RedHat 系统中，软件包的管理通过 yum 命令来实现。yum（Yellow dog Updater，Modified）命令能够从指定的服务器自动下载 rpm 包并安装，可以自动处理依赖性关系，并且一次安装所有依赖的软件包，无须烦琐地一次次下载、安装。yum 提供了查找、安装、删除某一个、一组甚至全部软件包的命令。yum 命令基于 rpm 包的管理，也就是说这个命令只能进行 rpm 包的处理。下面我们分别介绍如何使用 yum 命令在 Red Hat 系统中进行软件包的管理。

15.3.1 yum 命令使用简介

yum 命令和普通的 Shell 命令一样，都需要在 Shell 终端中执行。该命令的使用方式如下：

```
yum 选项  操作内容
```

在上面的格式中，选项一般是可选的，可以根据实际需要选择是否试用选项以及使用哪个选项。常用的选项如下所示：

```
-h  显示帮助
-y  安装过程中默认所有的选择都是 yes
-q  不显示安装过程
-t  忽略安装过程中的错误
```

操作内容一般是代表需要操作的软件包。

yum 的所有信息都存储在一个叫 yum.reops.d 目录下的配置文件中，通常位于/etc/yum.reops.d 目录下，如图 15-1 所示。

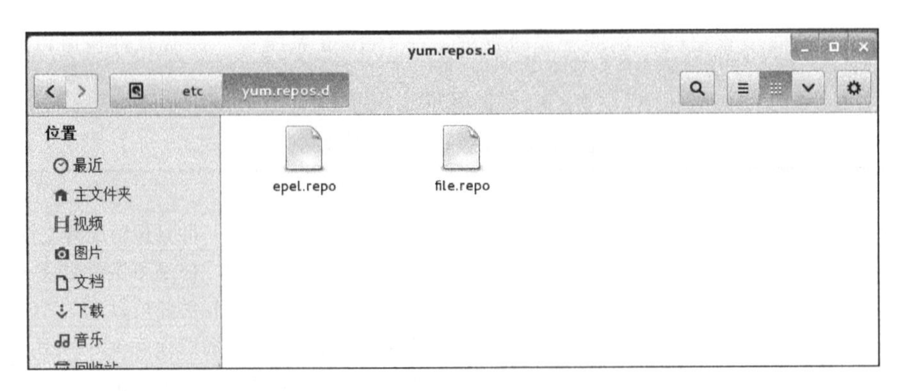

图 15-1 /etc/yum.reops.d 目录示意图

打开这个目录会发现里面包含很多 repo 结尾的文件。这类文件是 yum 源的配置文件，也就是 yum 软件仓库的配置文件。这些文件通常一个 repo 文件定义了一个或者多个软件仓库的细节，这些信息概括起来可以分为三大类：

- 依赖信息数据库
- 软件包列表文件
- 包组列表文件

这三大类信息涵盖了我们需要下载或者是升级的软件包的来源等信息。这类配置文件的一般文件格式如下所示：

```
[loaclrepo]                          #仓库名
name=this is a local repository      #仓库描述
baseurl=URL                          #仓库位置（file://、http://、ftp://）
gpgcheck=0 or 1                      #是否做证书检查
gpgkey=URL                           #证书路径
enabled=0 or 1                       #是否激活次仓库，如不写则默认开启
```

通过对这些信息的编辑，我们就可以根据自己的需要来管理系统中的软件包。

15.3.2 列出已安装包

使用 yum 命令列出当前系统中已经安装的软件包，一般使用 yum list 命令来实现。该命令能够显示所有已经安装和可以安装的程序包。通过这个命令可以非常便捷地查到系统中软件包的信息。除此之外还有两个命令：

```
yum info package1 显示安装包信息 package1
yum list package1 显示指定程序包安装情况 package1
```

上面的两个命令能够展示特定软件包的相关信息，便于我们更加准确地获取到特定的软件包的信息。上述命令的用法如下所示：

```
[ben@redhat yum.repos.d]# yum list updates
file:///mnt/repodata/repomd.xml: [Errno 14] curl#37 - "Couldn't open file /mnt/repodata/repomd.xml"
```

```
正在尝试其他镜像
错误：没有匹配的软件包可以列出
[ben@redhat yum.repos.d]# yum list updates
已加载插件：langpacks
更新的软件包
epel-release.noarch                    7-13                    epel
```

上面第一次执行的语句展示了在 yum 源存在问题时，无法显示程序包的情况。而修正了 yun 源之后，就能正常显示安装包的信息。下面使用 yum info 来查看已经安装的软件包的信息。

```
[ben@redhat yum.repos.d]# yum info *vim
已加载插件：langpacks
可安装的软件包
名称    : boxes-vim
架构    : noarch
版本    : 1.3
发布    : 4.el7
大小    : 8.7 kB
  源    : epel/x86_64
简介    :  Vim plugin for boxes
网址    : http://boxes.thomasjensen.com
协议    :  GPLv2+
描述    :  Vim plugin for boxes.

名称    : neovim
架构    : x86_64
版本    : 0.3.0
发布    : 2.el7
大小    : 4.9 MB
  源    : epel/x86_64
简介    :  Vim-fork focused on extensibility and agility
网址    : http://neovim.io
协议    :  ASL 2.0
描述    :  Neovim is a refactor - and sometimes redactor - in the tradition of
        : Vim, which itself derives from Stevie. It is not a rewrite, but a
        : continuation and extension of Vim. Many rewrites, clones, emulators
        : and imitators exist; some are very clever, but none are Vim. Neovim
        : strives to be a superset of Vim, notwithstanding some intentionally
        : removed misfeatures; excepting those few and carefully-considered
        : excisions, Neovim is Vim. It is built for users who want the good
        : parts of Vim, without compromise, and more.

名称    : python2-neovim
架构    : noarch
版本    : 0.3.2
发布    : 1.el7
```

```
大小    : 75 kB
  源    : epel/x86_64
简介    :  Python client to Neovim
网址    : https://github.com/neovim/pynvim
协议    :  ASL 2.0
描述    :  Implements support for python plugins in Nvim. Also works as a
         : library for connecting to and scripting Nvim processes through its
         : msgpack-rpc API.

名称    : python36-neovim
架构    : noarch
版本    : 0.3.2
发布    : 1.el7
大小    : 78 kB
  源    : epel/x86_64
简介    :  Python client to Neovim
网址    : https://github.com/neovim/pynvim
协议    :  ASL 2.0
描述    :  Implements support for python plugins in Nvim. Also works as a
         : library for connecting to and scripting Nvim processes through its
         : msgpack-rpc API.
```

15.3.3 使用 yum 安装软件

使用 yum 安装软件是一件非常简单的事情。yum 安装软件的方式如表 15-5 所示。

表 15-5 yum 安装常用命令

命　令	作　用
yum install	全部安装
yum install 待安装的安装包	安装指定的安装包
yum groupinsall group1	安装软件组 group1

表 15-5 中展示了使用 yum 命令安装软件包的常用方式。一般情况下，我们可以选择第 1 种或者第 2 种方式安装。当知道待安装的软件包在哪个软件组的时候，才会选择使用第 3 种方式。第 2 种方式使用比较多，因此我们展示如何使用第 2 种方式来安装软件包。

```
[ben@redhat ben]# yum install nodejs
已加载插件：langpacks
正在解决依赖关系
--> 正在检查事务
---> 软件包 nodejs.x86_64.1.6.17.1-1.el7 将被安装
--> 正在处理依赖关系 npm = 1:3.10.10-1.6.17.1.1.el7，它被软件包 1:nodejs-6.17.1-1.el7.x86_64 需要
--> 正在处理依赖关系 libuv >= 1:1.9.1，它被软件包 1:nodejs-6.17.1-1.el7.x86_64 需要
--> 正在处理依赖关系 libuv.so.1()(64bit)，它被软件包 1:nodejs-6.17.1-1.el7.x86_64 需要
```

```
--> 正在检查事务
---> 软件包 libuv.x86_64.1.1.40.0-1.el7 将被安装
---> 软件包 npm.x86_64.1.3.10.10-1.6.17.1.1.el7 将被安装
--> 解决依赖关系完成

依赖关系解决

==========================================================================
 Package        架构          版本                          源        大小
==========================================================================
正在安装:
 nodejs         x86_64        1:6.17.1-1.el7                epel      4.7 MB
为依赖而安装:
 libuv          x86_64        1:1.40.0-1.el7                epel      152 kB
 npm            x86_64        1:3.10.10-1.6.17.1.1.el7      epel      2.5 MB

事务概要
==========================================================================
安装  1 软件包 (+2 依赖软件包)

总下载量: 7.4 MB
安装大小: 27 MB
Is this ok [y/d/N]: y
Downloading packages:
(1/3): libuv-1.40.0-1.el7.x86_64.rpm                    | 152 kB  00:00:00
(2/3): npm-3.10.10-1.6.17.1.1.el7.x86_64.rpm            | 2.5 MB  00:00:00
(3/3): nodejs-6.17.1-1.el7.x86_64.rpm                   | 4.7 MB  00:00:00
--------------------------------------------------------------------------
总计                                           7.9 MB/s | 7.4 MB  00:00:00
Running transaction check
Running transaction test
Transaction test succeeded
Running transaction
  正在安装    : 1:libuv-1.40.0-1.el7.x86_64                             1/3
  正在安装    : 1:npm-3.10.10-1.6.17.1.1.el7.x86_64                     2/3
  正在安装    : 1:nodejs-6.17.1-1.el7.x86_64                            3/3
  验证中      : 1:libuv-1.40.0-1.el7.x86_64                             1/3
  验证中      : 1:npm-3.10.10-1.6.17.1.1.el7.x86_64                     2/3
  验证中      : 1:nodejs-6.17.1-1.el7.x86_64                            3/3

已安装:
  nodejs.x86_64 1:6.17.1-1.el7

作为依赖被安装:
  libuv.x86_64 1:1.40.0-1.el7           npm.x86_64 1:3.10.10-1.6.17.1.1.el7

完毕!
```

上面展示了如何使用 install 命令来安装软件包 nodejs，安装过程最后提示“完毕”时，说明已经成功了安装了该软件包，我们就可以使用 nodejs 了。

15.3.4 使用 yum 更新软件

进行软件更新是不可避免的事情。不管是使用哪一类操作系统，软件都需要通过更新的方式来解决已知的 bug，或者是添加新的功能，或者是对软件功能进行升级等。在 Red Hat 系统中，软件更新可以通过表 15-6 所示的命令来进行。

表 15-6 yum 更新常用命令

命 令	作 用
yum -y update	升级所有包，同时也升级软件和系统内核
yum -y upgrade	只升级所有包，不升级软件和系统内核
yum list updates	列出所有可更新的软件包
yum groupupdate group1	更新 group1 软件组的软件包

在进行软件的更新时，可以先使用 list updates 来查看有哪些软件包可以更新，并不是所有的软件包都能随时进行更新。在使用 update 或者是 upgrade 时，除了默认全部安装的同时，还可以指定特定的软件包来进行更新操作。因为我们是刚安装的软件包，没有需要更新的包，读者可以根据自己的情况来选择更新自己的软件包。

15.3.5 使用 yum 卸载软件

当不需要某个软件包的时候，可以进行卸载操作。使用 yum 命令来进行卸载，其卸载方式如表 15-7 所示。

表 15-7 yum 更新常用命令

命 令	作 用
yum remove 特定软件包	删除特定软件包
yum erase 特定软件包	删除特定软件包
yum groupremove group1	删除软件组 group1

yum 命令提供了两种进行卸载软件的方式。如果只删除软件包而保留软件包的配置文件和数据文件，可以使用 remove 命令。如果需要删除所有的文件，可以使用 earse 命令来进行强力卸载。除了这两种方式以外，卸载软件的时候，同样可以以软件组为单位来进行软件卸载。我们展示如何使用最常用的 remove 命令来删除特定的软件包。

```
[ben@redhat ben]# yum remove nodejs
已加载插件：langpacks
正在解决依赖关系
--> 正在检查事务
---> 软件包 nodejs.x86_64.1.6.17.1-1.el7 将被删除
```

```
--> 正在处理依赖关系 nodejs = 1:6.17.1-1.el7 ，它被软件包 1:npm-3.10.10-1.6.17.1.1.el7.x86_64 需要
--> 正在检查事务
---> 软件包 npm.x86_64.1.3.10.10-1.6.17.1.1.el7 将被删除
--> 解决依赖关系完成

依赖关系解决

==========================================================================
 Package        架构          版本                         源          大小
==========================================================================
正在删除:
 Nodejs         x86_64        1:6.17.1-1.el7               @epel       16 MB
为依赖而移除:
 Npm            x86_64        1:3.10.10-1.6.17.1.1.el7     @epel       9.8 MB

事务概要
==========================================================================
移除  1 软件包 (+1 依赖软件包)

安装大小: 26 MB
是否继续? [y/N]: y
Downloading packages:
Running transaction check
Running transaction test
Transaction test succeeded
Running transaction
  正在删除    : 1:nodejs-6.17.1-1.el7.x86_64                              1/2
  正在删除    : 1:npm-3.10.10-1.6.17.1.1.el7.x86_64                       2/2
  验证中      : 1:npm-3.10.10-1.6.17.1.1.el7.x86_64                       1/2
  验证中      : 1:nodejs-6.17.1-1.el7.x86_64                              2/2

删除:
  nodejs.x86_64 1:6.17.1-1.el7

作为依赖被删除:
  npm.x86_64 1:3.10.10-1.6.17.1.1.el7

完毕!
```

上面展示了如何删除软件包 nodejs。其操作方式也比较简单。在操作完之后，我们再查看软件包就会提示不存在了。

15.3.6 处理损坏的包依赖关系

在进行软件包的安装过程中，不可避免地会发生软件包的覆盖现象，这种方式一般被称为损坏的包依赖关系。如果出现了这种问题，那就会在使用的过程中发生找不到依赖的包的问题，因此如何处理损坏的包依赖关系，也是进行包管理的一个方面。

发生此类问题时，首先使用下面的命令：

```
yum clean all
```

该命令能够清理 yum 缓存。这是因为 yum 会把下载的软件包和 header 都存储在缓存中，而不会自动删除。首先使用该命令将缓存全都清理掉，然后再重新进行更新，即使用 yum 命令的 update 选项来重新更新包的依赖关系。如果还无法解决问题，就需要执行命令：

```
yum deplist 包名
```

该命令能够显示所有包的库依赖关系以及什么软件可以提供这些库依赖关系。一旦知道了缺少哪个依赖，我们就可以顺利进行安装了。

如果上述操作还不能解决问题，就需要使用下列命令来解决问题了：

```
yum update -skip-broken
```

该命令能够忽略依赖关系损坏的那个包，继续更新其他的包。这样操作的目的是可以继续更新其他的包，而不至于在此停滞不前。

15.4 小　结

本章主要介绍了 Linux 系统软件包的管理方式，即通过包管理系统在命令行方式中如何进行软件包的安装、更新及卸载操作。

基于Debian系统的包管理系统通过命令dpkg来实现。通过使用不同的选项，可以实现.deb类软件包的搜索、安装、更新以及卸载操作。

基于Red Hat系统的包管理系统通过命令yum来实现。通过使用不同的选项，可以实现.rpm类软件包的搜索、安装、更新以及卸载操作。

通过 dpkg 和 yum 两个命令我们可以非常方便地实现系统中各种包的管理。因此熟练使用这两个命令也是熟练使用 Linux 系统的基础技能之一。

在 Linux 系统中，除了使用特定的软件包管理机制之外，还可以通过源码进行软件包的安装，但是这种方式操作起来比较复杂，并且需要进行各种手工配置，配置过程比较复杂，极易出现错误。因此如果不是必须，不建议使用该安装方式。

第 16 章

正则表达式

在前面的章节中，我们曾经简单地介绍过如何使用星号“*”来匹配所有的内容，如对于数组来说，“*”可以表示数组中所有的元素。这种使用一个符号来匹配一系列符合相应规则的字符串的表达式，称为正则表达式。在使用正确的前提下，可以方便地检索、替换那些符合某个模式的字符串或文本。在 Shell 脚本中，正则表达式也有着非常广泛的应用。

本章的主要内容如下：

- 正则表达式的基本介绍
- 正则表达式中的常用符号
- 正则表达式的实战练习

16.1 正则表达式基础

正则表达式广泛应用于 Unix 系统、Linux 系统以及 PHP、C#、Java 等开发环境中，在其他编程语言中也会用到正则表达式。使用正则表达式可以通过简单的方法来实现比较复杂的功能。因此，掌握正则表达式可以极大地简化日常的运维工作。但是学习正则表达式会有点难度，需要读者付出一定的努力。

16.1.1 正则表达式的定义

正则表达式（Regular Expression）使用简单的字符、按照预先设定的规则来完成复杂的功能。从根本上来讲，正则表达式是一种字符串的匹配方式，比如使用星号“*”来匹配任意的字符。使用正则表达式可以从一个字符串中查找某些特殊的字符或字符串，还可以将检索出来的字符串使用其他字符或字符串进行替换。

正则表达式一般是由普通字符以及特殊字符组成的字符串。普通字符就是常用的大小写字符（a~z 和 A~Z）、数字、标点符号以及其他可打印字符和非可打印字符。特殊字符就是前面章节中介绍的元字符。正则表达式的组成可以是单个的字符、字符集合、字符范围、字符间的选择，或者是这些字符之间的任意组合。

正则表达式实际上是一个匹配的模板，当 Bash 执行正则表达式时，会将所有的输入数据与匹配模板进行比较，如果符合匹配模板，就能匹配成功，而那些匹配不成功的数据则被过滤掉，如图 16-1 所示。

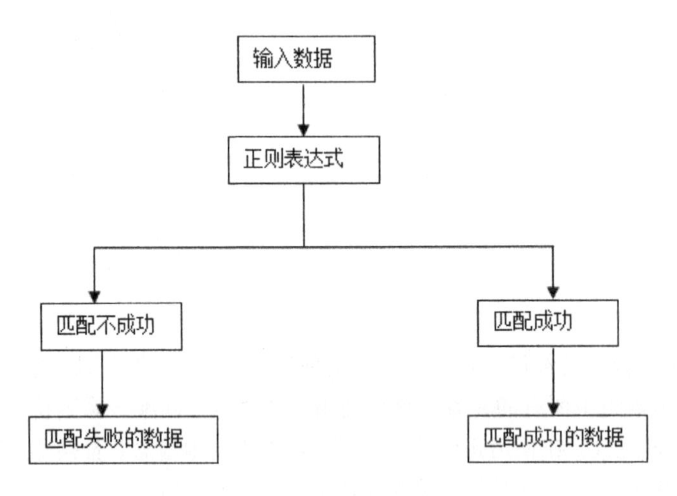

图 16-1　正则表达式数据流处理过程

从图 16-1 中可以看出，正则表达式可以将输入数据按照是否匹配成功，分成匹配成功和匹配失败两部分。一般来说，只有匹配成功的部分才会显示出来（或者存储到其他介质中）。

16.1.2　正则表达式的分类

在 Linux 系统中，不同的编程语言（编程环境）需要使用不同类型的正则表达式，而正则表达式的类型由正则表达式引擎控制。正则表达式引擎控制负责解释正则表达式的匹配规则以及使用方式，其作用类似于 Shell 对于 Linux 系统。正则表达式引擎一般可以分为以下两种形式：

- POSIX 基本正则表达式引擎
- POSIX 扩展正则表达式引擎

基本正则表达式引擎可以用于 Linux 系统中的大部分应用程序。这些应用程序都可以识别，并且能够按照符号的既定含义进行匹配。有些程序因为执行速度的原因，只能支持部分正则表达式。由于不同的程序中使用的正则表达式的内容不一致，所以在本书中，只使用一些常用的正则表达式符号以及使用方式；对那些不常用的内容，将不会涉及，如果读者有兴趣进行深层次的学习，可以参考相关资料。

16.2 基本正则表达式的常用符号

基本的正则表达式就是匹配输入数据流中的字符信息，在进行字符的匹配时，一般使用一些特殊的字符匹配字符串中的某些内容，熟练和正确地使用这些字符可以使编写出来的正则表达式既简单又高效。

16.2.1 使用点字符匹配单字符

英文点字符（.）对应中文的句号。该符号可以匹配任意单个字符，但是必须存在一个字符。如果当前位置没有字符，那么匹配会失败。点字符的用法如示例 16-1.sh 所示。

【示例 16-1.sh】

```
#示例 16-1.sh  点字符匹配单字符
#!/bin/bash

#Hello
#HEllo
#hEllo
echo 使用点字符匹配字符
grep  -v H.llo 16-1.sh
echo

grep ..llo 16-1.sh
```

为示例 16-1.sh 赋予可执行权限后执行脚本，结果如下：

```
ben@ben-laptop:~$ chmod u+x 16-1.sh
ben@ben-laptop:~$ ./16-1.sh
使用点字符匹配字符
#Hello
#HEllo
#hEllo
grep ..llo 16-1.sh
```

从示例 16-1.sh 的执行结果可以看出，使用点符号能够匹配一个任意的字符。而且使用点号可以将不关心的字符排除掉，只出现比较重要的字符。

注　意
正则表达式需要和其他的检索命令一同使用，本章使用 grep 命令来作为示例进行讲解。

16.2.2 使用定位符

在日常生活中，我们会遇到判断某些数据开头字符的情况，如判断数字串是不是以 123 开始的，而对于开头字符（或字符串）以外的数据内容，不需要关心。此时就需要使用脱字符（^）来进行匹配。使用脱字符的方式如下：

```
^string
```

对于上面的表达式，如果字符串的开头字符为 string，那么匹配成功。但是，如果是在字符串的其他位置找到匹配字符串 string，匹配也是失败的。如示例 16-2.sh 所示。

【示例 16-2.sh】

```
#示例 16-2.sh  点字符匹配单字符
#!/bin/bash

#Hello
#123HEllo
#123hEllo
echo 显示开头是#1 的
grep [^1] 16-2.sh
echo
echo 显示开头是 H 的
```

为示例 16-2.sh 赋予可执行权限后执行脚本，结果如下：

```
ben@ben-laptop:~$ chmod u+x 16-2.sh
ben@ben-laptop:~$ ./16-2.sh
显示开头是#1 的
#123HEllo
#123hEllo
```

在正则表达式中，脱字符“^”和美元符号“$”一般用来匹配行首字符和行尾字符。在特殊情况下，如需要匹配开头为脱字符的字符串，使用需要用到转义字符，将脱字符转义成普通字符，然后再使用脱字符进行匹配，从而实现查找开头字符为脱字符的字符串，如示例 16-3.sh 所示。

【示例 16-3.sh】

```
#示例 16-3.sh  查找开头字符为脱字符
#!/bin/bash

#^
echo 匹配开头字符为脱字符
grep   "#\^" 16-3.sh
echo

echo 查找包含脱字符的文本行
grep   "*#\^*" 16-3.sh
```

为示例 16-3.sh 赋予可执行权限后执行脚本，结果如下：

```
ben@ben-laptop:~$ chmod u+x 16-3.sh
ben@ben-laptop:~$ ./16-3.sh
匹配开头字符为脱字符
#^

查找包含脱字符的文本行
#^
grep   "#\^" 16-3.sh
grep   "*#\^*" 16-3.sh
```

从示例 16-3.sh 可以看出，如果需要将脱字符视为普通字符，那么需要使用转义字符将其转换成普通字符，然后就可以当作特殊字符进行使用。

注　　意
脱字符仅表示开头的字符和结尾字符需要匹配哪些字符串，不能代替其他字符的存在。

除了使用脱字符匹配行首的字符串以外，还可以使用美元符号（$）来匹配行尾的字符或字符串。该符号的使用方式如下：

```
string$
```

上面的表达式是在文本表达式的后面加上美元符号，表示字符串必须以文本 string 为结尾，即使在文本中的其他的位置上存在字符串 string，那么匹配的结果也是失败，如示例 16-4.sh 所示。

【示例 16-4.sh】

```
#示例 16-4.sh  使用美元符号匹配行尾字符
#!/bin/bash
#123
#hao123
#hao

echo 使用美元符号匹配结尾字符
grep  "[1-9$] " 16-4.sh
```

为示例 16-4.sh 赋予可执行权限后执行脚本，结果如下：

```
ben@ben-laptop:~$ chmod u+x 16-4.sh
ben@ben-laptop:~$ ./16-4.sh
#123
#hao123
```

在实际应用中，一般联合使用脱字符和美元符号来进行匹配。也就是说既匹配行首的字符，也匹配行尾的字符，而不关心中间的字符，如示例 16-5.sh 所示。

【示例 16-5.sh】

```
#示例 16-5.sh  匹配空行
#!/bin/bash
```

```
echo 使用定位符匹配空行
grep '^$' 16-5..sh
```

为示例16-5.sh赋予可执行权限后执行脚本，结果如下：

```
ben@ben-laptop:~$ chmod u+x 16-5.sh
ben@ben-laptop:~$ ./16-5.sh
使用定位符匹配空行

ben@ben-laptop:~$
```

从示例16-5.sh的执行结果可以看出，使用脱字符和美元符号能够对空行进行匹配，用于直接判断文本中是否存在空行。

注　意
脱字符和美元符号一般被称为定位符。

16.2.3 使用“*”匹配字符串中的单字符或其重复序列

在进行字符串匹配时，经常会遇到需要匹配某个字符或字符串的情形，如判断字符串中是否包含子串“ab”和“cd”，而在子串之间还会有个数不同并且内容也不同的字符或字符串，此时需要使用“*”进行匹配。星号一般有3种使用方式：

```
a*
*a
a*b
```

星号在字符或字符串的左边和右边的作用一样，表示字符或字符串在文本中出现零次或多次。对于第3种方式来说，表示字符a和b同时出现，在a和b之间可以存在零个字符，也可以存在多个字符。星号的使用使得正则表达式的表示范围大大增加。星号的用法如示例16-6.sh所示。

【示例16-6.sh】

```
#示例16-6.sh  使用*匹配字符
 #! /bin/bash

echo 显示包含11的所有文件
ls -l  *11*
echo

echo 显示以11开头的文件
ls -l 11*
echo

echo 显示以11结尾的文件
ls -l *11
```

为示例16-6.sh赋予可执行权限后执行脚本，结果如下：

```
ben@ben-laptop:~$ chmod u+x 16-6.sh
ben@ben-laptop:~$ ./ 16-6.sh
显示包含 11 的所有内容
16-1.sh 16-2.sh 16-2.sh 16-4.sh 16-5.sh 16-6.sh

显示以 11 开头的文件
16-1.sh 16-2.sh 16-2.sh 16-4.sh 16-5.sh 16-6.sh

显示以 11 结尾的文件
```

从示例 16-6.sh 的执行结果可以看出，使用“*”可以匹配任意多个字符，可以使用该符号来忽略那些无关紧要的字符，只匹配比较重要的字符信息，从而使得匹配时，重点和非重点比较明显。

16.2.4　使用“\”屏蔽一个特殊字符的含义

在正则表达式中，特殊字符都表示特殊的含义，如脱字符表示从行首开始匹配，而美元符号表示从行尾开始匹配。如果需要匹配这些特殊字符，就要使用转义字符“\”，将特殊字符进行转义，使其变成一个普通的字符。转义字符的用法如示例 16-7.sh 所示。

【示例 16-7.sh】

```
#示例 16-7.sh  屏蔽特殊字符
#! /bin/bash

grep "*\$*" 16-7.sh
echo

echo '不使用反斜杠匹配$'
grep "*$*" 16-7.sh
```

为示例 16-7.sh 赋予可执行权限后执行脚本，结果如下：

```
ben@ben-laptop:~$ chmod u+x 16-7.sh
ben@ben-laptop:~$ ./ 16-7.sh
使用反斜杠匹配$
grep "*\$*" 16-7.sh

不使用反斜杠匹配$
grep "*$*" 16-7.sh
```

从示例 16-7.sh 的运行结果可以看出，如果需要匹配特殊字符，需要使用转义字符，将特殊字符转义成普通字符，然后就可以进行任意使用了。

16.3　扩展正则表达式的常用符号

对于正则表达式来说，扩展的正则表达式也常用于实际操作中，常用的扩展正则表达式符号为“[]”。本节将重点介绍该符号的使用方法。

16.3.1 使用"[]"匹配一个范围或集合

在使用正则表达式时，经常会遇到在一定范围内进行字符或字符串匹配的情况，如判断某个字符是不是数字（数字的范围从 0 到 9），或是某个字符是不是字符（大写字符或是小写字符），如果需要匹配的内容较少，可以将所有的字符都写出来。如果需要匹配的字符个数过多时，则需要使用一个新的字符，即一对中括号"[]"，在中括号中需要添加匹配字符的集合，如下列表达式所示：

```
[a-c]
[5-9]
```

在上面的两个表达式中，第 1 个表达式表示需要匹配的字符为 a、b、c，对于其他字符都属于匹配失败。第 2 个表达式表示需要匹配的内容是数字 5、6、7、8、9，对于其他字符也属于匹配失败。范围匹配符号的用法如示例 16-8.sh 所示。

【示例 16-8.sh】

```
#示例 16-8.sh  使用[]匹配一个范围
#! /bin/bash

echo 匹配开头字符是字符
grep "[a-z]^" 16-8.sh
```

为示例 16-8.sh 赋予可执行权限后执行脚本，结果如下：

```
ben@ben-laptop:~$ chmod u+x 16-8.sh
ben@ben-laptop:~$ ./ 16-8.sh
匹配开头字符是字符
echo 匹配开头字符是字符
grep [a-z] 16-8.sh
```

从示例 16-8.sh 的运行结果可以看出，如果需要匹配的字符是连续的字符，如都是字母或数字，那么可以使用一对中括号"[]"来表示某一段范围，从而使正则表达式更加简洁明了。

16.3.2 使用"\{\}"匹配模式结果出现的次数

在使用星号或其他符号时，只要输入数据中至少有一次出现正则表达式中的模板，就算是匹配成功。如果需要查找匹配模板出现 3 次或多次，就需要使用符号"\{\}"来判断匹配模板出现的次数。该符号的使用方式如下：

```
sring \ { n \ }
string \ { n, \ } m
string \ { n, m \ }
```

在上面 3 个表达式中，第 1 个表达式用来匹配 string 出现的次数，如果出现 n 次，那么匹配成功。对于第 2 种方式来说，和第 1 种含义相同，但是 string 出现的次数最少为 n 次。对于第 3 种方式来说，string 出现次数必须在 n 与 m 之间，小于 n 次或是大于 m 次都不属于匹配成功，如示例 16-9.sh 所示。

【示例 16-9.sh】

```
#示例 16-9.sh  模式出现机率的使用
#! /bin/bash

echo 匹配字符 b 至少出现 2 次
grep "b\{2\}"  16-9.sh
echo

echo 匹配字符 c 出现 1~2 次
grep "c\{1,2\}"  16-9.sh
```

为示例 16-9.sh 赋予可执行权限后执行脚本，结果如下：

```
ben@ben-laptop:~$ chmod u+x 16-9.sh
ben@ben-laptop:~$ ./ 16-9.sh
匹配字符 b 至少出现 2 次
#! /bin/bash

匹配字符 c 出现 1~2 次
echo 匹配字符 b 至少出现 2 次
echo
echo 匹配字符 c 出现 1~2 次
grep "c\{1,2\}"  16-9.sh
```

从示例 16-9.sh 的运行结果可以看出，在正则表达式中，可以对某些字符出现的次数进行精确计数，从而能够对文本中的数据进行精确定位。

16.3.3 问号的使用

在进行重复匹配时，经常使用星号来匹配模板中的字符或字符串出现一次或是多次的情形。此外，还可以使用问号来匹配那些只出现一次或没有出现的情形。当使用问号时，匹配模板出现一次或是没有出现，则匹配成功。如果匹配模板出现的次数超过一次，则匹配失败。问号的使用方式如下：

```
ab?c
12?3
```

在上面的第一个表达式中，如果输入数据中存在 ac、abc 之类的字符串，那么该数据匹配成功，因为字符 b 出现了零次或一次。而如果 abbbc、abbc 之类的字符串中出现超过一次的字符，那么此时匹配是失败的。关于问号的如示例 16-10.sh 所示。

【示例 16-10.sh】

```
#示例 16-10.sh  问号的使用
#! /bin/bash
```

```
echo 匹配出现过字符 b 的文本
grep "*b?"  16-10.sh
echo
echo 匹配出现过字符 e 的文本
grep "*e?"  16-10.sh
```

为示例 16-10.sh 赋予可执行权限后执行脚本，结果如下：

```
ben@ben-laptop:~$ chmod u+x 16-10.sh
ben@ben-laptop:~$ ./ 16-10.sh
匹配出现过字符 b 的文本
grep "*b?"  16-10.sh

匹配出现过字符 e 的文本
e
grep "*e?"  16-10.sh
```

从示例 16-10.sh 的运行结果可以看出，使用问号能够保证文本数据至少出现一次，而不像星号那样，即使不出现匹配的文本，也会记为匹配成功。

注　意

在扩展正则表达式中，还经常使用加号来表示匹配模板出现至少一次的情形。其使用方式和星号、问号类似。

16.4 小　结

本章主要介绍了正则表达式在 Shell 脚本中的使用，重点介绍了基本正则表达式以及扩展正则表达式中常用符号的使用方式。正则表达式一般用来处理文本数据，可以从一个字符串中查找某些特殊字符或字符串，还可以将检索出来的字符串用其他的字符或字符串替换掉。

正则表达式可以分为基本正则表达式和扩展正则表达式。

在基本正则表达式中，一般使用点字符来匹配任意的一个字符，使用星号来匹配零个或多个字符；脱字符和美元符号作为定位符，常用来确定字符串出现在行首或行尾。如果需要将特殊字符作为普通字符进行匹配，需要使用转义字符反斜杠来进行转义。

对于扩展正则表达式来说，中括号表示字符串出现的范围，一般是从低到高表示；使用问号来表示匹配模板出现一次或多次，而加号常用来表示出现至少一次。

使用特殊字符和普通字符的结合，可以通过定义相应的正则表达式来作为相应的匹配模板，然后可以使用 sed 编辑器或 gawk 编辑器来从输入数据流中进行筛选，从而获取符合要求的数据。

第17章

grep 命令

上一章介绍的正则表达式是对文本数据按照模板进行匹配，在进行文本匹配时，首先需要进行文本搜索。在 Linux 系统中，常用的文本搜索工具是 grep 命令，本章将重点介绍 grep 命令的使用方式。

本章的主要内容如下：

- grep 的基本使用方式以及常用选项的使用
- grep 命令和正则表达式的协同使用
- grep 命令和系统命令的协同使用

17.1 grep 的基础使用

grep 命令的主要作用就是实现文本检索，初学者刚开始使用时会摸不着头绪，但只要学完本节的例子，相信读者都能轻松找到想要的数据。

17.1.1 grep 命令的基本使用方式

grep 命令是 Linux 系统中常用的文本检索工具，用途非常广泛。其一般形式如下：

```
grep [选项] [匹配样本] [文件列表]
```

grep 命令一般用于在指定的文件列表中查找指定的匹配样本。如果指定文件中的内容包含所指定的样式，那么含有样式的那一列将会显示出来（一般显示到屏幕上，也可使用重定向显示到其他地方）。如果没有找到指定的内容，将不显示任何内容。在使用 grep 命令时，如果不指定文件名列表，或使用的文件名为“-”，那么 grep 指令会从标准输入设备读取数据进行匹配。grep 命令的简单使用如示例 17-1.sh 所示。

【示例 17-1.sh】

```
#示例 17-1.sh  grep 命令的使用
#! /bin/bash

echo "grep 命令的简单使用示例"
echo "在当前目录中查找文件"
grep "17-1.sh"./
echo 找到文件 17-1.sh
echo "使用 grep 命令查找不存在的文件"
grep "no_exsit.txt" ./
echo 未找到不存在的文件
```

为示例 17-1.sh 赋予可执行权限后执行脚本，结果如下：

```
ben@ben-laptop:~$ chmod u+x 17-1.sh
ben@ben-laptop:~$ ./ 17-1.sh
grep 命令的简单使用示例
在当前目录中查找文件
找到文件 17-1.sh
使用 grep 命令查找不存在的文件
未找到不存在的文件
```

从示例 17-1.sh 的执行结果可以看出，使用 grep 命令会出现多个结果，并且在使用一次 grep 命令不能检索出需要的结果时，可以将 grep 命令和管道符号一起使用，再从上一次检索的结果中继续检索，最终得到需要的结果。grep 命令和管道符的用法如示例 17-2.sh 所示。

【示例 17-2.sh】

```
#示例 17-2.sh  grep 命令和管道符号的使用
#! /bin/bash

echo "多次使用 grep 命令，逐次缩小范围"
ls -l | grep 17-1.sh
```

为示例 17-2.sh 赋予可执行权限后执行脚本，结果如下：

```
ben@ben-laptop:~$ chmod u+x 17-2.sh
ben@ben-laptop:~$ ./ 17-2.sh
多次使用 grep 命令，逐次缩小范围
-rwxrwxrwx 1 ben ben 177 2021-03-18 18:40 17-1.sh
```

从示例 17-2.sh 的执行结果中可以看出，在使用 grep 命令之前首先执行 ls -l 命令，而 grep 命令在 ls 命令的执行结果中进行检索，当检索到相应的记录时就进行显示；如果没有找到合适的内容，则不会进行任何显示。

注　意
在使用 grep 命令时，一定要提供一个文件的检索路径，否则 grep 命令会一直等待用户输入，直至程序中断。

17.1.2 grep 选项

grep 命令经常和一些选项配合使用，从而使之对内容的查找更加灵活。grep 命令常用的选项如表 17-1 所示。

表 17-1 grep 命令的常用选项

选项名称	作　用
-c	只输出匹配行的计数，不显示匹配的内容
—i	不区分大小写（只适用于单字符）
-h	查询多文件时不显示文件名
-n	显示匹配行及行号
-s	不显示不存在或无匹配文本的错误信息
-v	显示不包含匹配文本的所有行
-E	允许使用扩展模式匹配

从表17-1中可以看出，在使用grep命令时，可以通过-c选项只输出匹配的行数，而不显示具体的内容。使用-l选项可在匹配时对字符的大小写不敏感。使用-h选项可在查询多个文件时不显示文件名。使用-n选项可以显示匹配的行号以及该行的内容。使用选项-s避免显示不存在或无匹配文本的错误信息。使用选项-v显示不包含匹配文本的所有行。关于这些选项的详细用法，将在后面详细讲解。

注　意
表 17-1 中出现的选项只是 grep 命令常用的选项。关于 grep 命令的其他选项，可以使用 man grep 命令进行查看。

17.1.3 行数

在使用 grep 命令时，有时候仅需要知道最终匹配的行数，至于哪些是需要的内容，则不用关心。此时，可以使用 grep 命令的-c 选项，忽略匹配的内容，而只显示行号。-c 选项的用法如示例 17-3.sh 所示。为了直观地观察-c 选项的用法，在示例中先将匹配的内容显示出来，然后再使用-c 选项来显示匹配的行数，从而方便我们做个比较。

【示例 17-3.sh】

```
#数据文件 test.txt
hello123
hello123
Hello123
```

```
#示例 17-3.sh  grep 命令中选项的使用
#! /bin/bash

echo '显示匹配 hello 的内容'
grep -E "hello" test.txt
echo 显示匹配的行数
grep -c "hello" test.txt
echo

echo '显示匹配 Hello 的内容'
grep -E "Hello" test.txt
echo 显示匹配的行数
grep -c "Hello" test.txt
```

为示例 17-3.sh 赋予可执行权限后执行脚本，结果如下：

```
ben@ben-laptop:~$ chmod u+x 17-3.sh
ben@ben-laptop:~$ ./ 17-3.sh
显示匹配 hello 的内容
hello123
hello123
显示匹配的行数
2

显示匹配 Hello 的内容
Hello123
显示匹配的行数
1
```

从示例 17-3.sh 的执行结果中可以看出，使用-c 选项后，grep 命令只显示匹配的行数。而使用了-E 选项之后，grep 命令对字符的大小写就变得敏感了，字符“h”和“H”就变成了两个字符。

17.1.4 大小写敏感

在进行文本匹配时，一般情况下是使用什么模板就需要匹配什么样的内容，即对文本中字符的大小写是非常敏感的。而在有些时候则不需要关心字符的大小写，只要出现这个字符就是匹配成功，如在文件/dev/passwd 中查找“h”或“H”字符时，可以使用下列命令表示：

```
grep 'h' 'H' /dev/passwd
```

上面的表达式是当使用的字符比较少时，可以将需要匹配的字符逐个写出来。而如果需要查找“hello”字符串，那么逐个写出所有出现的字符可能不现实，这时就需要使用-l 选项，使得在查找时，不再关心字符串的大小写，以检索出需要的内容，如示例 17-4.sh 所示。

【示例 17-4.sh】

```
#示例 17-4.sh  grep 命令中选项的使用
#! /bin/bash
#hello
#HELLO

echo 不使用-E 选项（不区分大小写）
echo 匹配 hello
grep *hello*  17-4.sh
echo

echo 匹配 HELLO
grep *HELLO* 17-4.sh
echo

echo 使用-E 选项（区分大小写）
echo 区分大小写匹配 hello
grep -E *hello* 17-4.sh
```

为示例 17-4.sh 赋予可执行权限后执行脚本，结果如下：

```
ben@ben-laptop:~$ chmod u+x 17-4.sh
ben@ben-laptop:~$ ./ 17-4.sh
不使用-E 选项（不区分大小写）
匹配 hello
grep *hello*  17-4.sh
grep -E *hello* 17-4.sh

匹配 HELLO
grep *HELLO* 17-4.sh

使用-E 选项（区分大小写）
区分大小写匹配 hello
#hello
echo 匹配 hello
grep *hello*  17-4.sh
echo 区分大小写匹配 hello
grep -E *hello* 17-4.sh
```

从示例 17-4.sh 的执行结果可以看出，如果不使用-E 选项，grep 命令默认是不关心字符的大小写的，在匹配“hello”和“HELLO”时，其效果类似。这样，在精确度较高的情况下，就需要对字符的大小写进行区分；而在使用了-l 选项之后，“hello”和“HELLO”就变成了两个字符串了。

17.1.5 显示非匹配行

在使用 grep 命令时，如果在文本中找到匹配的内容，就会输出相应的内容；如果使用了-v 选项，就会进行反向匹配，原本匹配成功的内容不再显示，而显示出来的是匹配不成功的内容。关于-v 选项的用法如示例 17-5.sh 所示。

【示例 17-5.sh】

```
#示例 17-5.sh  grep 命令中-v 选项的使用
#! /bin/bash
#hello
#Hello
#HELLO
#123
#345

echo 显示匹配行
grep -E *hello*  17-5.sh
echo 使用-v 选项显示不匹配行
grep -v *hello*  17-5.sh
grep -v *HELLO*  17-5.sh

echo 显示开头字符不是字母的数据
grep -v ^[a-zA-Z] 17-5.sh
```

为示例 17-5.sh 赋予可执行权限后执行脚本，结果如下：

```
ben@ben-laptop:~$ chmod u+x 17-5.sh
ben@ben-laptop:~$ ./ 17-5.sh
显示匹配行
#hello
grep -E *hello*  17-5.sh
grep -v *hello*  17-5.sh
使用-v 选项显示不匹配行
#! /bin/bash
#hello
#Hello
#HELLO
#123
#345
echo 显示匹配行
echo 使用-v 选项显示不匹配行
grep -v *HELLO*  17-5.sh

echo 显示开头字符不是字母的数据
```

```
grep -v ^[a-zA-Z] 17-5.sh
#! /bin/bash
#hello
#Hello
#HELLO
#123
#345
echo 显示匹配行
grep -E *hello*  17-5.sh
echo 使用-v 选项显示不匹配行
grep -v *hello*  17-5.sh

echo 显示开头字符不是字母的数据
grep -v ^[a-zA-Z] 17-5.sh
显示开头字符不是字母的数据
#! /bin/bash
#hello
#Hello
#HELLO
#123
#345
```

由示例 17-5.sh 的执行结果可以看出，使用-v 选项能够实现 grep 命令的反向输出，即将匹配不成功的数据输出，而匹配成功的数据将不输出。这种情况可以用于对某些内容的反向判断，如检查文本中错误的、不符合要求的内容等。

17.1.6　查询多个文件或多个关键字

在使用 grep 命令时，经常会遇到在多个文件中检索模板内容，或存在多个模板需要进行检索的情况。对于在多个文件中进行检索的情形来说，如果被检索的文件在一个目录文件中，那么一般使用通配符星号（“*”）来代替需要检索的所有的文件；而当 grep 命令在运行时，会自动到目录文件中的所有子文件中进行检索，直至查看完所有的文件。在检索的过程中，遇到匹配的内容，就直接显示出来。通配符星号在 grep 命令中的用法如示例 17-6.sh 所示。

【示例 17-6.sh】

```
#示例 17-6.sh  grep 命令中选项的使用
#! /bin/bash

echo '使用*进行匹配'
echo "匹配 17-6*"
ls -l | grep 17-6*
```

为示例 17-6.sh 赋予可执行权限后执行脚本，结果如下：

```
ben@ben-laptop:~$ chmod u+x 17-6.sh
ben@ben-laptop:~$ ./17-6.sh
使用*进行匹配
匹配 17-6*
-rwxrwxrwx 1 ben ben  79 2021-03-18 20:23 17-6.sh
```

从示例 17-6.sh 的执行结果中可以看出，使用匹配符星号可以匹配一个或多个任意字符，在使用时，除了重点字符以外，其余都可以使用星号代替。

如果需要检索多个关键字，即需要匹配多个关键字时，一般使用-E 选项实现。在使用-E 选项时，grep 命令就可以在相同的文件中同时匹配多个关键字，关键字一般使用双引号括起来，并且关键字之间使用竖线进行分割。grep 检索多个关键字如示例 17-7.sh 所示。

【示例 17-7.sh】

```
#示例 17-7.sh  grep 检索多个关键字
#! /bin/bash
#hello
#Hello
#HELLO
#HEllo
#HELlo

echo '使用 grep 命令的-E 选项'
echo '匹配 hello|Hello'
grep -E "hello|Hello" 17-7.sh
echo
echo '匹配 HE.lo|hello'
grep -E "HE.lo|hello" 17-7.sh
```

为示例 17-7.sh 赋予可执行权限后执行脚本，结果如下：

```
ben@ben-laptop:~$ chmod u+x 17-7.sh
ben@ben-laptop:~$ ./ 17-7.sh
使用 grep 命令的-E 选项
匹配 hello|Hello
#hello
#Hello
echo '匹配 hello|Hello'
grep -E "hello|Hello" 17-7.sh
echo '匹配 HE.lo|hello'
grep -E "HE.lo|hello" 17-7.sh

匹配 HE.lo|hello
#hello
#HEllo
#HELlo
```

```
echo '匹配 hello|Hello'
grep -E "hello|Hello" 17-7.sh
echo '匹配 HE.lo|hello'
grep -E "HE.lo|hello" 17-7.sh
```

从示例 17-7.sh 的执行结果中可以看出，当存在多个关键字时，可以使用-E 选项进行匹配，在多个关键字之间需要使用竖线作为分隔符，以区分每一个关键字。

注　意
在使用 grep 命令实现检索多个关键字时，其选项一般使用大写的字符 E。

17.2 grep 和正则表达式

grep 命令常和正则表达式一起使用，以满足各种需求的文本检索。当 grep 命令和正则表达式一起使用时，正则表达式只是字符串的一种描述形式，而 grep 命令作为一个支持正则表达式的工具，可完成文本的检索。本节将重点讲解 grep 命令和正则表达式一起使用的方式。

注　意
为了在文本检索过程中，使正则表达式的匹配能够顺利进行，正则表达式需要使用引号引用起来。

17.2.1 模式范围以及范围组合

在进行文本的检索时，经常需要在一定范围内查找。除了使用-E 选项之外，还可以使用表示范围的“[]”，以在一定范围内进行检索。该符号可以单独使用，也可以多个一起使用，以形成一个范围的组合。该符号的用法如示例 17-8.sh 所示。

【示例 17-8.sh】

```
#示例 17-8.sh  模式范围以及范围组合的使用
#! /bin/bash

#hello123
#Hello123
#Hao123hao123
#HAO123HAOo123
#HELlo123

echo 使用模式范围
echo '匹配#[h,H]e[l,L]'
grep -E "#[h,H]e[l, L]*" 17-8.sh
echo
```

```
echo '匹配[1-9][1-9].[A-Z]'
grep -E "*[1-9][1-9].[A-Z]*" 17-8.sh
```

为示例 17-8.sh 赋予可执行权限后执行脚本，结果如下：

```
ben@ben-laptop:~$ chmod u+x 17-8.sh
ben@ben-laptop:~$ ./ 17-8.sh
使用模式范围
匹配#[h,H]e[l,L]
#hello123
#Hello123

匹配[1-9][1-9].[A-Z]
#hello123
#Hello123
#Hao123hao123
#HAO123HAOo123
#HELlo123
grep -E "#[h,H]e[l, L]*" 17-8.sh
grep -E "*[1-9][1-9].[A-Z]*" 17-8.sh
```

从示例 17-8.sh 的执行结果中可以看出，grep 命令可以在一定范围内进行模糊查找，如[1-9]表示从 1 到 9 的所有数字都可以匹配成功。这样可以简化匹配模板的编写，增强脚本的可读性。

17.2.2 定位符的使用

在正则表达式中，脱字符“^”和美元符号“$”一般用来匹配行首字符和行尾字符。使用 grep 命令时，也可以通过这两个字符对行首或行尾进行文本检索。在使用定位符时，还可以利用这两个字符的特性来匹配空行。在匹配空行时，将脱字符和美元符号放在一起使用，从而使得行首和行尾之间没有其他字符，就能匹配一个空行。定位符的用法如示例 17-9.sh 所示。

【示例 17-9.sh】

```
#示例 17-9.sh  定位符的使用
#! /bin/bash

echo 使用脱字符匹配开头字符
grep -E "[^a-z]" test.txt

echo 使用定位符匹配空行
grep '^$' 17-9.sh

echo 使用美元符号匹配结尾字符
grep "[1-9$].sh" 17-9.sh
```

为示例 17-9.sh 赋予可执行权限后执行脚本，结果如下：

```
ben@ben-laptop:~$ chmod u+x 17-9.sh
ben@ben-laptop:~$ ./ 17-9.sh
使用脱字符匹配开头字符
#hello123
#Hello123
使用定位符匹配空行


使用美元符号匹配结尾字符
grep '^$' 17-9.sh
grep "[1-9$].sh" 17-9.sh
```

从示例 17-9.sh 的执行结果中可以看出，在使用美元符号时，开头字符是小写字符的都能匹配成功；而使用脱字符时，结尾字符 sh 的前面是数字才能匹配成功。

17.2.3 字符匹配

在使用 grep 命令时，可以使用正则表达式中的“通配符”来表示一些无关紧要的字符，仅保留需要匹配的字符。星号“*”除了可以匹配多个文件以外，还可以用来匹配零个或多个字符。而点号一般用来匹配单个字符，这个字符可以是任意字符。匹配字符的用法如示例 17-10.sh 所示。

【示例 17-10.sh】

```
#示例 17-10.sh  字符的匹配
#! /bin/bash

#hello
#Hello
#HELLO
#HEllo
#HELlo

echo 使用通配符点号匹配一个字符
grep -E "#HE.lo"  17-10.sh
echo

echo 使用通配符星号*匹配 0 个字符或多个字符
echo '匹配#H*'
grep -E "#H*" 17-10.sh
echo
echo '匹配*lo'
grep -E "*lo" 17-10.sh
```

为示例 17-10.sh 赋予可执行权限后执行脚本，结果如下：

```
ben@ben-laptop:~$ chmod u+x 17-10.sh
ben@ben-laptop:~$ ./ 17-10.sh
```

```
使用通配符点号匹配一个字符
#HEllo
#HELlo
grep -E "#HE.lo"  17-10.sh

使用通配符星号*匹配 0 个字符或多个字符
匹配#H*
#! /bin/bash
#hello
#Hello
#HELLO
#HEllo
#HELlo
grep -E "#HE.lo"  17-10.sh
echo '匹配#H*'
grep -E "#H*" 17-10.sh

匹配*lo
#hello
#Hello
#HEllo
#HELlo
grep -E "#HE.lo"  17-10.sh
echo '匹配*lo'
grep -E "*lo" 17-10.sh
```

从示例 17-10.sh 的执行结果中可以看出，在使用星号进行字符串的匹配时，凡是开头字符是#H 的，都属于匹配成功。当使用点号时，只能使用点号来替换一个字符，其他字符还需要按照实际的模板来匹配。

17.2.4 模式出现机率

前面介绍的 grep 命令在进行文本匹配时，只要出现一次模板中的内容，就匹配成功。因此，在正则表达式中，还可以使用大括号“{}”来限定某些字符出现的次数。只有该字符出现的次数匹配成功，那么整个匹配才算成功。符号“{}”的匹配使用如示例 17-11.sh 所示。

【示例 17-11.sh】

```
#示例 17-11.sh  模式出现机率的使用
#! /bin/bash

#hello
#HEllo
#helloHELlo

echo 匹配字符 l 至少出现 2 次
```

```
grep "l\{2\}" 17-11.sh
echo
echo 匹配字符 l 出现 1~2 次
grep "l\{1,2\}" 17-11.sh
```

为示例 17-11.sh 赋予可执行权限后执行脚本，结果如下：

```
ben@ben-laptop:~$ chmod u+x 17-11.sh
ben@ben-laptop:~$ ./ 17-11.sh
匹配字符 l 至少出现 2 次
#hello
#HEllo
#helloHELlo

匹配字符 l 出现 1~2 次
#hello
#HEllo
#helloHELlo
echo 匹配字符 l 至少出现 2 次
grep "l\{2\}" 17-11.sh
echo 匹配字符 l 出现 1~2 次
grep "l\{1,2\}" 17-11.sh
```

从示例 17-11.sh 的执行结果中可以看出，对于匹配字符 l 至少出现 2 次的记录，在进行匹配时，那些 l 字符在文本中出现 2 次以上的才算匹配成功；而出现 1 到 2 次的那些记录，则是字符 l 出现了 1 次或 2 次的才算匹配成功。

> **注　意**
>
> 符号"{}"在正则表达式中属于特殊符号，因此需要使用转义字符将符号"{}"转义成普通字符。

17.2.5 匹配特殊字符

在正则表达式中使用的特殊字符也可以进行匹配，但是需要使用转义字符"\"，将特殊字符进行转义，然后特殊字符就可以按照普通字符进行匹配了。在使用 grep 命令进行文本的检索时，将会把特殊字符按照普通字符进行匹配。特殊字符的匹配使用如示例 17-12.sh 所示。

【示例 17-12.sh】

```
#示例 17-12.sh  匹配特殊字符
#! /bin/bash

echo 匹配特殊字符
echo '匹配$'
grep *\$* 17-12.sh
```

为示例 17-12.sh 赋予可执行权限后执行脚本，结果如下：

```
ben@ben-laptop:~$ chmod u+x 17-12.sh
ben@ben-laptop:~$ ./ 17-12.sh
匹配特殊字符
匹配$
grep *\$* 17-12.sh
```

在匹配特殊字符“$”时，需要使用转义字符将特殊字符转义成普通字符，这样就能够按照正常的字符进行匹配了。对于其他的字符来说，则不需要使用转义字符进行转义。

17.3 grep 命令的扩展使用

grep 命令除了正则表达式之外，还可以使用其他形式，如使用国际模式匹配的类名来代替正则表达式，或使用 egrep 或 fgrep 命令来实现某一特殊的功能。本节将介绍 grep 命令的扩展使用。

17.3.1 类名的使用

在使用 grep 命令时，除了使用正则表达式之外，还可以使用国际模式匹配的类名来代替正则表达式。国际模式匹配的类名将正则表达式中的一些常用字符进行“封装”，使用特定的字符表示，从而在使用时更加方便。常用的类名和正则表达式的关系如表 17-2 所示。

表 17-2 国际模式匹配的类名

国际模式匹配的类名	对应的正则表达式	作　用
[[:upper:]]	[A-Z]	匹配大写字符
[[:lower:]]	[a-z]	匹配小写字符
[[:digit:]]	[0-9]	匹配数字
[[:alnum:]]	[0-9a-zA-Z]	匹配字符和数字
[[:space:]]	空格或 TAB	匹配空格
[[:alpha:]]	[a-zA-Z]	匹配字符，包括大写字符和小写字符

从表 17-2 中可以看出，国际模式匹配的类名主要“封装”了大写字符、小写字符、数字字符、空格、tab、大写字符和小写字符的组合、大小写字符和数字字符的组合等常用的组合形式。在进行文本的匹配时，可以直接使用匹配的类名来代替对应的正则表达式，从而实现目标文本的检索。国际模式匹配类名的用法如示例 17-13.sh 所示。

【示例 17-13.sh】

```
#示例 17-13.sh  国际模式匹配的类名的使用
#! /bin/bash

#hello123
#Hello123
```

```
#Hao123hao123
#HAO123HAOo123
#HELlo123

echo 使用国际模式匹配的类名
echo 匹配开头字符是大写字符
grep "#[[:upper:]]" 17-13.sh
echo

echo 匹配开头字符是 H，后面必须是两个字符，然后是数字
grep "H[[:alpha:]][[:alpha:]][[:digit:]]*" 17-13.sh
```

为示例 17-13.sh 赋予可执行权限后执行脚本，结果如下：

```
ben@ben-laptop:~$ chmod u+x 17-13.sh
ben@ben-laptop:~$ ./ 17-13.sh
使用国际模式匹配的类名
匹配开头字符是大写字符
#Hello123
#Hao123hao123
#HAO123HAOo123
#HELlo123

匹配开头字符是 H，后面必须是两个字符，然后是数字
#Hello123
#Hao123hao123
#HAO123HAOo123
#HELlo123
```

从示例 17-13.sh 的执行结果中可以看出，使用类名[[:upper:]]可以用来表示大写字符，grep 命令会在该位置上匹配所有的大写字符；如果是大写字符，则表示匹配成功。对于[[:alpha:]]和[[:digit:]]来说，效果都是相同的。

17.3.2 egrep 命令的使用

egrep 命令一般用于搜索一个或多个文件，可以任意搜索文件中的字符串和符号。该命令的一般格式如下：

```
egrep [选项] [匹配模板] [查找文件列表]
```

egrep 命令的使用方式和 grep 命令类似，都需要指定查找文件和匹配的模板，然后在文件中查找能够符合匹配模板的内容。如果查找成功，则在屏幕上输出内容。如果找不到模板中的内容，则没有任何显示。egrep 命令还存在一些 grep 命令没有的选项，这些选项如表 17-3 所示。

表 17-3　egrep 命令的特殊选项

选项/符号	作　用	示　例
加号+	匹配一个或多个字符	'a+[a-z]+[0-9]'
(|)	匹配任意字符串	(root|ubntu)

从表 17-3 中可以看出，使用 egrep 命令在某些方面比 grep 命令更加适合在文本中进行查找，并且非常直观，给人以清晰的认知。egrep 命令的用法如示例 17-14.sh 所示。

【示例 17-14.sh】

```
#示例 17-14.sh  egrep 命令的使用
#! /bin/bash

#hello123
#Hello123
#Hao123hao123
# HAO123HAOo123
#HELlo123

echo "egrep 命令的使用示例"
echo "使用加号连接字符串"
egrep 'h+[h, H]' 17-14.sh
egrep '*+123*' 17-14.sh
echo "使用 grep 命令实现相同的效果"
grep 'h[h, H]' 17-14.sh
egrep '*123*' 17-14.sh
echo "使用 egrep 命令匹配任意字符串"
egrep '(h|H)(a|A)o' 17-14.sh
```

为示例 17-14.sh 赋予可执行权限后执行脚本，结果如下：

```
ben@ben-laptop:~$ chmod u+x 17-14.sh
ben@ben-laptop:~$ ./ 17-14.sh
egrep 命令的使用示例
使用加号连接字符串
egrep "h+[h,H]" 17-14.sh
grep "h[h, H]" 17-14.sh

使用 grep 命令实现相同的效果
egrep "h+[h,H]" 17-14.sh
grep "h[h, H]" 17-14.sh

使用 egrep 命令匹配任意字符串
#Hao123hao123
```

从示例 17-14.sh 的执行结果中可以看出，在使用 egrep 命令时，可以使用加号来实现几个字符串的关联匹配；这里使用 grep 命令也同样可以实现，但是程序的可读性相对较差。因此，就这两个命令来说，笔者推荐使用 grep 命令。

17.3.3 fgrep 命令的使用

在 Linux 系统中，和 grep 命令相关的还有 fgrep 命令。fgrep 命令常用于为文件搜索字符串。一般将模式当作固定字符串来处理，因此其处理速度很快，但是其搜索功能与 grep 相比，相对较弱。fgrep 命令的基本使用方式如下所示：

```
fgrep [选项] [匹配模板] [查找文件列表]
```

fgrep 命令搜索文件列表中符合匹配模板的数据行，如果不指定文件列表，默认从标准输出中获取数据。fgrep 命令的使用方式和 grep 加-f 选项类似，但是对于结果的处理不一样。fgrep 命令如果找到符合要求的数据，那么该命令就会返回 0；如果未找到匹配的内容，其返回值为 1。如果返回值是大于 1 的数，则表明该命令在执行过程中发生语法错误，或者查找的目标文件不存在，需要对命令重新编写。

在使用 fgrep 命令时，还需要将每行输入数据限制在 2048 个字节。一个段落一般限制在 5000 个字符的长度，并且部分选项不能重叠使用，否则会引起标志位的覆盖。fgrep 命令的用法如示例 17-15.sh 所示。

【示例 17-15.sh】

```
#示例 17-15.sh  fgrep 命令的使用
#! /bin/bash

#hello123
#Hello123
#Hao123hao123
# HAO123HAOo123
#HELlo123

echo "fgrep 命令的简单使用示例"
fgrep "hao"  *.h
```

为示例 17-15.sh 赋予可执行权限后执行脚本，结果如下：

```
ben@ben-laptop:~$ chmod u+x 17-15.sh
ben@ben-laptop:~$ ./ 17-15.sh
fgrep 命令的简单使用示例
#Hao123hao123
fgrep "hao"  17-15.sh
```

在使用 fgrep 时，数据限制在每行 2048 个字节，而在本例中没有达到该限制，所以，命令 fgrep 运行以后匹配的内容和使用 grep 命令是相同的。

注　意

在 fgrep 命令中，匹配的模板都被看作是字符串，因此，所有的元字符都作为普通字符来处理。

17.4　grep 命令使用示例

grep 命令是 Linux 系统中功能非常强大的文本搜索工具，它可以使用正则表达式搜索文本，并把匹配的行打印出来，也可以实现多种形式的搜索以及显示方式。本节将使用一些常用的示例来介绍 grep 命令的使用方式。

17.4.1　目录搜索——查找特定目录或文字

在日常的工作和学习中，经常需要查找某些文件放在哪个目录中，或是在文件中存在哪些内容。如果仅查找文件的位置，可以使用 find 命令。如果需要查找文件中是否包含需要的内容，就要使用 grep 命令+正则表达式的命令方式。在查找特定的文件或文字时，一般与其他命令一起使用，或者多个 grep 命令一起使用，从而获取最终的目标文件或目标文字。关于目录的搜索如示例 17-16.sh 所示。

【示例 17-16.sh】

```
#示例 17-16.sh  目录的搜索使用示例
#! /bin/bash

echo 在当前目录文件中查找文件 17-16.sh
ls -l | grep 17-16.sh
echo

echo '当前文件中查找 grep 字符'
ls -l | grep 17-16.sh |grep "grep"
```

为示例 17-16.sh 赋予可执行权限后执行脚本，结果如下：

```
ben@ben-laptop:~$ chmod u+x 17-16.sh
ben@ben-laptop:~$ ./ 17-16.sh
在当前目录文件中查找文件 17-16.sh
-rwxrwxrwx 1 ben ben 152 2021-03-18 20:00 17-16.sh

当前文件中查找 grep 字符
ls -l | grep 17-16.sh
echo '当前文件中查找 grep 字符'
grep "grep" 17-16.sh
```

从示例 17-16.sh 的执行结果中可以看出，在使用 grep 命令时，可以实现递进式地查找匹配，在每一层之间需要使用管道符进行分割。

17.4.2　使用 ps 命令检索特定的进程

在使用 Linux 系统运行命令之后，系统中会创建一个进程，当命令运行结束之后，该进程就会消失。因此，可以通过检索是否存在该进程来判断命令的执行状态。查看进程状态一般使用 ps 命令，并配合使用-ef 选项。在显示所有的进程以及进程的相关信息之后，再使用 grep 命令检索显示出来的结果，在命令中间可以使用管道符将 ps 命令和 grep 命令连接在一起。如果一次不能检索出需要的进程信息，可以使用多个 grep 命令和管道符结合的方式，最终获取需要的内容，如示例 17-17.sh 所示。

【示例 17-17.sh】

```
#示例 17-17.sh  检索特定进程
#! /bin/bash

echo "进程查找"
ps -ef | grep *i*
ps -ef | grep i*
ps -ef | grep init
```

为示例 17-17.sh 赋予可执行权限后执行脚本，结果如下：

```
ben@ben-laptop:~$ chmod u+x 17-17.sh
ben@ben-laptop:~$ ./ 17-17.sh
进程查找
查找 bash 进程
ben      3026  3024  0 20:06 pts/0    00:00:00 grep *bash

查找 17-17.sh
ben              3024     1859     0   20:06   pts/0        00:00:00   /bin/bash
ben@ben-laptop:~$ ./17-17.sh
ben      3028  3024  0 20:06 pts/0    00:00:00 grep 17-17.sh
```

从示例 17-17.sh 的执行结果中可以看出，使用 grep 命令可以方便地找到需要的进程，并且可以通过 ps 命令的选项来显示进程的信息。

17.5　小　　结

本章主要介绍了 Linux 系统中常用的文本检索工具——grep 命令。grep 命令可以和正则表达式一起使用，从而形成强大的文本搜索功能。

grep 命令可以使用命令选项来实现不同的输出。使用相应的选项可以实现忽略字符的大小写、只显示匹配的行数或显示不匹配的内容等，甚至还可以只显示匹配的行数，而不显示匹配的内容。

grep 命令常与正则表达式一起使用，以完成文本的检索。使用正则表达式可以在一定范围内查找文本，使用定位符可以实现在行首或行尾进行查找，使用通配符星号可以匹配任意个字符，使用点号可以匹配一个任意字符。在需要匹配特殊字符时，还可以使用转义字符，将特殊字符转义成普通字符。

正则表达式还可以使用国际模式匹配的类名来代替需要匹配的字符、数字、空格等，还可以使用 egrep 命令来代替 grep -E 选项，实现类似于逻辑与以及逻辑或的功能，从而方便查询多个关键字。

第18章

sed 编程

一般而言，Shell 脚本的主要任务之一就是处理文本文件，而使用 Shell 命令可以方便地对文件本身进行处理，但是对于文件内容来说，Shell 命令处理起来非常麻烦。在 Linux 系统中，处理文件内容可以使用 Gedit、vi（vim）、emacs 等文本编辑器来编辑，但是有些操作不需要使用这些编辑器就可以实现，此时可以使用 sed 编辑器和 gawk 编辑器。本章将重点介绍 sed 的使用，下一章再介绍 gawk 的使用。

本章的主要内容如下：

- sed 基本知识介绍
- sed 的使用
- sed 使用示例

18.1 认识 sed

在 Linux 系统中，一般存在两种文本编辑器，即流编辑器和交互式文本编辑器。Gedit、vi（vim）、Emacs 等属于文本编辑器，文本编辑器可以使用键盘对文本文件进行添加、删除、更改等操作，实现交互式操作。而流编辑器则是使用预先定义的操作规则，对文本文件进行添加、删除、更改等操作。

18.1.1 sed 工作模式

sed 编辑器以行为单位进行文本处理，常用于以批处理的方式编辑文件，如自动编辑或处理一个或多个文件等。sed 编辑器的基本使用方式如下：

```
sed [选项] 命令 目标文件
sed [选项] -f 脚本文件 目标文件
```

上面的表达式中展示了 sed 的两种使用方式，目标文件可以是一个文件，也可以是多个文件。第 1 种方式使用 sed 内置的命令对目标文本文件进行操作，使用命令可以实现文本文件的各种操作。在使用该命令时，需要用一对单引号把命令括起来，防止被看作普通的选项或其他内容。第 2 种方式使用定义好的脚本文件对目标文本文件进行操作。这两种方式都可以实现对目标文本文件的处理。

sed 编辑器可以根据输入命令行的命令，或者存储在命令文本文件中的命令处理数据。它每次从输入读取一行数据，将该数据与所提供的编辑器命令进行匹配，根据命令修改数据流中的数据，然后将新数据输出到 STDOUT。在流编辑器将全部命令和一行数据匹配完之后，再读取下一行数据，并重复上述过程。处理完数据流中的全部数据行之后，流编辑器停止工作。sed 编辑器的处理过程如图 18-1 所示。

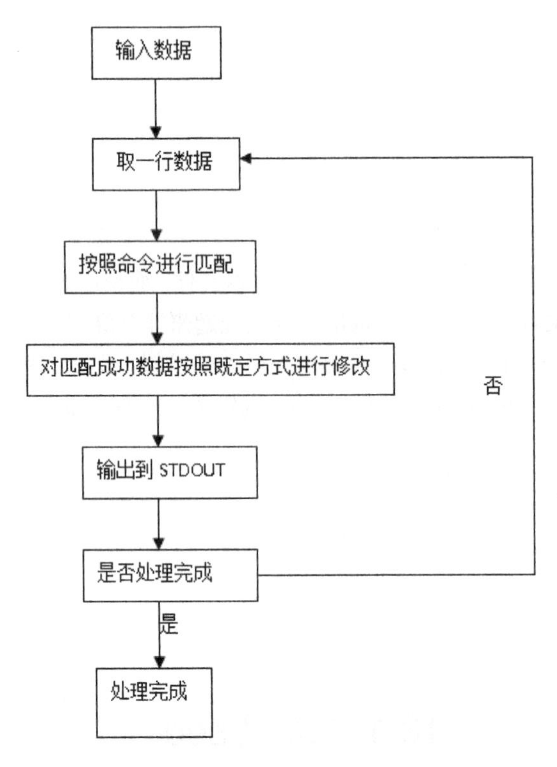

图 18-1　sed 编辑器运行过程

18.1.2　sed 常用指令

sed 编辑器所实现的大部分功能是由一些命令来实现的，这些命令告诉 sed 编辑器要执行什么操作，以及在什么范围内进行这些操作。sed 编辑器的常用命令如表 18-1 所示。

表 18-1　sed 编辑器的常用命令

命　令	作　用
a\	在当前行后面追加文本
b	分支到脚本中带有标记的地方。如果分支不存在，则分支到脚本的末尾
d	删除命令

（续表）

命　令	作　用
c	更改选定的行，并且替换整行内容
D	删除第一行
i\	在当前行上面插入文本
h	将文本中的内容放到内存中的缓冲区
H	以追加的方式将文本中的内容放到内存缓冲区
g	获得内存缓冲区的内容，并替代当前模板块中的文本
G	获得内存缓冲区的内容，并追加到当前模板块文本的后面
l	列表不能打印字符的清单
n	读取下一个输入行，用下一个命令处理新的行，而不是用第一个命令
N	追加下一个输入行到模板块后面，在二者间嵌入一个新行，并改变当前行号
p	打印文本文件的指定行
P（大写）	打印模板块的第一行
q	退出 sed
r file	从 file 中读取行
s	替换命令，一般用来替换字符串
w file	写并追加模板块到 file 末尾
W（大写）file	写并追加模板块的第一行到 file 末尾
!	反向选择，匹配命令没有发生作用的行

从表 18-1 可以看出，使用 sed 命令能够实现字符串的替换、删除等常用操作，这些命令的使用方式和选项类似，需要和 sed 命令一起使用。接下来分别介绍表 18-1 中常用命令的使用方式。

18.1.3 sed 常用选项

sed 编辑器除了常和命令一起使用之外，还可以使用选项。这些选项和其他 Shell 命令一样，可以丰富 sed 编辑器的处理方式。常用的选项如表 18-2 所示。

表 18-2 sed 编辑器的常用选项

选　项	作　用
-e	允许多态编辑
-h	帮助选项
-n	取消默认输出
-f	引导 sed 命令文件
-V	打印版本信息和版权信息

从表 18-2 中可以看出，使用 sed 命令的选项可以显示 sed 编辑器的某些基本信息，如显示帮助信息、版权信息等。还可以对输入输出进行某些设定，如取消默认输出、引导 sed 命令文件等。这些选项的用法如示例 18-1.sh 所示。

【示例 18-1.sh】

```
#示例 18-1.sh  sed 常用选项的使用
#! /bin/bash

echo 取消默认输出
sed -n '/a/p' data.txt
echo

echo 使用默认输出
sed  '/a/p' data.txt
```

为示例 18-1.sh 赋予可执行权限后执行脚本，结果如下：

```
ben@ben-laptop:~$ chmod u+x 18-1.sh
ben@ben-laptop:~$./ 18-1.sh
取消默认输出
this is a

使用默认输出
this is a
this is a
this is b
this is c
```

从示例 18-1.sh 的执行结果可以看出，在使用默认输出和不使用默认输出时，sed 编辑器同样的命令执行后，输出结果是不一样的。因此，在实际操作时，要明白是否需要默认输出。否则即使命令使用正确，显示结果也是“错误”的。

18.1.4 sed 地址范围

在默认情况下，sed 编辑器对所有的文本进行各种相应的操作。此外，sed 编辑器还可以在一定范围内进行文本操作，如仅删除第 3 行的文本，而对其他文本不进行任何操作，或者对中间的某几行进行操作。在 Bash 中，sed 编辑器可以使用的操作地址范围一般用一些符号来表示，这些符号如下所示：

- 数字定位：定义地址范围。
- 符号$：最后一行。
- 匹配字符串：处理存在匹配字符串的行。

sed 编辑器的地址范围可以有很多表达方式。可以只处理其中的某几行，或者直接定位到最后一行，还可以同时使用数字和最后一行，以表示控制从某一行到最后一行，甚至还可以单独处理存在某些字符串的行。sed 编辑器地址范围符号的用法如示例 18-2.sh 所示。

【示例 18-2.sh】

```
#date1.txt 文本内容
this is a
this is b
this is c
this is d
#示例 18-2.sh  sed 地址范围符号的使用
#! /bin/bash

echo 删除第 3 行到末尾的所有内容
sed '3,$d'  data1.txt
echo

echo 删除第 2 行到第 3 行的内容
sed '2,3d'  date1.txt
echo

echo 不使用地址范围符号
sed 'd' date1.txt
```

为示例 18-2.sh 赋予可执行权限后执行脚本，结果如下：

```
ben@ben-laptop:~$ chmod u+x 18-2.sh
ben@ben-laptop:~$./ 18-2.sh
删除第 3 行到末尾的所有内容
this is a
this is b

删除第 2 行到第 3 行的内容
this is a
this is d

不使用地址范围符号
```

从示例 18-2.sh 的执行结果可以看出，在使用地址范围之后，sed 编辑器只处理确定地址范围的文本，而对确定范围之外的文本不进行任何处理。在默认的处理方式中，sed 编辑器对所有的数据都进行处理。

18.2　sed 编辑器常用命令

sed 编辑器是 Shell 脚本常用的编辑工具之一。使用 sed 编辑器的基础就是熟练使用 sed 编辑器中常用的命令，如文本的替换、删除以及添加等操作。本节将重点介绍这些命令的使用方法。

18.2.1 替换命令的使用

sed 命令中比较常用的命令之一就是替换命令，即使用某些字符串来替换文本中特定的字符串，其用法如示例 18-3.sh 所示。

【示例 18-3.sh】

```
ben@ben-laptop:~$cat data.txt
this is a
this is b
this is c
#示例 18-3.sh  替换命令的使用
#! /bin/bash

echo 'sed 替换命令的基本使用'
echo 替换 this
sed 's/this/sed'  data.txt
echo

echo 替换 is
sed 's/is/sed'data.txt
```

为示例 18-3.sh 赋予可执行权限后执行脚本，结果如下：

```
ben@ben-laptop:~$ chmod u+x 18-3.sh
ben@ben-laptop:~$./18-3.sh
sed 替换命令的基本使用
替换 this
test is a
test is b
test is c

替换 is
thtest is a
thtest is b
thtest is c
```

从示例 18-3.sh 的执行结果可以看出，使用了替换命令 s 之后，在文本中的实例 this 和 is 都被替换成了文本 test。然而，在默认情况下，sed 命令只会替换文本中第一次出现的待替换的文本，而对后面的文本不进行处理，此时，需要在 sed 命令中添加替换标记，从而实现所有目标文本的替换。常用的替换标记如下：

- 数字：表示替换文本中的第几个实例。
- w file：表示将替换的结果写入到文件 file。
    - g：表示用新文本替换现有文本中的全部实例。
    - p：表示打印原始行的内容。

在使用替换标记时，要将标记放在替换文本的后面，其基本格式如下：

```
命令 s/新文本/实例/替换标记
```

在使用替换标记之后，sed 编辑器就会按照特定的替换方式进行文本替换，如示例 18-4.sh 所示。

【示例 18-4.sh】

```
#示例 18-4.sh  替换标记的使用
#! /bin/bash

echo 替换第 2 个 is
sed 's/is/sed/2'  data.txt
echo

echo 替换全部的 is
sed 's/is/sed/g'  data.txt
```

为示例 18-4.sh 赋予可执行权限后执行脚本，结果如下：

```
ben@ben-laptop:~$ chmod u+x 18-4.sh
ben@ben-laptop:~$./18-4.sh
替换第 2 个 is
this test a
this test b
this test c

替换全部的 is
thtest test a
thtest test b
thtest test c
```

从示例 18-4.sh 的执行结果可以看出，在使用了替换标记之后，将按照替换标记来进行文本替换，而不会采用默认的方式只替换第一个实例。

18.2.2　删除命令的使用

sed 编辑器常用的命令还有文本的删除命令，也就是将文本中的目标实例从文本中删除。删除命令在使用时需要放到文本的后面，从而删除在文本中出现实例文本所在的整行。删除命令的操作方式如示例 18-5.sh 所示。

【示例 18-5.sh】

```
#示例 18-5.sh  删除命令的使用
#! /bin/bash

echo 删除 is 所在行
```

```
sed '/is/d' data.txt
echo

echo 删除 is a 所在行
sed '/is/d' data.txt
echo

echo 查看文件 data.txt 的内容
cat data.txt
```

为示例 18-5.sh 赋予可执行权限后执行脚本，结果如下：

```
ben@ben-laptop:~$ chmod u+x 18-5.sh
ben@ben-laptop:~$./18-5.sh
删除 is 所在行

删除 is a 所在行
this is b
this is c

查看文件 data.txt 的内容
this is a
this is b
this is c
```

从示例 18-5.sh 的执行结果可以看出，在删除 is 所在行的时候，所有包含 is 的文本全部被删除。而在删除操作之后，源文件的内容并没有发生变化，发生变化的只是 sed 编辑器的输出内容。因此，在使用删除命令的时候还是需要谨慎。

注　意
在进行删除操作时，sed 默认的操作范围是所有的文本，因此最好要和地址范围一起使用。

18.2.3 文本的添加和替换

sed 编辑器还可以对文本进行整行的添加和替换，在添加数据时，还可以确定是在目标行之前添加，还是之后添加，这两部分涉及的命令如下：

- 插入命令 i：在指定行之前添加新的一行。
- 附加命令 a：在指定行之后添加新的一行。
- 更改命令 c：使用新的数据替换指定行。

上述命令的基本使用格式如下：

```
操作地址+操作命令/新文本
```

在上面的格式中，操作地址和操作命令可以放在一块，而不需要使用加号进行连接。使用上述命令时，可以对所有的目标行进行操作，也可以只对特定的行进行操作。操作方式如示例 18-6.sh 所示。

【示例 18-6.sh】

```
#示例 18-6.sh  文本的添加和替换
#! /bin/bash

echo 在第 2 行后面追加一行
sed '3a\this is add line ' data.txt
echo

echo 在第 2 行前面追加一行
sed '3i\this is add line ' data.txt
echo

echo 替换第 2 行
sed '3c\this is add line ' data.txt
```

为示例 18-6.sh 赋予可执行权限后执行脚本，结果如下：

```
ben@ben-laptop:~$ chmod u+x 18-6.sh
ben@ben-laptop:~$./18-6.sh
在第 2 行后面追加一行
this is a
this is b
this is add line
this is c

在第 2 行前面追加一行
this is a
this is add line
this is b
this is c

替换第 2 行
this is a
this is add line
this is c
```

从示例 18-6.sh 的执行结果可以看出，使用 sed 编辑器可以实现文本的添加、替换等操作，可以在某些文件缺少内容或需要进行文本替换时使用这些命令。

18.3 高级 sed 编程

前面介绍了 sed 编辑器中常用的操作方式，一般情况下，掌握这些操作方式就可以了。但是在某些特殊情况下，还需要了解 sed 编辑器的一些高级用法，以便更好地对文件进行处理。

18.3.1 同时处理多行数据

在前面的操作中，sed 编辑器每次只处理一条数据，然而在有些时候，需要同时处理多条记录，如在进行替换时，某些数据可能会分行显示，如果只处理一行数据，那么这些“特殊”的实例就不会被处理，此时就需要同时处理多行数据。在 sed 编辑器中，用于多行处理的命令如下：

- n：移动到下一行文本。
- N：创建多行组。
- D：删除多行组中的单个行。
- P：打印多行组中的单个行。

命令 n 是 next 的缩写，可以使 sed 编辑器在处理文本时，直接跳转到文本的下一行，而不是等 sed 编辑器处理完所有的命令之后才回到下一行。

上面介绍的命令 n 用于处理单行文本。对于多行数据的处理来说，大写的 N 命令将两行数据合并为一行数据，从而方便处理。在使用 N 命令之后，可以使用 D 命令删除多行，或使用 P 命令进行数据的打印。这几个命令的用法如示例 18-7.sh 所示。

【示例 18-7.sh】

```
ben@ben-laptop:~$cat data.txt
this
is a
this
is b
this is c
ben@ben-laptop:~$cat 18-7.sh
#示例 18-7.sh  使用多行命令
#! /bin/bash
sed '
> N
> /this\nis/d
> ' data.txt
```

为示例 18-7.sh 赋予可执行权限后执行脚本，结果如下：

```
ben@ben-laptop:~$ chmod u+x 18-7.sh
ben@ben-laptop:~$./18-7.sh
this
```

```
is a
this
is b
```

从示例 18-7.sh 的执行结果可以看出，在脚本中将分行的 this 和 is 进行了合并，然后进行了删除操作，而命令执行后的输出结果也是按照两行输出的，从而将符合条件的记录删除。

18.3.2　sed 编辑器的空间

对于 sed 编辑器来说，不直接去改变处理文本的内容，而是将处理结果保存到一个缓冲区中，该缓冲区称为 sed 编辑器的模式空间。该空间是一个活动的缓冲区，在 sed 编辑器处理命令时保留被处理的文本。sed 编辑器还可以在处理模式空间中的其他行时，使用保留空间暂时保留文本行。在 sed 编辑器中，可以使用特殊的命令对保留空间中的内容进行操作。这两种空间常用的操作命令如表 18-3 所示。

表 18-3　空间操作相关命令

命　令	作　用
h	将模式空间复制到保留空间
H	将模式空间追加到保留空间
g	将保留空间复制到模式空间
G	将保留空间追加到模式空间
x	将保留空间和模式空间内容互换

表 18-3 中命令的用法如示例 18-8.sh 所示。

【示例 18-8.sh】

```
ben@ben-laptop:~$cat data.txt
this is a
this is b
this is c
ben@ben-laptop:~$cat 18-8.sh
#示例 18-8.sh  使用多行命令
#! /bin/bash

sed -n '/b/{
> h
> p
> n
> p
> g
> p
> }' data.txt
```

为示例 18-8.sh 赋予可执行权限后执行脚本，结果如下：

```
ben@ben-laptop:~$ chmod u+x 18-8.sh
ben@ben-laptop:~$./18-8.sh
this is b
this is c
this is b
```

从示例 18-8.sh 的执行结果可以看出，sed 编辑器两个空间中的数据可以进行各种切换，而最终的数据需要保存到模式空间中。示例 18-8.sh 的执行过程如图 18-2 所示。

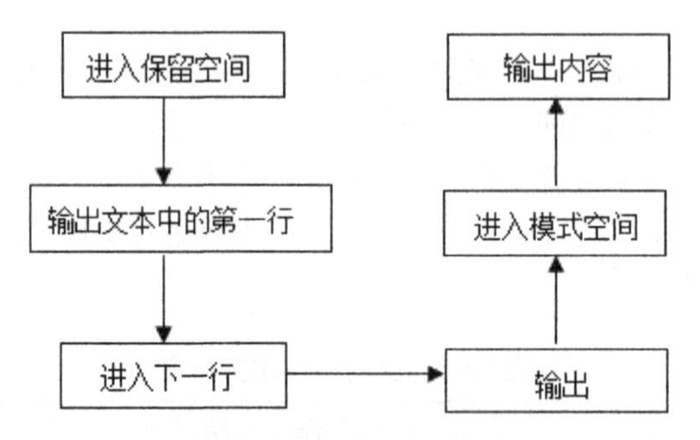

图 18-2　sed 空间切换示意图

> **注　意**
>
> 一般情况下，使用 h、H 等命令将数据移动到保留空间之后，还需要使用 g、G 命令移动到模式空间，从而保持数据的一致性。

18.3.3　sed 编辑器的反向

在使用 sed 编辑器进行实际操作时，有时会出现如果使用反向操作会更加简单明了的情形，如对文本中不包含 is 的语句进行操作，此时就需要使用感叹号命令实现反向操作。

感叹号（!）命令的作用就是反向操作，原本可以进行操作的情形，在使用了感叹号命令时不进行操作，如示例 18-9.sh 所示。

【示例 18-9.sh】

```
ben@ben-laptop:~$cat data.txt
this is c
this is b
this is d
ben@ben-laptop:~$cat 18-9.sh
#示例 18-9.sh  反向命令
#! /bin/bash

echo 输出没有 a 的行
sed -n '/a/!p' data.txt
```

为示例 18-9.sh 赋予可执行权限后执行脚本，结果如下：

```
ben@ben-laptop:~$ chmod u+x 18-9.sh
ben@ben-laptop:~$./18-9.sh
输出没有 a 的行
this is c
this is b
this is d
```

从示例 18-9.sh 的执行结果可以看出，使用了反向命令之后，以前满足条件的结果不再输出，转而输出的是不满足条件的结果。

18.3.4 重定向 sed 的输出

在默认情况下，sed 编辑器的输出结果展示在 STDOUT 上，而原文本没有任何变化。在某些情况下，需要对 sed 编辑器的输出结果进行处理，此时就需要对 sed 编辑器的输出进行重定向，而不是仅在 STDOUT 上进行展示。

sed 编辑器的输出一般重定向到某个变量中，从而方便在脚本中使用。在 Shell 中，一般使用反引号实现该功能，如示例 18-10.sh 所示。

【示例 18-10.sh】

```
ben@ben-laptop:~$cat data.txt
this is a
ben@ben-laptop:~$cat 18-10.sh
#示例 18-10.sh  重定向 sed 输出
#! /bin/bash

echo 替换 this 不使用重定向
sed 's/this/sed'data.txt
echo

echo 使用重定向
NewResult=`sed 's/this/sed'data.txt`
echo $NewResult
```

为示例 18-10.sh 赋予可执行权限后执行脚本，结果如下：

```
ben@ben-laptop:~$ chmod u+x 18-10.sh
ben@ben-laptop:~$./18-10.sh
替换 this 不使用重定向
sed is a

使用重定向
sed is a
```

从示例 18-10.sh 的执行结果可以看出，在不使用重定向时，sed 编辑器的处理结果只显示在 STDOUT 中，需要再次使用时将非常麻烦。而将处理结果重定向到一个变量时，可以通过操作变量来对 sed 编辑器的结果进行处理。

注　意
如果待处理文本中存在很多行，那么重定向后，存储在变量中的值仅是文本中的最后一行，如果需要对其他数据进行处理，则需要对输出结果做循环处理。

18.4 小　结

本章重点介绍了 sed 编辑器的使用方式。sed 编辑器作为一种流编辑器，可以使用预先定义的操作规则，对文本文件进行添加、删除、更改等操作。

sed 编辑器功能的实现需要与 sed 命令的选项和其他命令一起使用，其默认的操作方式是从文本的开头进行处理，一直处理到文本末尾。在处理过程中，可以按照特定的模式进行处理，即只处理能够匹配的文本行，还能够使用表示地址范围的命令来直接指示处理哪些数据。

sed 编辑器的常用操作方式是对文本进行替换、删除和添加，可以分别使用不同的命令实现，然后进行操作之后，文本中的内容并没有发生变化，发生变化的只是 sed 命令的输出结果。

sed 除了一些常用功能之外，还有一些高级但是不常用的功能。使用 sed 编辑器能够同时处理多行数据，还可以使用感叹号命令进行反向操作。而 sed 编辑器的处理结果，除了可以在 STDOUT 中输出之外，还可以使用反引号重定向到某个变量中，从而在后续的操作中，通过操作变量来实现对 sed 编辑器处理结果的操作。

第 19 章

gawk 编程

前面的章节中介绍了 sed 在 Shell 脚本中的使用，但是 sed 编辑器具有一定的局限性，只能实现简单的操作，而不能在编辑过程中添加变量以及其他结构。在 Linux 系统中，还可以使用 gawk 编辑器来实现更加高级的文本处理。gawk 编辑器类似于一个编程环境的工具，允许修改和重新组织文件中的数据。本章将重点介绍如何在 Shell 脚本中使用 gawk 工具对文本进行处理。

本章的主要内容如下：

- gawk 概述
- 变量在 gawk 中的使用
- 各种结构在 gawk 中的使用
- 函数在 gawk 中的使用

19.1 gawk 概述

gawk 程序是 Linux 系统中 awk 的 GNU 版本，gawk 程序更近似于一种编程语言，而不仅仅是一种编辑器。在 gawk 程序中，可以实现编程语言中常用的功能，这些功能如下：

- 使用变量。
- 使用算术操作符和字符串操作符进行运算。
- 可以使用各种结构化编程的方式。

本节将重点介绍 gawk 程序的基本用法。

19.1.1 gawk 基本介绍

gawk 程序是由命令 gawk 来实现的，gawk 命令的基本格式如下：

```
gawk [选项] [需要执行的文件]
```

gawk 常用的选项如表 19-1 所示。

表 19-1 gawk 常用选项及其作用

选　项	作　用
-F fs	指定描绘一行中数据字段的文件分隔符
-f file	指定读取程序的文件名
-v	定义程序中使用的变量和默认值
-mf N	指定数据文件中要处理的字段的最大数目
-mr N	指定数据文件中最大记录的大小
-W keyword	指定 gawk 的兼容模式或警告级别

gawk 程序一般在一对大括号中定义，而要执行的命令也需要放置到大括号之间，并且使用单引号引用起来，用来标注是需要执行的命令。而使用了选项之后，gawk 命令能够实现的功能就更加丰富了。gawk 的简单用法如示例 19-1.sh 所示。

【示例 19-1.sh】

```
#示例 19-1.sh  gawk 的简单使用
#! /bin/bash
echo "gawk 的简单使用"
gawk  '{print "this is first gawk program"}'
```

为示例 19-1.sh 赋予可执行权限后执行脚本，结果如下：

```
ben@ben-laptop:~$ chmod u+x  19-1.sh
ben@ben-laptop:~$./19-1.sh
gawk 的简单使用
```

从示例 19-1.sh 的运行结果可以看出，当运行了该脚本之后，不会有任何的信息展示。这是因为 gawk 命令在命令行中没有指定文件名，gawk 需要在 STDIN 中获取数据，而在运行脚本时未指定任何输入数据，gawk 程序一直在等待用户的输入，因此 gawk 程序没有任何的输出信息。可将脚本改动一下，如示例 19-2.sh 所示。

【示例 19-2.sh】

```
#示例 19-2.sh  gawk 的简单使用
#! /bin/bash
echo gawk 的简单使用
gawk '{print "this is first gawk program"}' 19-1.sh
```

为示例 19-2.sh 赋予可执行权限后执行脚本，结果如下：

```
ben@ben-laptop:~$ chmod u+x  19-2.sh
ben@ben-laptop:~$./19-2.sh
gawk 的简单使用
this is first gawk program
this is first gawk program
this is first gawk program
this is first gawk program
```

从示例 19-2.sh 的执行过程可以看出，输出的内容都是一样的，执行了 4 次 print 命令。这是因为 gawk 命令对数据流中的每一行文本都会执既定的脚本程序。因为在本例中执行的是简单的输出语句，因此输出的内容是一样的。

注　意
如果想结束 gawk 程序，可以使用 Ctrl+D 组合键生成 EOF 字符，以结束 gawk 程序的运行。

19.1.2　gawk 基本使用

gawk 的主要功能和 sed 一样，可以按行对文件中的文本进行各种编辑和处理。而在文本文件中，字段一般会使用空格等字符进行分隔，在 gawk 中，一般使用字段分隔符来区分每一个字段，为了表述方便，会使用变量$1、$2……$n 来表示每一个字段，表示方式如下：

- $1 表示每一行的第一个字段。
- $2 表示每一行的第 2 个字段。
- $n 表示每一行的第 n 个字段。
- $0 表示每一行的所有信息。

在 gawk 程序中，可以使用上面的这些变量来对文件中的文本进行“定点”操作，如示例 19-3.sh 所示。

【示例 19-3.sh】

```
#示例 19-3.sh  获取字段
#! /bin/bash

echo 显示字段 1
gawk  '{print $1}' 19-3.sh
echo

echo 显示字段 2
gawk  '{print $2}' 19-3.sh
```

为示例 19-3.sh 赋予可执行权限后执行脚本，结果如下：

```
ben@ben-laptop:~$ chmod u+x  19-3.sh
ben@ben-laptop:~$./19-3.sh
```

```
显示字段 1
#!

echo
gawk
echo

echo
gawk

显示字段 2
/bin/bash

显示字段 1
'{print


显示字段 2
'{print
```

从示例 19-3.sh 的执行结果可以看出，在输出字段的时候，$1 和$2 分别表示第 1 个和第 2 个字段，而字段之间的分隔使用空格来表示。

注　意
字段分隔符一般使用空字符来表示，在 Linux 系统中，空字符一般是空格、Tab 键等。

gawk 程序默认的字段分隔符是空格，如果某个文本中的分隔符不是空格，就可以使用-F 选项来执行字段分隔符，如示例 19-4.sh 所示。

【示例 19-4.sh】

```
#示例 19-4.sh  更改分隔符
#! /bin/bash

echo 指定分隔符为字符 a
echo  this  is  a  gawk  program
gawk  -Fa  '{print  $1}'  19-4.sh
echo

echo 指定分隔符为字符 c
gawk  -Fc  '{print  $1}'  19-4.sh
```

为示例 19-4.sh 赋予可执行权限后执行脚本，结果如下：

```
ben@ben-laptop:~$ chmod u+x  19-4.sh
ben@ben-laptop:~$./19-4.sh
```

```
指定分隔符为字符 a
this is a gawk program
#示例 19-4.sh  更改分隔符 a
#! /bin/b

echo 指定分隔符为字符
echo  this is
g
echo

echo 指定分隔符为字符 c
g

指定分隔符为字符 c
#示例 19-4.sh  更改分隔符
#! /bin/bash

e
e
gawk  -Fa '{print $1}' 19-4.sh
e

e
gawk  -F
```

从脚本 19-4.sh 的执行结果可以看出，使用 FS 制定了分隔符之后，文件中的字符分隔不是按照原来的空字符进行，而是按照指定的字符进行分隔。

需要执行的命令除了在gawk程序中指定之外，还可以指定一个脚本文件，在执行gawk命令时使得执行的命令从该文件中读取，此时需要使用-f选项来指定gawk程序从哪个文件中读取。在读取到脚本文件之后，gawk就会按照脚本中的内容执行。在示例19-5.sh中，执行的内容放在19-5-1.sh中，如下所示。

【示例 19-5.sh】

```
#示例 19-5.sh  指定执行文件
#! /bin/bash

echo 指定程序执行的文件
gawk  -f 19-5-1.sh  19-5.sh
```

为示例 19-5.sh 赋予可执行权限后执行脚本，结果如下：

```
ben@ben-laptop:~$cat 19-5-1
{print $1}
ben@ben-laptop:~$ chmod u+x  19-5.sh
ben@ben-laptop:~$./19-5.sh
```

```
指定程序执行的文件
#!

echo
awk
```

从示例 19-5.sh 的执行结果可以看出，当使用-f 选项指定了执行文件后，在执行 gawk 命令时，将会使用文件中的内容来对每一行文本进行处理，其处理方式是类似的，直至将所有的文本处理完成。

19.2 变量的使用

变量一般用来存储一些临时的内容。在 gawk 程序中，存在内置变量和自定义变量两种形式，本节将重点介绍变量在 gawk 程序中的使用方式。

19.2.1 内置变量的使用

在 gawk 中存在几个内置变量，可以在编写 gawk 程序时使用，这些内置变量类似于 Linux 系统中的环境变量，可以在任何的 gawk 程序中使用，但是在每一个程序中分别代表不同的值。这些内置变量如表 19-2 所示。

表 19-2 gawk 的内置变量

变 量 名	作 用
NR	已经读取过的记录数
NR	从当前文件中读出的记录数
FILENAME	输入文件名
FS	字段分隔符
RS	记录分隔符
OFMT	数字的输出格式
OFS	输出字段分隔符
ORS	输出记录分隔符
NF	当前记录中的字段数

对于表 19-2 中的变量，如果只处理一个文件，那么变量 NR 和 FNR 的值是一样的。在处理多个文件时，每一个文件的 FNR 值都不会相同，但是对于 NR 来说，却是每一个文件都是相同的。在默认情况下，RS 为换行符，FS 为空格。使用这些变量能够非常简单地获取文件中的某些信息，如示例 19-6.sh 所示。

【示例 19-6.sh】

```
#示例 19-6.sh  使用内置变量
#! /bin/bash

echo 显示文件名
gawk 'NR==1 { print FILENAME }' 19-6.sh
echo

echo 显示当前记录中的字段数
gawk '{print NF}' 19-6.sh
```

为示例 19-6.sh 赋予可执行权限后执行脚本，结果如下：

```
ben@ben-laptop:~$ chmod u+x  19-6.sh
ben@ben-laptop:~$./19-6.sh 显示文件名
19-5.sh

显示当前记录中的字段数
2
2
0
2
7
1
0
2
4
1
0
2
5
0
0
```

从示例 19-6.sh 的执行结果可以看出，内置变量可以方便地将 gawk 命令在处理文本时的一些信息进行保存。在使用 gawk 命令时，也可直接使用这些内置变量进行各种操作。

内置变量的值并不是一成不变的，可以进行修改。修改时，可以直接将值赋值给相应的变量，如果想在后续的处理过程中使用新的变量值，那么只需要将表示数值变化的语句放在处理语句的前面即可，这样后续的处理语句就能够在执行过程中使用新的数值来执行，如示例 19-7.sh 所示。

【示例 19-7.sh】

```
#示例 19-7.sh  修改内置变量的值
#! /bin/bash

echo 更改文件名
```

```
gawk ' { FILENAME ="19-5.sh"} { print FILENAME} '
```

为示例 19-7.sh 赋予可执行权限后执行脚本，结果如下：

```
ben@ben-laptop:~$ chmod u+x  19-7.sh
ben@ben-laptop:~$./19-7.sh
更改文件名
19-5.sh
19-5.sh
19-5.sh
19-5.sh
19-5.sh
```

从示例 19-7.sh 的执行结果可以看出，内置变量可以通过人工干预其结果，但是一般不会这么操作，以防止在后续的操作过程中发生错误。

注　意
使用 gawk 命令一般会修改字段分隔符 FS，这样可以按照新的分隔方式来对文本进行处理。

19.2.2 自定义变量的使用

在 gawk 程序中，除了可以使用内置变量之外，还可以使用需要的自定义变量。在使用自定义变量时，也不需要提前定义或声明，可以直接使用。自定义变量的赋值方式如下：

变量名=变量值

在使用自定义变量时，一般直接将变量的值赋值给变量名。变量名一般由字符、数字和下画线组成，但是开头字符一般不是数字。在定义变量时，一般不指定变量的类型，gawk 会根据变量的内容自动确定变量的类型。如果变量没有初始值，那么 gawk 会根据变量的类型来确定变量的值。对于字符串变量来说，一般会赋值为 NULL；而对于数值来说，一般赋值为 0。在 gawk 中自定义变量的用法如示例 19-8.sh 所示。

【示例 19-8.sh】

```
#示例 19-8.sh  使用自定义变量
#! /bin/bash

echo 自定义变量
gawk  ' { FR="test"} { print FR} ' 19-8.sh
```

为示例 19-8.sh 赋予可执行权限后执行脚本，结果如下：

```
ben@ben-laptop:~$ chmod u+x  19-8.sh
ben@ben-laptop:~$./19-8.sh
自定义变量
test
test
test
```

```
test
test
```

从示例 19-8.sh 的执行结果可以看出，在 gawk 中定义了变量 FR，然后就可以在后续的操作中使用该变量。在本例中仅输出变量的值，而未进行其他操作。在实际操作中，可以根据需要进行各种相应的操作。

19.2.3 数组的使用

在 gawk 中，同样可以使用数组来表示一部分数据的组合。在 gawk 中，数组一般被称为关联数组，这是因为数组的下标可以是数，也可以是串；并且在 gawk 中，数组和其他的变量一样，不需要提前定义或声明，就可以直接使用。对于数组元素的初始化来说，可以根据数组中表示的内容的不同而初始化为 0 或空字符串。在 gawk 中，数组的定义方式如示例 19-9.sh 所示。

【示例 19-9.sh】

```
#示例 19-9.sh  数组的使用
#! /bin/bash

echo 使用数字作为数组的下标
echo 输出数值中的元素
gawk 'BEGIN{numarrary[1]="this";
          numarrary[2]="is";
          numarrary[3]="num";
          numarrary[4]="index";
{for(i in numarrary) print numarrary[i]}}'
echo

echo 使用字符串作为数组的下标
echo 输出数组中的元素
gawk 'BEGIN{strarrary ["first"]= "this";
          strarrary["second"]="is";
          strarrary["third"]="string";
          strarrary["four"]="index";
 {for(j in strarrary) print strarrary[j]}}'
```

为示例 19-9.sh 赋予可执行权限后执行脚本，结果如下：

```
ben@ben-laptop:~$ chmod u+x  19-9.sh
ben@ben-laptop:~$./19-9.sh
输出数值中的元素
this
is
num
index

使用字符串作为数组的下标
输出数组中的元素
```

```
is
index
this
string
```

从示例 19-9.sh 的执行结果可以看出，数组同样可以在 gawk 命令中使用，可以根据编写脚本时的实际需要进行使用。

19.3 结构的使用

前面的章节已经介绍了 Shell 脚本中常用的结构，如条件结构、循环结构等。在 gawk 中，这些结构也同样可以使用。在使用这些结构时，先从目标文件中获取一条记录，然后再按照相应的结构执行，执行完毕后，再取下一条记录。也就是说，每一条记录都会单独地在相同的结构中执行一次。本节将详细介绍各种结构形式在 gawk 程序中的使用。

19.3.1 条件结构的使用

在第 9 章中介绍了条件结构的使用方式。条件结构也可以称为分支结构，一般是在满足某些条件下执行某些语句，而在满足另外的条件时，执行另外一些语句。在 gawk 程序中，条件结构也可以使用 if...else 结构来实现。条件结构的基本结构是 if 结构，该结构的基本形式如下：

```
if (逻辑表达式)
{
    语句
}
```

在上面的结构中，首先判断逻辑表达式的运算结果是真还是假，如果逻辑表达式的运算结果为真，那么 if 结构中的语句会得到执行。如果逻辑表达式的运算结果为假，那么语句将不会得到执行。if 结构的简单用法如示例 19-10.sh 所示。

【示例 19-10.sh】

```
#示例 19-10.sh  if 结构的简单使用
#! /bin/bash

echo if 结构在 gawk 中的使用
gawk '{if ($1 > $2) {print $1 "大于" $2} }' data.txt
```

为示例 19-10.sh 赋予可执行权限后执行脚本，结果如下：

```
ben@ben-laptop:~$cat data.txt
10 20
10 5
10 10
ben@ben-laptop:~$ chmod u+x  19-10.sh
```

```
ben@ben-laptop:~$./19-10.sh
if 结构在 gawk 中的使用
10 大于 5
```

从示例 19-10.sh 的执行结果可以看出，在 if 结构中，如果逻辑表达式的运算结果为假，那么是没有任何操作的。为了提高脚本代码的逻辑性，可以使用 if...else 结构来代替 if 结构，该结构的基本形式如下：

```
if (逻辑表达式)
{
    语句 1
}
else
{
    语句 2
}
```

在 if...else 结构中，如果逻辑表达式的运算结果为逻辑真，那么将执行结构中的语句 1，而如果逻辑表达式的运算结果为逻辑假，那么语句 2 将得到执行。使用 if...else 结构可以避免在逻辑表达式运算结果为空时，没有执行特定语句的问题。该结构的用法如示例 19-11.sh 所示。

【示例 19-11.sh】

```
#示例 19-11.sh  if else 结构的使用
#! /bin/bash

echo if 结构在 gawk 中的使用
gawk '{if ($1 > $2) {print $1 "大于" $2}
else {print $1 "不大于" $2}}'
 data.txt
```

为示例 19-11.sh 赋予可执行权限后执行脚本，结果如下：

```
ben@ben-laptop:~$cat data.txt
10 20
10 5
10 10
ben@ben-laptop:~$ chmod u+x  19-11.sh
ben@ben-laptop:~$./19-11.sh
if 结构在 gawk 中的使用
10 不大于 20
10 大于 5
10 不大于 10
```

在示例 19-11.sh 的执行结果中，只能区分两者的大小，如果两者相等，则无法区分。此外，还有很多情形需要不止一次地进行判断，此时一般会嵌套使用 if...else 结构，将所有可能出现的情况都做处理，其基本形式如下：

```
if (逻辑表达式 1)
{
    语句 1
}
else if  (逻辑表达式 2)
{
    语句 2
}
else if  (逻辑表达式 3)
{
    语句 3
}
else
{
    语句 4
}
```

在上面的结构中，首先判断逻辑表达式 1 的执行结果，如果逻辑表达式 1 的执行结果为逻辑真，那么就执行语句 1；如果逻辑表达式 1 的执行结果为假，那么判断逻辑表达式 2 的执行结果，如果为真，则执行语句 2，否则继续执行逻辑表达式 3；如果所有的逻辑表达式都不成立，则语句 4 将得到执行。其执行顺序如图 19-1 所示。

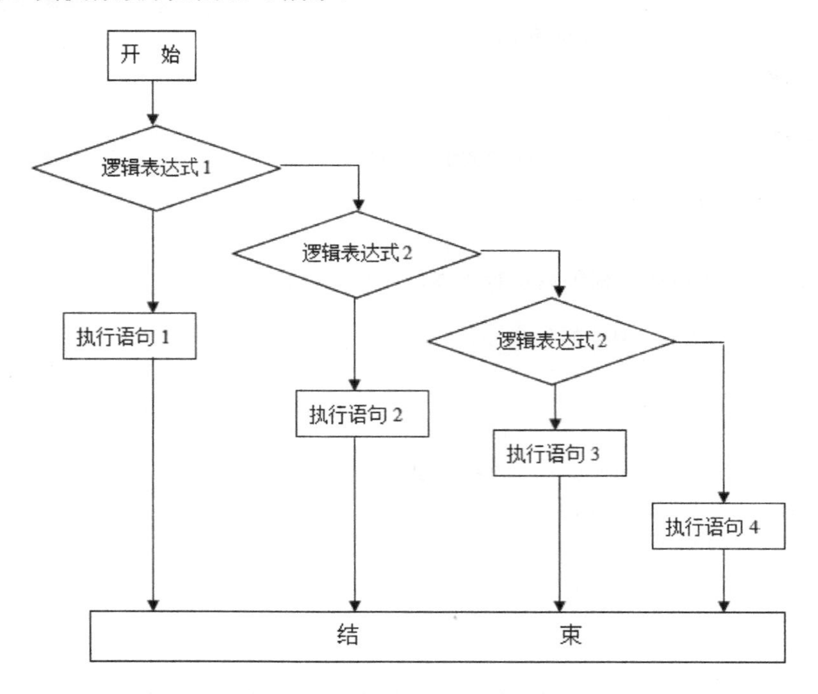

图 19-1 嵌套 if...else 结构执行顺序示意图

嵌套 if...else 结构一般用于存在多种条件需要判断的情况，如对于判断两个数的关系来说，就可以使用该结构。其用法如示例 19-12.sh 所示。

【示例 19-12.sh】

```
#示例 19-12.sh  if else 结构的复杂使用
#! /bin/bash

echo if 结构在 gawk 中的使用
gawk '{if ($1 > $2) {print $1 "大于" $2}
 else if($1 < $2) {print $1 "小于" $2}
 else {print $1 "等于" $2}}' data.txt
```

为示例 19-12.sh 赋予可执行权限后执行脚本，结果如下：

```
ben@ben-laptop:~$ cat data.txt
10 20
10 5
10 10
ben@ben-laptop:~$ chmod u+x  19-12.sh
ben@ben-laptop:~$./19-12.sh
if 结构在 gawk 中的使用
10 小于 20
10 大于 5
10 等于 10
```

从示例 19-12.sh 的执行结果可以看出，比较实用的条件结构是使用复杂的 if....else 结构，使用该结构可以对在实际中存在的各种情况进行逐一处理，而不会漏下任何的情形。

19.3.2　循环结构的使用

循环结构也可以用于 gawk 程序，用来对获取的数据进行循环处理。gawk 程序的循环结构包括以下两种：

- while 结构
- for 结构

while 结构的基本形式如下：

```
while(逻辑表达式)
{
    语句;
}
```

while 结构在执行时需要首先判断逻辑表达式的执行结果，如果逻辑结果为真，那么 while 结构中的语句将被执行。如果逻辑表达式的执行结果为假，那么语句将不会被执行。while 结构的基本用法如示例 19-13.sh 所示。

【示例 19-13.sh】

```
#示例 19-13.sh  while 结构在 gawk 中的使用
#! /bin/bash

echo while 结构在 gawk 中的使用
gawk '{i=1; sum=0;while(i <= NF) {i++; print $2}}' data2.txt
```

为示例 19-13.sh 赋予可执行权限后执行脚本，结果如下：

```
ben@ben-laptop:~$ cat data2.txt
1 11
2 22
3 33
4 44
ben@ben-laptop:~$ chmod u+x  19-13.sh
ben@ben-laptop:~$./19-13.sh
while 结构在 gawk 中的使用
11
11
22
22
33
33
44
44
```

从示例 19-13.sh 的执行结果可以看出，使用循环结构可以循环处理每一行文本记录，而操作方式可以按照实际的需要进行选择。

for 结构的使用方式和 while 结构的使用方式类似，其基本格式如下：

```
for (表达式 1; 表达式 2; 表达式 3)
{
    语句;
}
```

在 for 结构中，需要使用 3 个表达式，其中表达式 1 一般使用来作为循环变量的赋值表达式，使得循环变量具有一个初始值。表达式 2 一般是一个逻辑表达式，用来判断循环是否可以执行。如果表达式 2 的运算结果为逻辑真，那么循环就可以正常执行；如果表达式 2 的执行结果为假，那么循环就不再被执行。表达式 3 则是一个循环变量变化的方式，从而避免循环一直执行。for 结构的一般用法如示例 19-14.sh 所示。

【示例 19-14.sh】

```
#示例 19-14.sh  for 结构在 gawk 中的使用
#! /bin/bash
```

```
echo  for 结构在 gawk 中的使用
gawk '{
sum=0;
for(i = 1;i <= NF;i++)
    {print $1}
}'
data2.txt
```

为示例 19-14.sh 赋予可执行权限后执行脚本，结果如下：

```
ben@ben-laptop:~$ cat data2.txt
1 11
2 22
3 33
4 44
ben@ben-laptop:~$ chmod u+x  19-14.sh
ben@ben-laptop:~$./19-14.sh
for 结构在 gawk 中的使用
1
1
2
2
3
3
4
4
```

从示例 19-14.sh 的执行结果可以看出，在脚本中使用 for 循环结构，可以实现命令的循环处理。执行的命令在每获取一行文本之后，都会得到执行。

19.3.3 循环结构控制语句

在使用循环结构时，如果符合循环执行的条件，循环结构将会无限制地执行下去。在很多情况下，当循环在满足某些条件时，就需要结束循环的执行，但是此时仍然满足循环继续执行的条件。此时需要使用下列语句来控制循环结构的运行状况：

- break
- continue
- next

break 一般用来结束整个循环的最内层。continue 用来跳过后面的语句，结束本次循环，从而开始下一次的循环。而 next 语句从输入文件中读取一行，然后从头开始执行 gawk 脚本。这些语句的用法如示例 19-15.sh 所示。

【示例 19-15.sh】

```
#示例 19-15.sh  循环结构控制语句结构在 gawk 中的使用
#! /bin/bash

echo 循环控制语句在 gawk 中的使用
gawk '{
for(i = 1; i <= NF; i++)
{if($1 == 3)
{continue;}
if ($1 == 4){break;}
print $1}
}'
data3.txt
```

为示例 19-15.sh 赋予可执行权限后执行脚本，结果如下：

```
ben@ben-laptop:~$ cat data3.txt
1
2
3
4
5
ben@ben-laptop:~$ chmod u+x  19-15.sh
ben@ben-laptop:~$./19-15.sh
循环控制语句在 gawk 中的使用
1
2
5
```

从示例 19-15.sh 的执行结果可以看出，当获取的字段值为 3 时，直接跳转到该层循环的末尾，而不再执行该层循环中剩余的语句。当获取的字段值为 4 时，直接跳出内层循环。因此，在输出结果中，没有 3 和 4 这两个字段。

注　　意
虽然 break 命令和 continue 命令的执行结果是一样的，但是二者的执行过程和执行原理却不相同。

19.4　函数的使用

在 gawk 程序中，不仅可以使用变量和各种程序结构，还可以使用函数来对文本进行各种处理。gawk 提供了许多内置函数，还可以自定义函数。本节将介绍在 gawk 中如何使用函数。

内置函数就是在 gawk 中可以不用定义而直接使用的函数，这部分函数类似于高级编程语言中的库函数，用户只需要按照函数的要求进行调用即可。在 gawk 中内置函数一般分为以下几类：

- 算术函数
- 字符串函数
- 时间函数
- 其他函数

在上面的函数类型中，每一种类都包含许多函数，本节将详细介绍这些函数的使用方式。

19.4.1 算术函数的使用

gawk 的算术函数包括数学中常用的算术操作，如开平方、求幂等。常用的算术函数如表 19-3 所示。

表 19-3 常用的算术函数

函数名	作用
sin(x)	返回 x 的正弦值
cos(x)	返回 x 的余弦值
log(x)	返回 x 的自然对数
int(x)	对 x 进行取整操作
sqrt(x)	取 x 的平方根
exp(x)	返回 x 幂函数
atan2(y,x)	返回 y/x 的反正切
rand()	返回任意随机数
srand()	将 rand()函数的种子值设置为 x 参数的值，如果省略 expr 参数将使用某天的时间，返回先前的种子值

通过表 19-3 中的算术函数可以实现一般的算术运算。在计算正弦、余弦时，使用的参数表示的是弧度，而不是普通的数值。对于其他的函数来说，都能返回正常的数值。这些函数的用法如示例 19-16.sh 所示。

【示例 19-16.sh】

```
#示例 19-16.sh  数学函数在 gawk 中的使用
#! /bin/bash

echo 使用取整函数
gawk '{num=int($1); print num }' data4.txt
echo

echo 使用取平方根函数
gawk '{num=sqrt($1);print num}' data4.txt
echo
```

```
echo 使用取对数函数
gawk '{num=log ($1);print num}' data4.txt
```

为示例 19-16.sh 赋予可执行权限后执行脚本，结果如下：

```
ben@ben-laptop:~$cat data.txt
10.123
30
10

ben@ben-laptop:~$ chmod u+x  19-16.sh
ben@ben-laptop:~$./19-16.sh

使用取整函数
10
30
10

使用取平方根函数
3.18167
5.47723
3.16228

使用取对数函数
2.31481
3.4012
2.30259
```

从示例 19-16.sh 的执行结果可以看出，在 gawk 中，也可以像在其他环境中使用数学函数那样进行各种数学计算。

19.4.2 字符串处理函数的使用

字符串的处理也是 gawk 程序的主要任务之一。常用的字符串函数如表 19-4 所示。

表 19-4 常用的字符串函数

函　数	作　用
index(String1, String2)	返回字符串 String2 在 String1 中的位置。如果出现多个位置，则只返回第一个
length [(String)]	返回 String 的长度。如果未指定 String，则返回整个记录的长度
blength [(String)]	返回 String 的长度。如果未指定 String，则返回整个记录的长度
substr(String, M, [N])	返回字符串中从位置 M 开始的后 N 个字符。如果不指定个数，将返回从位置 M 开始的所有的字符
match(String, Ere)	返回 String 中 Ere 的位置，Ere 参数指定一个扩展正则表达式

（续表）

函　　数	作　　用
split(String, A, [Ere])	字符串分割
tolower(String)	将 String 中的大写字符转换成小写字符
toupper(String)	将 String 中的小写字符转换成大写字符
sprintf(Format, expr1, expr2, . . .)	格式化生成字符串，使用 expr 代替格式中的占位符

字符串函数可以用来获取子字符串在字符串中的位置，并能够实现字符串的截取、分隔等操作，还能够将字符串进行大小写转换。字符串函数的用法如示例 19-17.sh 所示。

【示例 19-17.sh】

```
#示例 19-17.sh  字符串处理函数在 gawk 中的使用
#! /bin/bash

echo 获取字符 h 在第一个字段中的位置
gawk '{print index($1,"h") }' str.txt
echo

echo 获取长度
gawk '{print length($0) }' str.txt
echo

echo 将字符转换为大写字符
gawk '{print toupper($2)}' str.txt
```

为示例 19-17.sh 赋予可执行权限后执行脚本，结果如下：

```
ben@ben-laptop:~$ cat str.txt
this is test
hello world
123 456 786
ben@ben-laptop:~$ chmod u+x  19-17.sh
ben@ben-laptop:~$./19-17.sh
获取字符 h 在第一个字段中的位置
2
1
0
0

获取长度
12
11
11
0
```

```
大小写转换函数
IS
WORLD
456
```

从示例 19-17.sh 的执行结果可以看出，在 gawk 中，对字符串的操作也可以使用各种函数来进行。

19.4.3 时间函数的使用

时间的处理是一般程序中难以处理的数据类型之一，因为时间有着特殊的格式，并且不容易表示。在 gawk 程序中，可以使用时间函数对时间进行基本的操作，常用的时间函数如表 19-5 所示。

表 19-5 常用的时间函数

函数名	作用
mktime(YYYY MM DD HH MM SS[DST])	返回从 1970 年 1 月 1 日到确定时间的描述
strftime([format [, timestamp]])	将时间戳 timestamp 按照特定的格式转为时间字符串
systime()	返回从 1970 年 1 月 1 日开始到当前时间（不计闰年）的整秒数

时间函数一般首先使用 systime()函数来获取当前的时间，然后再使用 mktime()函数按照特定的格式转换成时间，还可以将时间转换成字符串。时间函数的用法如示例 19-18.sh 所示。

【示例 19-18.sh】

```
#示例 19-18.sh  时间函数在 gawk 中的使用
#! /bin/bash

echo "使用 systime()获取秒数"
echo | gawk '{print systime()}'
echo

echo "使用 mktime()获取秒数"
echo | gawk '{print mktime ("2021 03 28 14 12 12")}'
```

为示例 19-18.sh 赋予可执行权限后执行脚本，结果如下：

```
ben@ben-laptop:~$ chmod u+x  19-18.sh
ben@ben-laptop:~$./19-18.sh
使用 systime()获取秒数
2299349202

使用 mktime()获取秒数
2021 03 28 14 12 12
```

对于 strftime()函数来说，可以使用特定的格式来指定时间信息，常用的格式如表 19-6 所示。

表 19-6 strftime()函数的格式说明

格 式 符	说 明
%D	表示日期，使用 0 填补空位
%e	表示日期，使用空格填补空位
%H	24 小时格式的小时，用十进制表示
%I	12 小时格式的小时，用十进制表示
%j	表示一年中的第几天，从 1 月 1 日开始算起
%m	月份，使用十进制表示
%M	分钟，使用十进制表示
%p	使用 12 小时表示法，使用 AM 和 PM 分别区分上午与下午
%S	秒，用十进制表示
%U	十进制表示的一年中的第几个星期，将星期天作为一个星期的开始
%w	十进制表示的星期几，将星期天表示为 0
%W	十进制表示的一年中的第几个星期，将星期一作为一个星期的开始
%x	重新设置本地日期，格式为 08/20/99
%X	重新设置本地时间，格式为 00:00:00
%y	表示使用两位数字表示的年，如 99 表示 1999 年
%Y	表示当前月份
%Z	表示当前所在的时区（PDT）
%%	表示百分号（%）

在表 19-6 中可以看出，strftime()函数使用的日期格式和 C 语言中函数 strftime()的格式相同，都能使用简单的字符表示日期，该函数的用法如示例 19-19.sh 所示。

【示例 19-19.sh】

```
#示例 19-19.sh  strftime 函数的使用
#! /bin/bash

echo 使用函数 strftime 输出到当前时间
echo | gawk '{print strftime("%D",systime())}'
echo | gawk '{print strftime("%e",systime())}'
echo | gawk '{print strftime("%w",systime())}'
```

为示例 19-19.sh 赋予可执行权限后执行脚本，结果如下：

```
ben@ben-laptop:~$ chmod u+x  19-19.sh
ben@ben-laptop:~$./19-19.sh
08/14/14
14
4
```

从示例 19-19.sh 的执行结果可以看出，使用函数 strftime()可以将时间按照特定的格式输出，而不只显示秒数。这种操作更贴近于实际的需要。

19.5 小　　结

本章介绍了 gawk 程序在 Shell 编程中的使用方式，gawk 编辑器类似于一个编程环境，允许修改和重新组织文件中的数据。gawk 和 sed 一样，都从输入文件中以行为单位获取输入数据，然后使用既定的处理方式进行处理。

在 gawk 程序中，可以使用选项来决定是从标准输入中获取输入数据，还是从特定的文件中获取数据，同时，gawk 还可以使用其他选项来输出其他的结果。

在 gawk 中，可以使用变量来实现数据的操作。gawk 程序可以使用内置变量来确定 gawk 程序中的一些基本信息，还可以使用自定义变量来对数据进行各种操作。

在 gawk 中，可以使用各种结构形式来对指定文件中的信息进行各种处理。可以使用 if...else 条件结构来使得当满足某项条件时执行一些语句。循环结构一般用来循环执行某些语句，在满足特定的条件下才会退出循环，一般可以使用 while 循环结构、for 循环结构来实现对循环的处理。在使用循环结构时，还可以使用 continue 语句、break 语句来实现对循环结构执行顺序的调整与控制。

函数也同样可以用在 gawk 程序中，其中使用频率最高的是一些内置函数，通过这些内置函数，能够进行数学运算、字符串的常规处理以及对时间的各种操作。

第 20 章 脚本控制

脚本是一组命令的集合。在执行脚本时，由系统的脚本解释器程序也就是 Bash，将其中的命令翻译成机器可以识别的指令，并按程序顺序执行。因此在必要的时候，也需要对脚本的执行流程进行控制。本章将介绍几种控制脚本运行的方法。

本章的主要内容如下：

- Linux 信号控制机制
- 开机运行脚本的方法
- 后台运行脚本的方法
- 脚本运行优先级管理

20.1 Linux 信号控制

Linux 信号实际是在软件层面上对中断机制的模拟，所以也称为中断。中断是 Linux 系统中一种进程间通信的方式。由于脚本的执行由操作系统启动解释器进程，解释器翻译脚本内编写的命令执行程序，因此脚本执行也以进程的形式在系统中运行。因此，脚本能够通过中断的方式进行脚本之间或者脚本与其他进程之间的通信。

20.1.1 Linux 信号机制简介

信号可以从操作系统内核发往一个进程，也可以由一个进程发往另外一个进程。信号主要用来通知进程发生了什么事件，不能给进程传递任何数据。信号的传递是异步的，也就是说一个进程在做任何事情的时候都有可能收到信号，因此进程对信号的处理对于进程的执行来说优先级是最高的，进程需要调用相应的处理过程对收到的信号做出响应。信号处理结束后，进程再回过头来继续往下执行。

信号按照来源分可分为两种，一种是硬件来源（如按下键盘），另一种是软件来源（如最常用的用来发送信号的系统调用 kill 函数）。

信号还可按照可靠性来分，一种是不可靠信号，由于早期 Unix 系统中的信号机制比较简单，后来在使用中暴露出很多问题，比如在某种情况下将导致对信号的错误处理，有的信号可能丢失，进程可能会忽略对一些信号的处理，或者重复处理某些信号。因此把早期的信号叫作不可靠信号；随着计算机技术的发展，后来人们发现有必要对原始的信号机制进行改进和补充。在后续的 Unix 操作系统中，信号的发送、响应和处理等功能得到了很大的改进，这些信号支持队列，不会丢失，不会重复处理。

注　意

进程对各种信号有不同的处理方法。可以由进程指定处理函数，当收到信号时，由相应的处理函数来处理；或者忽略某信号，对该信号不做任何处理；或者使用系统默认方式处理某信号。

Linux 系统中的信号有很多，可以将这些信号归类为以下几种：

- 与进程终止执行相关的信号。当进程或者子进程终止时发出该类信号。
- 与进程异常事件相关的信号。当发生进程内存越界，或者企图写一个只读的内存区域的时候发出该类信号。
- 与在执行系统调用期间遇到不可恢复情况相关的信号。比如，在执行系统调用 exec 时，原有的资源还没有释放而目前系统资源又已经耗尽。
- 与执行系统调用时遇到非预测错误条件相关的信号。当执行一个并不存在的系统调用时。
- 在用户态下的进程发出的信号。当用户进程调用系统调用 kill 向其他进程发出信号时。
- 与终端交互相关的信号。当用户关闭一个终端，或者按下 break 键等情况。
- 跟踪进程执行的信号。

通过 kill -l 命令可以列出系统支持的所有信号。Linux 系统共有 62 个信号，其中编号 1~31 是非实时信号，编号 34~64 是实时信号。实时信号和非实时信号的区别在于：当进程接到多个实时信号时，会将每个信号排队处理；而如果接到多个非实时信号，进程会将这几个信号合并为一个处理。Linux 支持的非实时信号列表如表 20-1 所示。

表 20-1　Linux 支持的非实时信号及其意义

编　号	信　号	说　明
1	SIGHUP	终止进程，挂断终端线路。前台进程都会附在某个终端中执行，该信号用来使进程与终端脱离
2	SIGINT	键盘中断
3	SIGQUIT	从键盘退出
4	SIGILL	非法的指令情况出现该信号
5	SIGTRAP	跟踪程序或者在程序中设置断点
6	SIGABRT	程序运行中发现问题并调用 abort 时产生
7	SIGBUS	总线错误，比如故障的内存访问

（续表）

编号	信号	说明
8	SIGFPE	浮点异常
9	SIGKILL	杀死进程
10	SIGUSR1	用户自定义信号 1
11	SIGSEGV	无效的内存引用
12	SIGUSR2	用户自定义信号 2
13	SIGPIPE	管道故障，向一个没有读进程的管道写数据
14	SIGALRM	计时器到时
15	SIGTERM	终止进程，进程自行结束
17	SIGCHLD	当子进程停止或者退出的时候通知父进程
18	SIGCONT	继续执行一个停止的进程
19	SIGSTOP	不在终端中停止进程
20	SIGTSTP	在终端中停止进程
21	SIGTTIN	后台进程从终端读取
22	SIGTTOU	后台进程向终端写入
23	SIGURG	套接字紧急信号
24	SIGXCPU	超过 CPU 时间限制
25	SIGXFSZ	超过文件大小限制
26	SIGVTALRM	该进程占用的 CPU 时间
27	SIGPROF	审查计时器超时
28	SIGWINCH	改变窗口大小
29	SIGIO	I/O 准备就绪
30	SIGPWR	加电失败
31	SIGSYS	非法的系统调用

20.1.2 使用 Shell 脚本操作信号

Linux 操作系统可以通过键盘发送信号，可以通过 kill 命令来发送信号，也可以通过编程的方式（如调用系统 API）来发送信号。本小节着重介绍通过键盘和命令的方式发送信号。

通过键盘发送信号，就是在进程运行的过程中，通过键盘按键向进程发出信号，当然如果使用此方式，接收信号的进程必须在终端前台运行，因为只有在终端前台才能捕获到键盘按键，如示例 20-1.sh 所示。

【示例 20-1.sh】

```
#示例 20-1.sh  使用键盘按键向脚本发送信号
#!/bin/bash

while ((1))
do
echo "hello shell script"
sleep 1
```

```
done
```

为示例 20-1.sh 赋予可执行权限后执行脚本，结果如下：

```
ben@ben-laptop:~$ chmod u+x 20-1.sh
ben@ben-laptop:~$ ./ 20-1.sh
hello shell script
hello shell script
hello shell script
hello shell script
^C
ben@ben-laptop:~$
```

从示例 20-1.sh 的执行结果可以看出，脚本运行后，在屏幕上不断地输出“hello shell script”，当按下键盘上的 Ctrl + C 组合键后，屏幕停止输出字符串，脚本停止运行，这相当于给该进程发送了一个 SIGINT 信号，进程收到 SIGINT 信号后中断脚本的执行。

在 Linux 终端下，还可以使用 kill 命令来产生并发送信号。kill 命令能够将指定的信号发送给指定的进程或者进程组。如果没有指定信号，它将以 SIGTERM 作为默认的信号发送。kill 命令通常与 ps 命令配合使用，来完成向进程发送信号的任务。使用 ps 命令能列出进程的 pid，kill 命令可以通过这个 pid 向其发送信号，如示例 20-2.sh 所示。

【示例 20-2.sh】

```
#示例 20-2.sh  使用键盘按键向脚本发送信号
#!/bin/bash
echo 查看进程是否存在
ps -ef | grep 20-1.sh |grep -v grep

echo 杀掉进程 20-1.sh
ps -ef | grep 20-1.sh | awk '{print $4}' | xargs kill -9

echo 查看进程是否存在
ps -ef | grep 20-1.sh
```

为示例 20-2.sh 赋予可执行权限后执行脚本，结果如下：

```
ben@ben-laptop:~$ chmod u+x 20-2sh
ben@ben-laptop:~$ ./ 20-2.sh
查看进程是否存在
ben      2990  2880  0 00:00 pts/2    00:00:01 /bin/bash ./20-1.sh
杀掉进程 20-1.sh
查看进程是否存在
```

从示例 20-2.sh 的执行结果可以看出，使用 kill 命令能够直接将进程停掉。当进程被停止之后，使用 ps 命令查询将不再显示出来。

注　意
kill 命令前面的命令是为了获取进程号，对这写命令可以参照其他章节琢磨其用法。

在 Linux 系统中，还可以使用 trap 命令来捕捉获取信号，然后设定进行怎样的特定处理。trap 命令的常用方式如表 20-2 所示。

表 20-2 常见的 trap 捕获命令方式

命 令	说 明
trap "cmds" signals	当 Shell 接收到 signals 指定的信号时，执行 cmds 命令
trap signals	如果没有指定命令部分，系统将恢复默认的处理方式
trap "" signals	忽略列出的信号
trap -p signal	打印当前 signal 的 trap 设置

接下来介绍一个捕获信号的例子。首先确定要捕获的信号，当然用户可以捕获任何一个系统中存在的信号，因为 Shell 本身需要捕捉这个信号进行内存转储。在此例中，为了不影响系统正常工作，将使用系统预留给用户自己定义的信号 SIGUSR1。接下来在终端中输入以下语句：

```
ben@ben-laptop:~$trap "echo hello" USR1
```

当捕获到 USR1 信号时，系统将执行第一个参数内指定的命令 echo hello，从而在终端中输出 hello 字符串，否则会报出 command not found 的错误。然后使用 kill 命令发送信号给系统进程，当系统进程捕获到信号时，会触发相应的处理方法，如下面的操作所示：

```
ben@ben-laptop:~$kill -s USR1 0
```

在上面的操作中，0 号进程是 Linux 系统的 init 进程，使用 kill 命令发送信号给该进程，当它收到信号后会做相应的处理，即执行命令 echo hello，然后就会在屏幕上看到 hello 字样。

注 意

trap 命令不能捕捉信号 11（内存引用错误）的错误，并且 trap 命令捕捉到信号后执行的命令必须是一个系统能够找到的命令。

20.2 进程的控制

Unix/Linux 系统是一个多任务操作系统，它的多任务管理功能非常强大。接下来，我们将介绍后台任务。所谓后台任务就是当任务运行的时候不需要用户干预，或者用户通过其他一些方式（比如向进程发送信号）才能干预到的任务。后台任务的运行不会干扰到用户做其他事情，它们会悄悄地在后台执行，当然，一旦任务中出现异常，它将把异常信息写入日志，这样用户可以查看到任务的运行情况。本节将介绍运行后台任务的几种方式。

20.2.1 后台运行符介绍

在 Linux 系统中，如果要在后台执行脚本，只需要在启动脚本时使用后台运行符，后台运行符使用符号“&”表示。在使用时，可以将后台运行符放到执行的命令的最后，这样，程序就会自动地转到后台执行，如示例 20-3.sh 所示。

【示例 20-3.sh】

```
#示例 20-3.sh  后台运行符的使用
#!/bin/bash

while ((1))
do
sleep 1
done
```

为示例 20-3.sh 赋予可执行权限后执行脚本，结果如下：

```
ben@ben-laptop:~$ chmod u+x 20-3.sh
ben@ben-laptop:~$ ./ 20-3.sh
^C
[1]+  Terminated            ./20-3.sh
ben@ben-laptop:~$
```

对于示例 20-3.sh 脚本来说，脚本执行之后，终端一直处于执行脚本的状态中，这时用户什么事情也做不了，只能等待程序一直不停地执行下去，除非用户在键盘按下 Ctrl+C 组合键才能够终止进程。

如果用户在执行完程序后需要继续做一些其他的交互，就可以通过在命令后面增加“&”符号的方式来执行，如下面的执行方式所示：

```
ben@ben-laptop:~$./20-3.sh  &
 [1] 4871
ben@ ben-laptop:~$
```

当使用该种方式执行了脚本 20-3.sh 之后，终端将不再等待脚本执行结束，而是直接显示新的提示符，这样就可以继续执行新的命令，而不需要等待脚本运行完毕。

使用后台运行符执行脚本之后，屏幕上会显示一个方括号，里面有个数字代表当前作业的编号，这个作业编号是系统自动分配的，从 1 开始。通过 jobs 命令可以查看作业列表。在作业编号的后面跟着一串数字，表示该进程 ID。通过 ps 命令可以查看该进程的详细情况，如下所示：

```
ben@ben-laptop:~$./20-3.sh  &
 [1] 4871
ben@ ben-laptop:~$ ps -ef | grep 4871 | grep -v grep
ben      4871  2880  0 01:04 pts/2    00:00:00 /bin/bash ./20-1.sh
ben@ben-laptop:~$ jobs
[1]+  Running               ./20-1.sh &
ben@ben-laptop:~$ jobs -l
[1]+  5382 Running                ./20-1.sh &
```

使用后台运行符可以将一些平时不需要在前台查看的进程放在后台执行，这样既不影响前台的正常使用，也不影响后台进程的运行。

20.2.2 运行进程的控制

在 Linux 系统中，进程可以在前台运行，也就是在命令行中直接运行，需要等待进程结束后才可以进行其他操作。某些进程还可以在后台运行，此时不需要等待而直接进行其他操作。

对于这两种类型的进程，可以通过命令或其他操作进行控制。常用的操作方式包括以下 3 种：

- 使用 jobs 命令。
- 通过 fg 和 bg 命令。
- 通过键盘键入命令。

jobs 命令的主要作用是显示当前环境中的所有的任务，配合使用不同的选项可以显示不同的任务信息，常用的选项如表 20-3 所示。

表 20-3 jobs 命令的常用选项

选 项	作 用
-l	列出进程 ID
-n	只列出那些自从上次用户修改状态后的进程信息
-r	只列出状态是 running 的任务
-s	只列出状态是 stopped 的任务

表 20-3 只列出了 jobs 命令的常用选项，这些选项的用法如示例 20-4.sh 所示。

【示例 20-4.sh】

```
#示例 20-4.sh  jobs 命令的使用
#!/bin/bash

echo 使用-l 选项
jobs -l
echo

echo  显示状态是 running 的任务
jobs -r
```

为示例 20-4.sh 赋予可执行权限后执行脚本，结果如下：

```
ben@ben-laptop:~$ chmod u+x 20-4.sh
ben@ben-laptop:~$ ./ 20-4.sh
使用-l 选项
 [1]+  5382 Running                 ./20-1.sh &
显示状态是 running 的任务
```

在后台运行的命令可以使用 jobs 命令查看，通过使用 fg 命令和 bg 命令也可以干预进程的执行。fg 命令的作用是使后台中的命令调至前台继续运行。bg 命令一般和 Ctrl+Z 配合使用，Ctrl+Z 用来暂停前台程序的运行，而 bg 命令则是继续执行暂停的命令。这 3 个命令的用法如下所示。

```
ben@ben-laptop:~$./20-1.sh
hello shell script
hello shell script
hello shell script
[1] + Stopped (SIGTSTP)   ./20-1.sh
ben@ben-laptop:~$bg
[1]    ./ 20-1.sh&
ben@ben-laptop:~$ps -ef | grep 20-1| grep -v grep
ben  8913158 36503620   1 10:02:22  pts/5  0:00 /bin/bash ./20-1.sh
```

使用了 Ctrl+Z 命令暂停程序运行之后，可以使用 bg 命令恢复程序的运行，此时程序自动转为后台运行，而不在前台运行了。

20.2.3 nohup 命令的使用

对于后台运行的命令来说，一般使用后台运行符“&”来表示。当使用后台运行符时，程序只在该终端的后台运行，而没有真正实现后台运行。如果终端关闭，那么程序也会随之被关闭。为了真正实现程序的后台运行，需要使用 nohup 命令。

nohup 命令的使用方式如下：

```
nohup 命令  &
```

在使用 nohup 命令时，需要在执行的命令前面加上 nohup 命令，然后在执行命令的后面添加后台运行符“&”，当程序运行之后，就可以真正地实现程序的后台运行了。即使当前的终端关闭，程序也会在进程列表中存在。

在使用了 nohup 命令之后，本来需要输出到屏幕上的标准输出，将直接输出到文件名为 nohup.out 文件中，该文件是执行 nohup 命令之后创建的日志文件，文件中存储了标准输出的内容，对于一般的操作方式来说，如果多个进程同时使用 nohup 命令来启动，那么所有的日志文件都会存储在 nohup.out 文件中，此时就需要使用重定向来将程序的输出进行重定向，从而对不同的进程的输出结果进行区分。nohup 命令的用法如示例 20-5.sh 所示。

【示例 20-5.sh】

```
#示例 20-5.sh  nohup 命令的使用
#!/bin/bash

echo  使用 nohup 命令执行 20-3.sh
nohup ./20-3.sh &
echo

echo 使用后台运行符执行 20-1.sh
./20-1.sh &
echo

echo 查看进程
ps -ef  | grep 20-* | grep -v grep
```

为示例 20-5.sh 赋予可执行权限后执行脚本，结果如下：

```
ben@ben-laptop:~$ chmod u+x 20-5.sh
ben@ben-laptop:~$ ./ 20-5.sh
使用 nohup 命令执行
[2] 2982
nohup: ignoring input and appending output to `nohup.out'
使用后台运行符执行
 [2] 2839
查看进程
ben      2827  2753  0 23:37 pts/0    00:00:00 /bin/bash ./20-3.sh
ben      2982  2753  0 23:39 pts/0    00:00:00 /bin/bash ./20-1.sh
```

当关闭中断后，打开一个新的终端，再次查看进程，其操作方式如下：

```
ps -ef  | grep 20-* | grep -v grep
ben      2982     1  0 23:39 ?        00:00:00 /bin/bash ./20-1.sh
```

从示例 20-5.sh 的执行结果可以看出，当使用了 nohup 命令时，程序真正实现了后台执行。而仅使用后台运行符执行的命令，当终端关闭后，进程会随之消失。

20.3 脚本运行的优先级

在 Linux 系统中，脚本、程序、命令等可能同一时刻都需要运行，而 CPU 在一个时刻只能运行其中一个，那么到底先运行哪个，后运行哪个呢？这需要有一个明确的标识，否则，CPU 将不知道该先执行哪一个，后执行哪一个。这个标识就是优先级。本节将重点介绍优先级的相关知识。

20.3.1 优先级介绍

在 Linux 系统中，脚本、程序、命令的执行都按照进程的方式执行，进程执行的先后顺序是按照进程的优先级来确定的。进程优先级是在进程创建时，储存在进程控制块（Process Control Block，PCB）中的，当 CPU 有空间时，就会遵循进程调度的方式，按照优先级的高低来执行进程，直到进程都执行完毕。

在系统中，进程的优先级一般包括实时优先级和静态优先级。在任何时刻，实时进程的优先级都要高于普通进程，实时进程之间将按照进程的优先级来确定首先处理哪个进程，在 Linux 2.6 内核中，实时进程的优先级范围为 0~99，而普通进程的优先级范围是 100~139。因此，数值越小，进程的优先级就越高。

在 Linux 系统中，可以通过 ps 命令来获取进程的优先级，首先使用 ps -l 命令显示当前系统中的进程，如下所示：

```
ben@ben-laptop:~ #ps -l
     F S UID  PID     PPID    C  PRI  NI  ADDR     SZ  WCHAN  TTY  TIME  CMD
```

```
    200001 A 245  15532154  6816142  0  60   20  4174c3480  972          pts/8
0:00   ps
    240001 A 245  6816142   6750270  1  60   20  7680480    824          pts/8
0:00   ksh
```

ps 命令能够显示当前系统中所有正在运行的进程，并能够显示这些进程的详细信息。其中，字段 PRI 和 NI 是和进程的优先级相关的字段。字段 PRI 是进程的优先级，这个值越小，进程的优先级别越高。如果进程是实时进程，那么当前的优先级就表示为静态优先级；如果进程是非实时进程，那么当前的优先级就表示为动态优先级。PRI 默认的取值范围是 0~MAX_RT_PRIO，而 MAX_RT_PRIO 在 Linux 系统中一般配置为 100，因此，进程优先级的取值范围是从 0 到 99。

注　意

进程的优先级问题涉及操作系统中进程调度的相关知识，本节只是简单地讲解一下优先级相关的内容，如果读者想更进一步了解其中的知识，可以参照相关资料进行学习。

20.3.2 使用 nice 指定优先级

在使用 ps-l 命令显示当前系统中运行的进程的详细信息中，NICE 值是进程优先级的修正值，NICE 值和优先级的关系如下：

```
PRI 值 = PRI 值（旧值） + NICE 值
```

上面的表达式表示了 NICE 值和进程优先级的关系。进程最终的优先级是 PRI 值和 NICE 值的和。NICE 的值可以是正值，也可以是负值。当 NICE 为正值时，会使得进程的优先级降低，而当 NICE 为负值时，则可以提高进程的优先级。

NICE 值的范围是-20~19，相对应的进程的静态优先级范围是 100~139。NICE 数值越大，则 static_prio 越大，最终进程优先级就越低。

设置进程的 NICE 值可以使用 nice 命令，nice 命令的使用方式如下：

```
nice [-n <优先等级>] [--help][--version][执行指令]
```

nice 命令可以用来改变程序执行的优先等级。通过影响进程的 PRI 值来间接地改变进程的优先级。常用的选项如表 20-4 所示。

表 20-4　nice 命令的常用选项

选　项	作　用
-n	设置执行命令的优先级
--help	显示帮助
--version	显示 nice 命令的帮助信息

在表 20-4 中，--help 选项和--version 选项的使用方式和其他命令的使用方式一样，用来显示 nice 命令的帮助信息和版本信息。选项-n 主要用来设置命令的优先级，范围是-20~19，数值越小，设置成功后进程的优先级越高。nice 命令的用法如示例 20-6.sh 所示。

【示例 20-6.sh】

```
#示例 20-6.sh  nice 命令的使用
#! /bin/bash

echo "设置进程的优先级"
nice -10 ./nice-test.sh &
echo

echo 查看进程信息
ps -efl | grep 20-1.sh | grep -v grep
```

为示例 20-6.sh 赋予可执行权限后执行脚本，结果如下：

```
ben@ben-laptop:~$ chmod u+x 20-6.sh
ben@ben-laptop:~$ ./ 20-6.sh
设置进程的优先级

查看进程信息
 0 S ben       6009  5631  0  90  10 -  1293 wait   00:00 pts/1    00:00:00
/bin/bash ./20-1.sh
```

从示例 20-6.sh 的执行结果可以看出，使用 nice 命令可以直接对进程执行的优先级产生影响，该影响在进行进程调度时，将会发挥重大的作用。

注　意
NICE 值不是进程的优先级，只能对进程的优先级产生影响，并且只有 root 用户才能使用 nice 命令设置进程的优先级。

20.3.3 使用 renice 重置优先级

当进程的优先级设定之后，还可以使用 renice 命令重新设置。renice 命令的使用方式如下：

```
renice [优先等级][-g <程序群组名称>...][-p <程序识别码>...][-u <用户名称>...]
```

renice 命令可以通过选项来设置群组、程序的优先级，设定的范围也是-20~19。而且能够使用 renice 命令的只有系统管理用户，普通用户无法改变进程的优先级。renice 命令的用法如示例 20-7.sh 所示。

【示例 20-7.sh】

```
#示例 20-7.sh  renice 命令的使用
#! /bin/bash

echo 查看进程信息
ps -efl | grep 20-1.sh | grep -v grep
echo

echo 使用 renice 命令重置进程的优先级
 renice 16 -p 6009
```

```
echo
echo 查看进程信息
ps -efl | grep 20-1.sh | grep -v grep
```

为示例 20-7.sh 赋予可执行权限后执行脚本，结果如下：

```
ben@ben-laptop:~$ chmod u+x 20-7.sh
ben@ben-laptop:~$ ./ 20-7.sh
查看进程信息
0 S ben        6009  5631  0  90  10 -  1293 wait   00:00 pts/1     00:00:00
/bin/bash ./20-1.sh
使用 renice 命令重置进程的优先级
0 S ben        6009  5631  0  90  16 -  1293 wait   00:00 pts/1     00:00:00
/bin/bash ./20-1.sh
```

从示例 20-7.sh 的执行结果可以看出，使用 renice 命令可以对进程执行的优先级进行更改，而进程的优先级也可以通过使用 renice 命令做出改变，从而使优先级不会一成不变。

注　意
renice 命令也是只能通过影响进程的 NICE 值来改变进程的优先级，而不能直接改变进程的优先级。

20.4 小　结

本章主要介绍了在 Linux 系统中如何对脚本执行流程进行控制。可以通过 Linux 系统的信号机制实现对脚本的控制。在 Linux 系统中，通过键盘的输入、命令都可以向脚本发送信号。通过键盘可以停止或暂停脚本的运行，使用 kill 命令也可以实现终止或暂停脚本的运行。

开机运行脚本主要是借助于这一点：Linux 系统在开机加载系统的过程中，需要执行.profile 中的语句。如果需要在开机时就运行某些脚本，可以将需要执行的脚本放到该文件的后面，这样，开机后该脚本也就已经运行了。

脚本除了可以设定为在开机时运行，还可以设定为后台运行。当脚本设定为后台运行之后，就可以始终在运行，而不会干扰到其他进程的运行。但是，对于后台运行的脚本来说，输出的内容应该重定向到其他的文件中，而不能使用默认的标准输出。否则，输出的内容还会显示在计算机的屏幕上。

进程在执行时按照优先级来决定哪个脚本首先被执行，可以使用 nice 来设置进程的 NICE 值，从而进一步影响进程的优先级。当使用 nice 命令设置了进程的优先级之后，还可以使用 renice 对进程的 NICE 值进行重置。

第 21 章

Shell 脚本系统管理实战

对于任何一个操作系统来说，系统管理是常规工作。由于 Shell 脚本来由 Bash 命令构成，其执行效率非常高，而且可以包含很多系统管理的命令，因此可以使用 Shell 脚本进行系统管理。本章将重点介绍如何使用 Shell 脚本实现 Linux 系统管理。

本章的主要内容如下：

- 系统监测脚本的编写
- 计划任务的实现
- 网络管理
- 日志管理

21.1 系统监测

对于 Linux 系统来说，系统监控是必需的。在系统运行过程中，会发生各种各样的意外情况，如内存耗尽、存储空间耗尽等，这些情况严重影响系统的正常运行。系统监控用来监控系统的运行状况，及时发现系统运行时的问题，从而及时解决问题。本节将介绍如何对 Linux 系统进行监测。

21.1.1 系统监控基础

系统监控的基础主要来源有以下两种：

- 系统文件。
- 系统管理命令。

系统文件记录了当前系统运行时的所有信息。这些文件都在目录/proc 中，分别记录了系统运行时的 CPU、内存、硬盘空间等系统信息，我们可以通过读取这些文件中相应的字段，以获取需要的系统信息。系统管理相关的命令前面已经介绍过，在此不再赘述。本小节主要介绍配置文件的相关内容。

> **注　意**
>
> 用于 Linux 系统管理的命令，大部分也是通过获取相应文件中的系统信息之后，再通过特定的格式来实现系统信息的输出。

Linux 系统的 CPU 是非常重要的资源，其相关信息存储在文件/proc/cpuinfo 中，该文件的内容如下：

```
ben@ben-laptop:~$ cat /proc/cpuinfo
processor	: 0
vendor_id	: GenuineIntel
cpu family	: 6
model		: 37
model name	: Intel(R) Core(TM) i5 CPU       M 450  @ 2.40GHz
stepping	: 5
cpu MHz		: 1199.000
cache size	: 3072 KB
physical id	: 0
siblings	: 4
core id		: 0
cpu cores	: 2
apicid		: 0
initial apicid	: 0
fdiv_bug	: no
hlt_bug		: no
f00f_bug	: no
coma_bug	: no
fpu		: yes
fpu_exception	: yes
cpuid level	: 11
wp		: yes
flags		: fpu vme de pse tsc msr pae mce cx8 apic mtrr pge mca cmov pat pse36 clflush dts acpi mmx fxsr sse sse2 ss ht tm pbe rdtscp lm constant_tsc arch_perfmon pebs bts xtopology nonstop_tsc aperfmperf pni dtes64 monitor ds_cpl vmx est tm2 ssse3 cx16 xtpr pdcm sse4_1 sse4_2 popcnt lahf_lm ida arat tpr_shadow vnmi flexpriority ept vpid
bogomips	: 4788.63
clflush size	: 64
cache_alignment	: 64
address sizes	: 36 bits physical, 48 bits virtual
power management:

processor	: 1
```

```
vendor_id    : GenuineIntel
cpu family    : 6
model        : 37
model name    : Intel(R) Core(TM) i5 CPU      M 450  @ 2.40GHz
stepping    : 5
cpu MHz        : 1199.000
cache size    : 3072 KB
physical id    : 0
siblings    : 4
core id        : 0
cpu cores    : 2
apicid        : 1
initial apicid    : 1
fdiv_bug    : no
hlt_bug        : no
f00f_bug    : no
coma_bug    : no
fpu        : yes
fpu_exception    : yes
cpuid level    : 11
wp        : yes
flags        : fpu vme de pse tsc msr pae mce cx8 apic mtrr pge mca cmov pat pse36
clflush dts acpi mmx fxsr sse sse2 ss ht tm pbe rdtscp lm constant_tsc arch_perfmon
pebs bts xtopology nonstop_tsc aperfmperf pni dtes64 monitor ds_cpl vmx est tm2
ssse3 cx16 xtpr pdcm sse4_1 sse4_2 popcnt lahf_lm ida arat tpr_shadow vnmi
flexpriority ept vpid
bogomips    : 4787.88
clflush size    : 64
cache_alignment    : 64
address sizes    : 36 bits physical, 48 bits virtual
power management:
```

该文件中存储了 CPU 的一些信息，这里显示了 CPU 的基本信息，如 CPU 的内核版本型号、主频、缓存等信息，计算机中的 CPU 有几个内核，在该文件中就有几部分内容与之对应。

我们还可以使用 top 命令来获取基本的 CPU 信息，除了显示系统中进程占用的 CPU 资源信息之外，还能显示 CPU 的空闲比例，如示例 21-1.sh 所示。

【示例 21-1.sh】

```
#示例 21-1.sh  显示 CPU 资源信息
#! /bin/bash

echo 显示 CPU 空闲比例
idle=`top -b -n 1 | grep Cpu | gawk '{print $5}' | cut -f 1 -d "."`
echo CPU 当前的空闲比例为$idle
```

为示例 21-1.sh 赋予可执行权限后执行脚本，结果如下：

```
ben@ben-laptop:~$chmod u+x  21-1.sh
ben@ben-laptop:~$./21-1.sh
显示 CPU 空闲比例
CPU 当前的空闲比例为 92
```

在示例 21-1.sh 中，使用了 grep 命令、gawk 命令以及 cut 命令，从 top 命令的显示结果中获取了 CPU 当前的空闲比例，当 CPU 空闲比例小于一定值时，就需要采取一定处理方式，防止因 CPU 使用率过高而引起系统运行故障。

对于内存信息和硬盘空间信息来说，可以从配置文件中获取，也可以通过命令获取。内存信息对应的配置文件为/etc/meminfo，而存储硬盘空间相关信息的配置文件是/etc/，这两个文件的内容如下：

```
root@ben-laptop:~# cat /proc/meminfo
MemTotal:        2569116 kB
MemFree:          591300 kB
Buffers:          253500 kB
Cached:           912744 kB
SwapCached:            0 kB
Active:           956652 kB
Inactive:         722432 kB
Active(anon):     486408 kB
Inactive(anon):    41276 kB
Active(file):     470244 kB
Inactive(file):   681156 kB
Unevictable:          16 kB
Mlocked:              16 kB
HighTotal:       1702152 kB
HighFree:         142848 kB
LowTotal:         866964 kB
LowFree:          448452 kB
SwapTotal:       1999864 kB
SwapFree:        1999864 kB
Dirty:                48 kB
Writeback:             0 kB
AnonPages:        512872 kB
Mapped:           103680 kB
Shmem:             14844 kB
Slab:             113672 kB
SReclaimable:      99144 kB
SUnreclaim:        14528 kB
KernelStack:        2952 kB
PageTables:         8772 kB
NFS_Unstable:          0 kB
```

```
Bounce:                0 kB
WritebackTmp:          0 kB
CommitLimit:     3284420 kB
Committed_AS:    1414976 kB
VmallocTotal:     122880 kB
VmallocUsed:       38580 kB
VmallocChunk:      77336 kB
HardwareCorrupted:     0 kB
HugePages_Total:       0
HugePages_Free:        0
HugePages_Rsvd:        0
HugePages_Surp:        0
Hugepagesize:       4096 kB
DirectMap4k:       12280 kB
DirectMap4M:      897024 kB
```

上面所说的配置文件中记录了系统的运行信息，进行监控的主要数据来源就是这些配置文件。用户可以根据自己的需要，读取不同的配置文件以获取相应的系统运行数据。

21.1.2　Ubuntu 自带的系统监控工具

在 Ubuntu 系统中，提供了很多可以用于系统监控的操作方式，如在【工具】中，提供了【系统监视器】和【日志】两个选项。通过它们可以实现日常的部分监控操作。

依次打开【应用程序】|【工具】|【系统监视器】，在【系统监视器】窗口中提供了很多可用于系统监视的选项，可以查看系统运行情况、进程运行情况、资源使用历史以及文件系统的使用等。内容如图 21-1 所示。

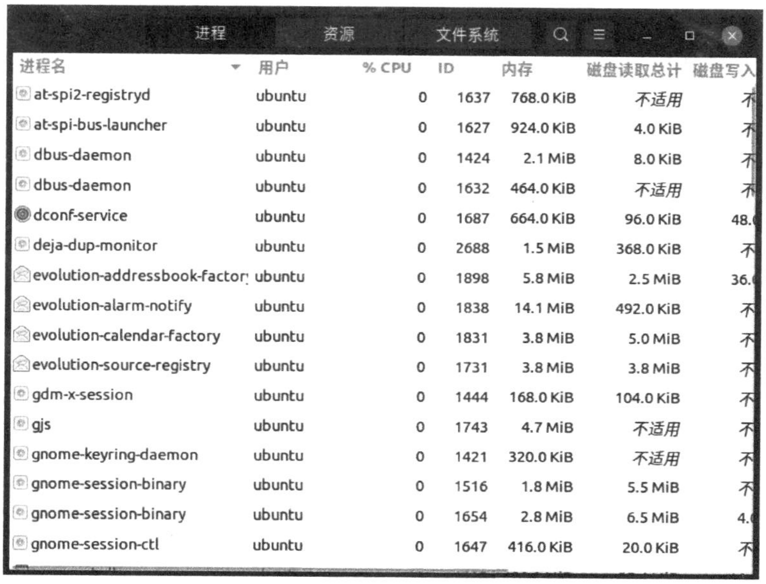

进程　资源　文件系统

进程名	用户	% CPU	ID	内存	磁盘读取总计	磁盘写入
at-spi2-registryd	ubuntu	0	1637	768.0 KiB	不适用	不
at-spi-bus-launcher	ubuntu	0	1627	924.0 KiB	4.0 KiB	不
dbus-daemon	ubuntu	0	1424	2.1 MiB	8.0 KiB	不
dbus-daemon	ubuntu	0	1632	464.0 KiB	不适用	不
dconf-service	ubuntu	0	1687	664.0 KiB	96.0 KiB	48.
deja-dup-monitor	ubuntu	0	2688	1.5 MiB	368.0 KiB	不
evolution-addressbook-factor	ubuntu	0	1898	5.8 MiB	2.5 MiB	36.
evolution-alarm-notify	ubuntu	0	1838	14.1 MiB	492.0 KiB	不
evolution-calendar-factory	ubuntu	0	1831	3.8 MiB	5.0 MiB	不
evolution-source-registry	ubuntu	0	1731	3.8 MiB	3.8 MiB	不
gdm-x-session	ubuntu	0	1444	168.0 KiB	104.0 KiB	不
gjs	ubuntu	0	1743	4.7 MiB	不适用	不
gnome-keyring-daemon	ubuntu	0	1421	320.0 KiB	不适用	不
gnome-session-binary	ubuntu	0	1516	1.8 MiB	5.5 MiB	不
gnome-session-binary	ubuntu	0	1654	2.8 MiB	6.5 MiB	4.
gnome-session-ctl	ubuntu	0	1647	416.0 KiB	20.0 KiB	不

图 21-1　【系统监视器】显示界面

通过【系统监视器】，可以非常直观地了解 Linux 系统运行时的系统信息。

使用【日志】可以查看 Linux 系统日志信息，依次打开【应用程序】|【工具】|【日志】，就可以查看系统日志。界面显示如图 21-2 所示。

图 21-2 【日志】界面

在【日志】中可以看到所有的系统日志信息，比如内核信息以及启动信息，可以通过该界面查看系统日志，从而作为进行系统管理的依据。

注　意

除系统自带的图形化监控工具之外，还有很多第三方的监控工具，用户可以选择安装合适的软件进行系统监控。

21.1.3 监控脚本的编写

显示内存信息和硬盘空间信息的命令分别是 free 命令和 df 命令，监控脚本中信息也主要来自于这两个命令的运行结果，使用 gawk 命令和 grep 命令对需要了解的内容进行匹配，从而得到相应的系统信息，如示例 21-2.sh 所示。

【示例 21-2.sh】

```
#示例 21-2.sh  监控脚本示例
#! /bin/bash

echo 获取剩余交换空间
swap_free=`free -m | grep Swap | gawk '{print $4}'`
if (( swap_free < 15 ))
then
    echo 交换空间剩余不足
```

```
  fi
echo 交换空间还剩$swap_free
echo

echo 获取剩余普通内存空间
mem_free=`free -m | grep Mem | gawk '{print $4}'`
if (( mem_free < 15 ))
then
   echo 内存空间剩余不足
fi
echo 内存空间还剩$mem_free
echo

echo 获取剩余硬盘空间
diska_free=`df -h | grep /dev/sda6 | awk '{print $5}' | cut -f 1 -d "%"`
if ((diska_free < 15 ))
then
   echo "磁盘/dev/sda6 空间剩余不足"
fi
echo "磁盘/dev/sda$i 的剩余空间为$diska_free"
```

为示例 21-2.sh 赋予可执行权限后执行脚本，结果如下：

```
ben@ben-laptop:~$chmod u+x  21-2.sh
ben@ben-laptop:~$./21-2.sh
获取剩余交换空间
交换空间还剩 1952

获取剩余普通内存空间
内存空间还剩 356

获取剩余硬盘空间
磁盘/dev/sda 的剩余空间为 34
```

从示例 21-2.sh 的执行结果可以看出，使用脚本可以非常方便地监控 Linux 系统的资源使用情况，从而获取对系统进行管理的依据。

21.2 计划任务的实现

在系统管理过程中，经常会遇到每隔一段时间就需要执行某个脚本，或者在每个月或每天的固定时间执行某些脚本的情况，这些都是计划任务。在 Linux 系统中，计划任务可以依靠 at 命令和 cron 命令来实现。本节将重点介绍如何使用这两个命令来实现计划任务。

21.2.1 at 命令的使用

在 Linux 系统中，计划任务有的执行一次，有的需要周期性地执行多次。一次性的定时计划就是该计划执行一次，当计划执行完之后，下次执行的时间不确定，并且每次都需要手动执行。对于周期性计划来说，当计划执行完之后，在固定的时间内还会执行下一次，直至计划被取消，否则将按照执行周期循环执行。at 命令一般用来处理一次性计划，其使用方式如下：

```
at [选项/参数] [时间]
```

at 命令在使用时要添加适当的参数或选项，从而确定该计划的执行细节。常用的参数如表 21-1 所示。

表 21-1　at 命令的常用参数

选　项	作　用
-m	当指定的任务被完成之后，将给用户发送邮件，即使没有标准输出
-I	atq 的别名
-d	atrm 的别名
-v	显示任务将被执行的时间
-c	打印任务的内容到标准输出
-V（大写字符）	显示版本信息
-q <队列>	使用指定的列队
-f <文件>	从指定文件读入任务而不是从标准输入读入
-t <时间参数>	以时间参数的形式提交要运行的任务

at 命令能够实现一次性计划的设定，当提交了一个计划任务之后，在系统中就会启动一个 atd 进程，这个 atd 进程是守护进程，它不停地在文件/var/spool/at 中扫描是否存在需要处理的任务。如果任务的处理时间符合要求，那么该计划任务就会被执行。如果对 at 命令不是很熟悉，可以使用 -help 选项查看其帮助，如下所示：

```
ben@ben-laptop:~$ at -help
Usage: at [-V] [-q x] [-f file] [-mldbv] timespec ...
       at [-V] [-q x] [-f file] [-mldbv] -t time
       at -c job ...
       atq [-V] [-q x]
       atrm [-V] job ...
       batch
```

如果 atd 进程没有启动，at 命令就不会被执行。此时，可以使用 grep 命令检索 atd 命令是否已经执行，grep 命令的使用方式如下：

```
ps -ef | grep atd | grep -v grep
```

执行结果如下：

```
ps -ef | grep atd | grep -v grep
daemon    1217    1  0 22:39 ?       00:00:00 atd
```

如果没有任何显示，则说明 atd 没有执行，需要先启动 atd 命令。启动 atd 命令如下：

- /etc/init.d/atd start
- /etc/init.d/atd restart

在确保 atd 命令执行的情况下，at 命令会从标准输入 STDIN 获取输入信息，并提交到计划队列中，然后写入文件/var/spool/at。启动守护进程 atd 后，就等待计划在规定的时间内执行。此外，还可以通过文件把需要执行的命令传递给计划任务，如示例 21-3.sh 所示。

【示例 21-3.sh】

```
#示例 21-3.sh  使用 at 命令创建计划任务
#! /bin/bash

echo 使用 at 命令创建计划任务
at  -f 21-3.sh now + 2 minutes
echo

echo 显示设定的定时任务
at -l
```

为示例 21-3.sh 赋予可执行权限后执行脚本，结果如下：

```
ben@ben-laptop:~$chmod u+x  21-3.sh
ben@ben-laptop:~$./21-3.sh
使用 at 命令创建计划任务
warning: commands will be executed using /bin/sh
job 1 at Sun  Jul 27  20:04:00 2021

显示设定的定时任务
1    Sun Jul 27 20:04:00 2021 a ben
```

从示例 21-3.sh 的执行结果可以看出，使用了 at 命令之后，就创建了一个定时任务，而使用 at 命令的特定选项，可以显示已经存在的任务。at 命令在运行之后会生成一条警告信息，该信息中包含使用哪种 Shell 来执行这个定时任务，并且显示出任务执行的具体时间和任务编号。

at 命令可以使用多种时间形式来确定计划任务的执行时间，at 命令常用的表示时间的方式如下：

- 标准时间格式，包括小时、分钟和标准的日期格式。
- 12 小时制和 24 小时制。
- 具体的时间。
- 文本类型的日期格式。
- 指定时间增量。

在上面的时间格式中，标准的时间格式就是标准的小时分钟格式和标准的日期格式，如凌晨 1 点钟可以使用 1:00 表示，而日期可以使用下列基本格式表示：

- YYYY/MM/DD。
- MM/DD/ YY。
- DD.MM.YY。

在上面的格式中，YY（或 YYYY）用来表示年份，MM 用来表示月份，DD 用来表示某一天，如 2021 年 2 月 14 日，可以使用下面 3 种形式来表示：

```
2021/02/14
02/14/2021
14.02.2021
```

在为计划任务指定时间时，可以使用标准的 24 小时制，也可以使用 12 小时制。在使用 12 小时制时，需要使用指示符 PM 或 AM 来指示上午还是下午，如表示下午 4 点 20 分，即 16 点 20 分，使用 24 小时制表示为 16:20，使用 12 小时制表示为 4:20PM。关于这两种时间的表示方式如示例 21-4.sh 所示。

【示例 21-4.sh】

```
#示例 21-4.sh  使用 at 命令创建计划任务
#! /bin/bash
echo 使用 12 小时制设定计划任务
at -f 21-4.sh  4: 20PM  tomorrow
echo
echo 使用 24 小时制设定计划任务
at -f 21-4.sh  16:20  tomorrow
echo
echo 显示设定的定时任务
at -l
```

为示例 21-4.sh 赋予可执行权限后执行脚本，结果如下：

```
ben@ben-laptop:~$chmod u+x  21-4.sh
ben@ben-laptop:~$./21-4.sh
使用 12 小时制设定计划任务
warning: commands will be executed using /bin/sh
job 2 at Mon Jul 28 4:20PM 2021
使用 24 小时制设定计划任务
warning: commands will be executed using /bin/sh
job 3 at Mon Jul 28 16:20:00 2021
显示设定的定时任务
1    Sun Jul 27 20:04:00 2021 a ben
```

```
2    Mon Jul 28 4:20PM 2021 a ben
3    Mon Jul 28 16:20:00 2021 a ben
```

除了使用标准时间以外，at 命令还支持一些具体的时间以及文本类型的时间。如 noon、now、midnight、teatime 等，这些单词都表示具体的时间，对于 teatime 来说，一般认为是下午 4 点即 16 点。此外，还可以使用文本（如 OCT 10 或 DEC 24 等）表示具体的时间，如示例 21-5.sh 所示。

【示例 21-5.sh】

```
#示例 21-5.sh  其他时间类型
#! /bin/bash

echo 使用文本型时间
at  -f 21-4.sh  midnight
echo

at  -f 21-4.sh  teatime
echo
```

为示例 21-5.sh 赋予可执行权限后执行脚本，结果如下：

```
ben@ben-laptop:~$chmod u+x  21-5.sh
ben@ben-laptop:~$./21-5.sh
使用文本型时间
warning: commands will be executed using /bin/sh
job 4 at Mon Jul 28 00:00:00 2021

warning: commands will be executed using /bin/sh
job 5 at Mon Jul 28 16:00:00 2021
```

at 命令还可以使用时间增量的方式来确定时间，如从现在开始往后数 2 天或 2 小时，从 2021 年 2 月 14 日往后数 10 天等。可以使用符号“+”或文本 tomorrow 等来表示增加到什么时间。时间增量的用法如示例 21-6.sh 所示。

【示例 21-6.sh】

```
#示例 21-6.sh  使用时间增量
#! /bin/bash

echo 使用时间增量完成任务的设定
at  -f 21-4.sh  midnight +2 hours
echo

at  -f 21-4.sh teatime + 2hours
```

为示例 21-6.sh 赋予可执行权限后执行脚本，结果如下：

```
ben@ben-laptop:~$chmod u+x  21-6.sh
ben@ben-laptop:~$./21-6.sh
使用时间增量完成任务的设定
warning: commands will be executed using /bin/sh
```

```
job 6 at Mon Jul 28 02:00:00 2021

warning: commands will be executed using /bin/sh
job 7 at Mon Jul 28 18:00:00 2021
```

从上面的示例可以看出，使用 at 命令可以设定各种定时任务。在设定定时任务时，会按照设定的执行时间执行特定的命令。而设定的执行时间可以使用各种方式表示。

at 命令产生的计划任务都会放到任务队列中，守护进程 atd 会到相应的任务队列中去查找有没有合适的计划任务被执行。在 Linux 系统中，可以存在 26 个任务队列，分别使用小写字符 a、b、c……z 表示。其中 a 级任务队列中的任务优先级最高，而 at 命令默认将任务放到 a 级队列中，从而使得计划任务能够在第一时间被执行。如果任务不是很紧急，也可以放到其他队列中。使用-q 选项可指定将任务放到哪个队列中。关于任务队列的用法如示例 21-7.sh 所示。

【示例 21-7.sh】

```
#示例 21-7.sh  指定任务队列
#! /bin/bash

echo 使用-q 选项指定任务队列
at  -f 21-4.sh  midnight +2 hours -q b
```

为示例 21-7.sh 赋予可执行权限后执行脚本，结果如下：

```
ben@ben-laptop:~$chmod u+x  21-7.sh
ben@ben-laptop:~$./21-7.sh
使用-q 选项指定任务队列
warning: commands will be executed using /bin/sh
job 8 at Mon Jul 28 02:00:00 2021
```

计划任务在任务队列中等待运行时，如果临时改变计划，还可以将计划删除。删除计划任务使用命令 atrm。还可以使用 atq 命令来查看当前的任务。这两个命令的用法如示例 21-8.sh 所示。

【示例 21-8.sh】

```
#示例 21-8.sh  任务的删除
#! /bin/bash

echo 显示设定的任务
at -l
echo

echo 删除任务号为 3 的任务
atrm 3
echo

echo 重新显示设定的任务
at -l
```

为示例 21-8.sh 赋予可执行权限后执行脚本，结果如下：

```
ben@ben-laptop:~$chmod u+x  21-8.sh
ben@ben-laptop:~$./21-8.sh
显示设定的任务
1    Sun Jul 27 20:04:00 2021 a ben
6    Mon Jul 28 02:00:00 2021 a ben
3    Mon Jul 28 16:20:00 2021 a ben
8    Mon Jul 28 02:00:00 2021 b ben
2    Mon Jul 28 4:20:PM 2021 a ben
删除任务号为 3 的任务
重新显示设定的任务
1    Sun Jul 27 20:04:00 2021 a ben
6    Mon Jul 28 02:00:00 2021 a ben
8    Mon Jul 28 02:00:00 2021 b ben
2    Mon Jul 28 4:20PM 2021 a ben
```

从示例 21-8.sh 的执行结果可以看出，使用 at 命令添加定时任务时，可以指定各种时间、指定操作的队列。当任务建立之后，还可以使用 atrm 命令删除特定的任务，任务删除之后就不会再执行了。

21.2.2　atq 命令的使用

在上面的小节中展示任务队列时，使用了 at 命令的-l 选项，此外，还可以使用 atq 命令来显示这些队列。atq 命令的主要作用就是列出用户排在队列中的作业，其使用方式如下：

```
atq [选项]
```

atq 命令在执行时，可以配合使用选项，从而确定需要显示哪些内容，常用的选项如下：

- -q：显示某个队列中的任务。
- -V：显示 atq 程序的版本信息。

一般情况下，直接使用 atq 命令即能实现命令 at -l 的效果。atq 命令的用法如示例 21-9.sh 所示。

【示例 21-9.sh】

```
#示例 21-9.sh  atq 命令的使用
#! /bin/bash

echo 显示设定的任务
atq
echo

echo 显示 a 队列中的任务
atq -q a
echo

echo 显示 b 队列中的任务
atq -q b
```

为示例 21-9.sh 赋予可执行权限后执行脚本，结果如下：

```
ben@ben-laptop:~$chmod u+x  21-9.sh
ben@ben-laptop:~$./21-9.sh
显示设定的任务
1    Sun Jul 27 20:04:00 2021 a ben
6    Mon Jul 28 02:00:00 2021 a ben
3    Mon Jul 28 16:20:00 2021 a ben
8    Mon Jul 28 02:00:00 2021 b ben
2    Mon Jul 28 4:20PM 2021 a ben
显示 a 队列中的任务
1    Sun Jul 27 20:04:00 2021 a ben
6    Mon Jul 28 02:00:00 2021 a ben
3    Sun Mon Jul 28 16:20:00 2021 a ben
2    Mon Jul 28 4:20PM 2021 a ben
显示 b 队列中的任务
8    Mon Jul 28 02:00:00 2021 b ben
```

从示例 21-9.sh 的执行结果可以看出，使用 atq 命令可以展示出正在等待执行的任务，还能指定显示具体队列中的任务。

21.2.3 cron 的使用

at 命令创建的计划任务是一次性的，当执行完一次之后，就不会再执行，除非再次生成这个任务。而在实际使用中，会经常出现需要周期性地执行某个任务的情况，如果使用 at 命令，就需要不断执行 at 命令来保证计划任务能够被执行。在 Linux 系统中，可以使用 cron 命令来实现周期性任务的执行。

cron 程序一般是从后台启动，然后从 cron 表格（cron table）中查找能够执行的计划任务。cron 表格使用特殊格式指定计划任务执行时间，后台程序根据任务的执行时间来确定当前需要执行哪些任务。cron 表格的基本格式如下：

```
min  hour dayofmonth  month   dayofweek   commands
```

这个语句用来表示在哪月的哪天或是哪周的哪天的几点几分执行什么命令，其中，dayofmonth 指定每个月的日期值，其范围为 1~31；dayofweek 可以使用两种方式表示，一种是常用的英文单词的缩写形式，即用 mon、tue、wed、thu、fri、sat、sun 分别表示周一至周日。此外，还可以使用数字 0 到 6 分别表示周日、周一……周六，其中 0 表示周日，而 1 表示周一。所有字段的内容可以指定为具体值，也可以使用范围或通配符等。当使用通配符时，如在 hour 的位置使用了通配符，表示每个小时都要执行。

cron 计划任务通过 cron 表格来实现任务周期性的定时执行，cron 表格由 crontab 命令来处理，一般存放在目录文件/var/spool/cron/crontabs 中，文件名和用户名是相同的，在文件中展示了所有定时任务。不使用 crontab 命令，直接向该文件中写入需要定时执行的内容，也可以实现同样的效果。

操作 cron 表格时一般使用 crontab 命令，crontab 命令的常用选项如下：

- -e 选项：向 cron 表格中添加条目。
- -l 选项：显示出所有的 cron 表格。

crontab 命令的用法如示例 21-10.sh 所示。

【示例 21-10.sh】

```
#示例 21-10.sh  任务的删除
#! /bin/bash

echo 显示设定的任务
crontab -l
```

为示例 21-10.sh 赋予可执行权限后执行脚本，结果如下：

```
ben@ben-laptop:~$chmod u+x  21-10.sh
ben@ben-laptop:~$./21-10.sh
* * * * * ls -l > log.txt
* * * * * ls -l > log1.txt
```

在示例 21-10.sh 的执行结果中，展示的是早就添加到 cron 表格中的内容。如果不对配置文件进行编辑，可以使用 crontab 命令进行添加。使用 crontab 命令添加 cron 定时任务时，需要使用-e 选项，然后开始编辑 cron 表格，如图 21-3 所示。

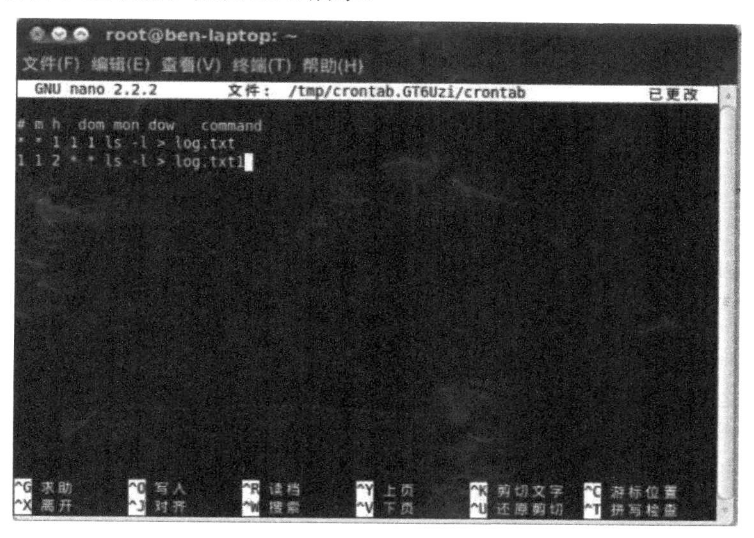

图 21-3　编辑 cron 表格

在编辑完 cron 表格之后，按照下面的提示行操作就可以退出编辑窗口，从而将编辑的内容写入配置文件。

注　意
默认情况下，cron 表格是不存在的，在使用之前，必须先创建它。否则在执行命令时，会提示没有 crontab。

21.3 网络管理

网络管理也是 Linux 系统日常运维的重要工作之一。本节将重点介绍 Linux 系统中关于网络管理的内容。

21.3.1 网络配置

对于操作系统来说，网络配置一般包括 IP 地址、子网掩码、默认网关、路由等基本信息。在本小节中，仅介绍基本信息的配置和 ftp 服务器的搭建。

对于 IP 地址、子网掩码、默认网关这些基本信息来说，可以使用 ifconfig 来实现，而配置路由信息则需要使用 route 来实现。这两个命令的基本使用方法在前面的章节中已经介绍过，在此将直接对这些信息进行配置，配置脚本如示例 21-11.sh 所示。

【示例 21-11.sh】

```
#示例 21-11.sh  网络基本配置，配置 IP 地址、子网掩码、默认网关和路由信息
#! /bin/bash

echo 使用 ifconfig 命令进行网络设置
ifconfig  eth0 192.168.1.1
ifconfig eth0 netmask 255.255.255.0
route add default gw 192.168.1.1

echo 显示最新的网络配置
ifconfig
```

为示例 21-11.sh 赋予可执行权限后执行脚本，结果如下：

```
ben@ben-laptop:~$ chmod u+x  21-11.sh
ben@ben-laptop:~$./21-11.sh
使用 ifconfig 命令进行网络设置
显示最新的网络配置
eth0      Link encap:以太网  硬件地址 1c:c1:de:94:54:69
          inet 地址:192.168.1.123  广播:192.168.1.255  掩码:255.255.255.0
          UP BROADCAST MULTICAST  MTU:1500  跃点数:1
          接收数据包:0 错误:0 丢弃:0 过载:0 帧数:0
          发送数据包:0 错误:0 丢弃:0 过载:0 载波:0
          碰撞:0 发送队列长度:1000
          接收字节:0 (0.0 B)  发送字节:0 (0.0 B)
          中断:28
lo        Link encap:本地环回
          inet 地址:127.0.0.1  掩码:255.0.0.0
          inet6 地址: ::1/128 Scope:Host
```

```
UP LOOPBACK RUNNING MTU:16436 跃点数:1
接收数据包:78 错误:0 丢弃:0 过载:0 帧数:0
发送数据包:78 错误:0 丢弃:0 过载:0 载波:0
碰撞:0 发送队列长度:0
接收字节:8924 (8.9 KB) 发送字节:8924 (8.9 KB)
```

在脚本 21-11.sh 中，对网卡设置了 IP 地址、子网掩码和路由信息等信息，这些构成了基本的网络配置信息。在运行该脚本之前，需要根据实际情况进行适当的修改，需要将 eth0 换成实际使用的网卡符号，而 IP 地址、子网掩码等信息也需要按照实际需要进行配置。当对网卡进行配置之后，就需要重启网卡，以使配置的内容生效。在 Linux 系统中，网卡的启动与关闭一般使用以下两个命令：

- ifup eth0：启动 eth0 网卡。
- ifdown eth0：关闭 eth0 网卡。

上面两个命令分别实现了网卡的启动和关闭。对于网卡来说，其重启的过程通常是先关闭网卡，然后再启动网卡，从而使新配置的内容生效。此外，还可以使用以下语句实现网卡的重启：

```
/etc/rc.d/init.d/network restart
```

一般来说，使用 ifconfig 命令进行网络设置之后，可以不必重启网卡，最新的配置信息就会生效。

注　意

进行网络配置时，需要使用 root 用户或具有 root 权限，所以在执行示例 21-11.sh 时，要使用 sudo 命令。

在 Linux 系统中，除了使用命令之外，还可以直接操作配置文件来完成网络的配置。和网络相关的配置文件如表 21-2 所示。

表 21-2　网络相关的配置文件

文件名称	作　用
/etc/resolv.conf	设定 DNS
/etc/services	定义一些服务端口
/etc/hostname	存储主机名
/etc/host.conf	确定主机名解释顺序
/etc/hosts	IP 地址和主机名的映射

表 21-2 展示了部分与网络配置相关的文件，/etc/hostname 文件中存储了主机名，主机名用来标识该主机。除了主机名之外，还存储了和主机相关的完整域名信息，该文件的内容如下：

```
ben@ben-laptop:/etc$ cat /etc/hostname
ben-laptop
```

配置文件/etc/hosts 中存储着 IP 地址和主机名的映射关系，还包括主机的别名等信息，主要用来标识 IP 地址和主机名之间的关系。因为用来标记网络地址的 IP 地址难于记忆，使用主机名代表网络地址易于记忆。该文件的内容如下：

```
ben@ben-laptop:/etc$ cat /etc/hosts
127.0.0.1    localhost
127.0.1.1    ben-laptop

# The following lines are desirable for IPv6 capable hosts
::1     localhost ip6-localhost ip6-loopback
fe00::0 ip6-localnet
ff00::0 ip6-mcastprefix
ff02::1 ip6-allnodes
ff02::2 ip6-allrouters
ff02::3 ip6-allhosts
```

文件/etc/services 包含服务名和端口号之间的映射关系，该文件包含系统中安装的服务和使用的端口信息，其一般格式如下：

```
服务名  端口号   端口类型
```

该文件的部分信息如下：

```
ftp       21/tcp
ssh       22/udp
telnet       23/tcp
smtp       25/tcp       mail
login       513/tcp
who       513/udp       whod
shell       514/tcp       cmd       # no passwords used
syslog    514/udp
```

/etc/resolv.conf 存放着系统的 DNS，该文件中基本内容如下：

```
ben@ben-laptop:/etc$ cat /etc/resolv.conf
# Generated by NetworkManager
nameserver 192.168.0.1
```

注　意

随着对 Linux 系统运维操作的持续进行，配置文件的内容不会一成不变，而会随着用户的操作发生变化。

除了使用命令和修改配置文件对网络模块进行配置之外，Linux 系统还提供了图形化的操作方式对网络进行配置。单击桌面右上角的任意按钮，都能打开快捷菜单，从菜单选择【设置】|【网络】菜单选项，打开的网络连接配置界面如图 21-4 所示。

图 21-4　【网络连接】界面

从图 21-4 中可以看出，在图形界面给出的操作环境中，可以实现对有线网络、无线网络、VPN 的配置。单击已连接网络后面的设置小按钮后，就可以对无线网络进行配置了。有线网络的配置界面如图 21-5 所示。

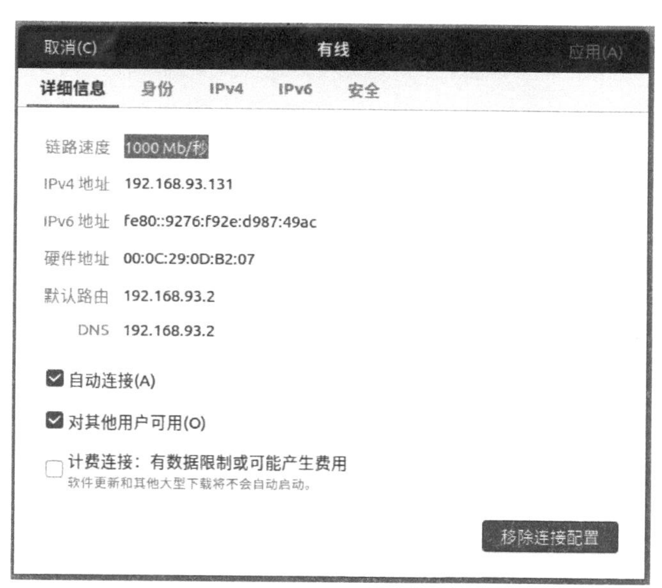

图 21-5　有线网络配置

在图 21-5 所示的界面中，一般对 IPv4 进行配置，可以选择自动配置、手动配置等不同的配置方式。当选择【自动（DHCP）】方式时，系统将自动获取 IP 地址和其他网络信息。当选择【手动】方式时，配置方式如图 21-6 所示。

图 21-6　手动配置网络信息

在相应的位置输入需要配置的信息，就可以完成 IP 地址、子网掩码、网关以及 DNS 服务器的设置。设置完成之后，可以单击右上角的“应用”按钮来保存配置信息。如果当前用户不是 root 用户或不具有 root 权限，还需要输入 root 密码来使配置信息生效，如图 21-7 所示。

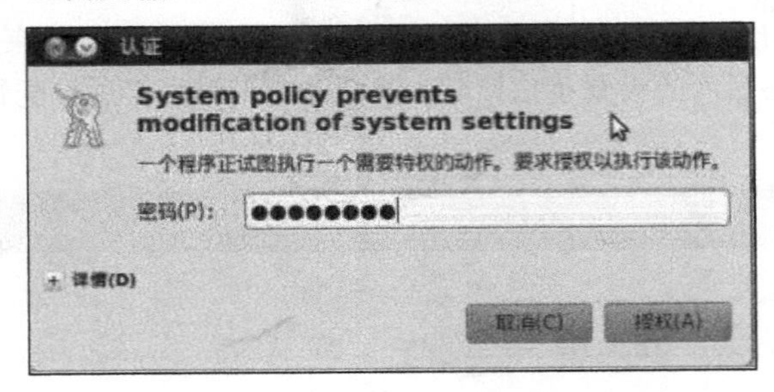

图 21-7　认证网络配置信息

单击“授权”按钮后，配置工作就会最终完成。完成配置之后，需要重启网卡，使配置信息生效。

21.3.2　服务器的安装

在 Linux 系统中，存在许多常用的服务器，如 FTP 服务器、NFS 服务器、Samba 服务器、Apache 服务器等。这些服务器应用于不同的场合，如表 21-3 所示。

表 21-3　常用服务器介绍

服务器名称	说　明
FTP	最早实现文件共享和传输，支持 FTP 协议
NFS	数据网络文件系统，允许一个系统在网络上与他人共享目录和文件
Samba	实现 Linux 和 Windows 系统的文件和资源的共享
Apache	当前使用最广泛的 Web 服务器

表 21-3 中列出的这些服务器在 Linux 系统中会经常使用，在本小节中，仅介绍 FTP 服务器的安装与配置方式，其他服务器的配置方式与 FTP 服务器类似，读者仅需要将相应的软件包安装好，按照实际的需要对配置文件进行适当修改即可。

FTP 服务器常用的是 vsftpd 服务器，系统默认是不安装该服务器的。vsftpd 服务器从开始安装到最终使用的流程如图 21-8 所示。

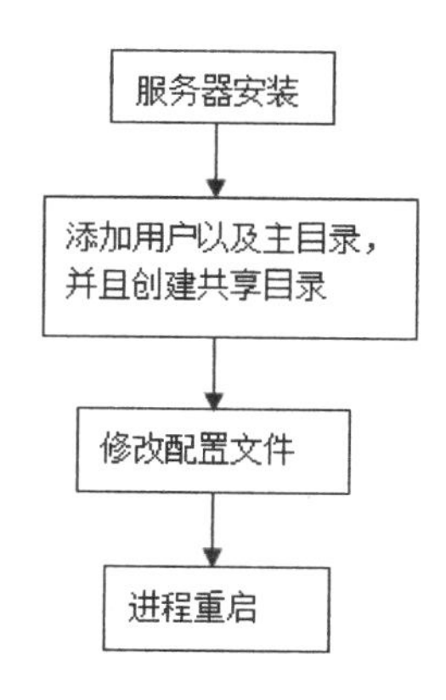

图 21-8　vsftpd 服务器使用流程

对于 FTP 服务器来说，在使用之前首先需要进行安装。而对于 Ubuntu 系统来说，可以使用 apt-get 命令实现，如图 21-9 所示。

安装服务器之后，还需要指定共享目录文件，并且对配置文件进行必要的修改。指定共享目录文件的目的是使得服务器的目录能够统一，以方便操作。

```
ben@ben-laptop:~$ sudo apt-get install vsftpd
正在读取软件包列表... 完成
正在分析软件包的依赖关系树
正在读取状态信息... 完成
下列【新】软件包将被安装：
  vsftpd
升级了 0 个软件包，新安装了 1 个软件包，要卸载 0 个软件包，有 316 个软件包未被升级。
需要下载 141kB 的软件包。
解压缩后会消耗掉 471kB 的额外空间。
获取：1 http://cn.archive.ubuntu.com/ubuntu/ lucid-updates/main vsftpd 2.2.2-3ubuntu6.3 [141kB]
下载 141kB，耗时 2秒 (54.7kB/s)
正在预设定软件包 ...
选中了曾被取消选择的软件包 vsftpd。
(正在读取数据库 ... 系统当前总共安装有 163042 个文件和目录。)
正在解压缩 vsftpd (从 .../vsftpd_2.2.2-3ubuntu6.3_i386.deb) ...
正在处理用于 man-db 的触发器...
正在处理用于 ureadahead 的触发器...
ureadahead will be reprofiled on next reboot
正在设置 vsftpd (2.2.2-3ubuntu6.3) ...
正在将用户“ftp”加入到“ftp”组中
vsftpd start/running, process 2538
```

图 21-9　vsftpd 服务器安装过程

vsftpd 服务器的配置文件需要修改，配置文件的内容如表 21-4 所示。

表 21-4　vsftpd 服务器配置文件常用配置项

配　置　项	作　　用	默认选项
listen	是否以独立模式运行	NO
anonymous_enable	是否允许匿名登录	NO
local_enable	是否允许本地用户登录	YES
write_enable	对服务器是否可写	YES
local_umask	本地掩码	022
anon_upload_enable	是否允许匿名上传	YES
anon_mkdir_write_enable	是否允许匿名创建目录文件	YES
xferlog_file	日志文件目录	/var/log/vsftpd.log

（续表）

配　置　项	作　　用	默认选项
use_localtime	使用本地时间	YES
connect_from_port_20	是否通过端口 20 进行连接	YES
idle_session_timeout	空闲时间间隔	600，单位：秒
data_connection_timeout	连接时间间隔	120，单位：秒

表 21-4 列出了配置文件中的常用选项。此外，该配置文件中还有其他选项，需要用到时请读者查询相关资料自行尝试配置修改。

> **注　　意**
>
> 配置文件中存在很多以“#”开头的部分，这些是文件中的解释部分，在读取配置文件时，会略过这些内容。

对于该服务器配置文件来说，比较常用的内容是是否独立模式、允许的最大连接数、是否允许匿名用户访问等。对这些内容进行配置之后，还需要重启服务，从而使得修改的内容生效，重启服务的命令如下：

```
/etc/init.d/vsftpd restart
```

除了使用 restart 命令之外，还可以使用 start 和 stop 命令来实现 restart 命令的效果。start 和 stop 命令的使用方式如下：

- /etc/init.d/vsftpd stop
- /etc/init.d/vsftpd start

上面的两个命令中，stop 用来停止 FTP 服务，停止服务之后，用户就不能再访问 FTP 服务器，也不能进行任何操作了。只有重新使用 start 命令启动服务之后，FTP 服务器才能正常使用。

21.4 日 志 管 理

平时很多人都有写日记的习惯，用点滴笔墨记录自己的日常生活，从而在以后还能够回忆起快乐的时光。对于计算机操作系统来说，也需要写日志。这些日志记录着操作系统运行的诸多信息，能够方便用户通过日志来查看系统，从而进一步掌握系统的运行状况。本章将介绍 Linux 系统中日志信息以及日志的备份和删除等基本操作。

21.4.1 日志简介

在 Linux 系统中，日志一般记录在日志文件中，所有的日志文件都放在目录/var/log 中。日志记录了操作系统的操作过程、系统运行信息、安全信息以及错误信息等。所有的日志文件都采用标准的日志文件格式，并且大部分的日志记录是由系统日志守护进程 syslogd 根据系统和应用的配置要求生成的。如果系统或应用不需要记录日志，那么在日志系统中将不存在相关的日志。

在 Linux 系统中，所有的内容都被看作是文件，和日志相关的文件如表 21-5 所示。

表 21-5　和日志相关的文件

文 件 名	绝对路径	作　用
Message	/var/log/message	消息日志文件
Secure	/var/log/secure	安全相关的日志信息
maillog	/var/log/maillog	与邮件相关的日志信息
cron	/var/log/cron	与定时任务相关的日志信息
syslog	/var/log/syslog	系统日志文件
boot.log	/var/log/boot.log	守护进程启动和停止相关的日志消息

不同的日志文件中记录了系统不同的日志信息。Messages 记录了系统中应用程序的一些基本操作信息。syslog 日志文件属于系统日志文件，记录了系统的日常基本信息。cron 文件记录了与定时任务相关的信息。日志文件中的内容都是 ASCII 文本信息，可以使用文本操作的相关命令来查看日志信息。日志的基本操作如示例 21-12.sh 所示。

【示例 21-12.sh】

```
#示例 21-12.sh  显示日志文件
#! /bin/bash

cd /var/log
echo 显示所有系统日志文件
ls  | grep syslog
```

为示例 21-12.sh 赋予可执行权限后执行脚本，结果如下：

```
显示所有系统日志文件
syslog
syslog.1
syslog.2.gz
syslog.3.gz
syslog.4.gz
syslog.5.gz
syslog.6.gz
syslog.7.gz
```

从示例 21-12.sh 的执行结果可以看出，在目录/var/log 中存储了所有日志相关的文件，用户可以根据自己的需要，在该目录中查找日志文件。

21.4.2　守护进程 syslogd

Linux 系统中的日志信息大部分都是由守护进程 syslogd 产生的，syslogd 进程记录了系统运行的所有基本信息。当系统内核或相关应用程序产生信息时，syslogd 进程能够根据其配置文件/etc/syslog.conf 中的配置信息，来决定对该信息进行何种处理。守护进程 syslogd 的配置文件/etc/rsyslog.conf 的内容如下：

```
ben@ben-laptop:~$ cat /etc/rsyslog.conf
#  /etc/rsyslog.conf    Configuration file for rsyslog.
#
#           For more information see
#           /usr/share/doc/rsyslog-doc/html/rsyslog_conf.html
#
#  Default logging rules can be found in /etc/rsyslog.d/50-default.conf

#################
#### MODULES ####
#################

$ModLoad imuxsock # provides support for local system logging
$ModLoad imklog   # provides kernel logging support (previously done by rklogd)
#$ModLoad immark  # provides --MARK-- message capability

$KLogPath /proc/kmsg

# provides UDP syslog reception
#$ModLoad imudp
#$UDPServerRun 514

# provides TCP syslog reception
#$ModLoad imtcp
#$InputTCPServerRun 514


###########################
#### GLOBAL DIRECTIVES ####
###########################

#
# Use traditional timestamp format.
# To enable high precision timestamps, comment out the following line.
#
$ActionFileDefaultTemplate RSYSLOG_TraditionalFileFormat

# Filter duplicated messages
$RepeatedMsgReduction on

#
# Set the default permissions for all log files.
#
$FileOwner syslog
$FileGroup adm
$FileCreateMode 0640
$DirCreateMode 0755
$Umask 0022
$PrivDropToUser syslog
$PrivDropToGroup syslog
```

```
#
# Include all config files in /etc/rsyslog.d/
#
$IncludeConfig /etc/rsyslog.d/*.conf
```

配置文件的基本格式如下：

```
[消息类型]      [处理方案]
```

在配置文件中，存在大量提示性信息，这部分信息都是注释性的内容。文件中的主要部分由消息类型和处理方案组成，在消息类型和处理方案之间需要使用 Tab 键进行分隔。消息类型又包括 facility 和 level 两部分，这两部分之间使用点号“.”隔开，可以使用通配符“*”来表示，该部分所有的内容都是用同样的操作方式。facility 表示消息的类型。level 表示消息的重要级别。常用的消息类型如表 21-6 所示。

表 21-6　常用消息类型

消息类型	取　　值	作　　用
kern	0	内核日志信息
user	1	用户日志信息
mail	2	邮件系统日志信息
daemon	3	系统守护进程日志信息
auth	4	安全管理日志信息
syslog	5	syslogd 守护进程日志信息
lpr	6	打印服务日志信息
news	7	新闻组服务日志信息
uucp	8	uucp 系统日志信息
cron	9	守护进程 cron 的日志信息
authpriv	10	私有的安全管理日志信息
ftp	11	ftp 守护进程日志信息
空	12~15	系统保留
local0~local7	16~23	本地使用的日志信息

消息级别表示了消息发生后的重要程度。如果级别很高，那么就必须立即处理，否则就会影响系统的正常运行。消息级别的取值如表 21-7 所示。

表 21-7　常用消息级别

消息级别	取　　值	作　　用
emerg	0	系统级错误，系统出现严重问题
alert	1	警告事件，必须立即采取纠正措施
crit	2	关键性事件
err	3	错误信息
warning	4	警告信息
notice	5	需要特别注意的信息

（续表）

消息级别	取　值	作　用
info	6	普通提示性信息
debug	7	调试信息

在配置文件中，可以使用通配符“*”来表示对所有的类型都采用同样的处理方式，如下所示：

```
news.*    /var/log/warning
*.err       /var/log/err
```

对于上面的两个表达式来说，对类型为消息的日志信息，不论是什么级别的，都要写入文件/var/log/warning 中。而对于任何类型的错误信息来说，都需要写入/var/log/err 文件中。

注　　意
不同的 Linux 系统版本，其守护进程的配置文件名也不相同。对于 Red Hat 来说，其守护进程的文件名为/etc/syslog.conf。

21.4.3　日志的备份操作

在 Linux 系统使用过程中，日志需要经常备份，以保证一段时间内的日志信息不会丢失，从而方便用户后期在查找时能够找到相关操作记录。在 Linux 系统中，备份操作一般使用 tar 命令来对文件进行打包，再将打包的 tar 包转移到其他目录中，从而备份日志信息。

tar 命令的基本格式如下：

```
tar 选项　操作文件
```

tar 命令有丰富的选项，这些选项可以分为主选项和辅助选项，主选项是必须有的选项，辅助选项可以根据实际需要决定是否选用。tar 命令常用的选项如表 21-8 所示。

表 21-8　tar 命令常用选项

选　　项	作　用
-x	拆包命令，从 tar 包中将文件释放出来
-c	打包命令，将文件打包
-t	列出包中的文件
-v	在打包过程中显示文件
-z	是否具有 gzip 属性
-f	使用文件包名
-p	使用原文件的属性

tar 命令在使用时的主选项只能选择一个，而辅助选项可以使用一个，也可以同时使用几个。使用 tar 命令来备份日志文件的方法如示例 21-13.sh 所示。

【示例 21-13.sh】

```
#示例 21-13.sh　使用 tar 备份日志
```

```
#! /bin/bash

echo 进入日志目录
cd /var/log

echo 对日志文件进行打包
tar -cvf * log.tar
ls -l | grep log.tar
echo

echo 移动日志文件到备份目录
sudo mv log.tar /home
sudo rm log.tar
```

为示例 21-13.sh 赋予可执行权限后执行脚本，结果如下：

```
进入日志目录
对日志文件进行打包
-rw-r--r-- 1 root            root 3635200 2021-03-31 22:29 log.tar

移动日志文件到备份目录
-rw-r--r--  1 root root 3635200 2021-03-31 22:29 log.tar
```

从示例 21-13.sh 的执行结果可以看出，在对日志文件进行打包之后，可以将日志文件移动到任何备份目录中，也可以存储到其他存储介质中，从而保存日志文件。

注　　意
tar 命令只负责将文件打包，而不会对文件进行压缩。打包以后，文件的大小等于打包的文件的总和。

在 Linux 系统中，还可以使用其他方式对日志进行备份，有兴趣的读者可以参考其他资料系统学习一下。

21.4.4　日志的定时操作

日志一般使用定时操作，并且需要周期性地操作，因此需要使用 cron 定时任务来设定。在设定定时任务时，一般需要每天都备份当天的日志信息。在一段时间之后，确定日志信息没有使用的可能后，可以删除没有使用价值的、时间较早的日志信息。删除日志信息可以使用 rm 命令，而备份日志一般使用 tar 命令。日志的定时操作如示例 21-14.sh 所示。

【示例 21-14.sh】

```
#示例 21-14.sh  日志的定时操作
#! /bin/bash

echo 在午夜进行日志的备份操作
at -f 21-13.sh midnight
```

为示例 21-14.sh 赋予可执行权限后执行脚本，结果如下：

```
ben@ben-laptop:~$chmod u+x  21-13.sh
ben@ben-laptop:~$./21-13.sh
在午夜进行日志的备份操作
warning: commands will be executed using /bin/sh
job 1 at Wen  Jul 30  00:00:00 2021
```

从示例 21-14.sh 的执行结果可以看出，在午夜会按照示例 21-13.sh 中的要求对日志进行备份操作。这种执行方式只可以执行一次，如果确实需要多次执行，可以对 cron 表格进行编辑，将该任务添加到 cron 表格中，从而实现每天午夜都可以对日志进行备份处理。

21.5 小　结

本章主要介绍了如何使用 Shell 脚本实现一些日常中常用的操作，如基本的系统检测、计划任务的实现、网络管理以及日志管理等。

对于 Linux 系统来说，各种资源都是写入相应文件中的，使用适当的命令就能获取这些系统资源信息。

对于那些需要周期性执行的程序来说，at 和 cron 是不可或缺的选择。at 命令能够指定某个程序、脚本在规定的时间执行，并且只能执行一次。当下次需要执行时，还需要指定。而使用 crom 命令可以周期性地执行任务，而不需要进行人工干预。用户可以根据实际需要选择使用哪种操作方式。

对于 Linux 来说，网络管理是系统运维中不可缺少的重要工作。可以使用特殊命令来实现网络配置、网卡流量检测等基本操作，从而使用户加深对网络模块的了解。

对于任何系统来说，日志系统用来记录系统中每一天的操作。在 Linux 系统中，日志是由守护进程 syslogd 来记录并产生的，所有的日志都记录在目录文件/var/log 中。随着时间的推移，日志信息可能会不断增多，这就需要将日志进行备份处理，对很久以前的日志信息还可以有选择地删除。可以使用 tar 命令实现简单的日志备份，使用 rm 命令可以将日志删除。

Linux 系统管理还包括很多其他工作，使用 Shell 脚本也可实现相应的功能，有兴趣的读者可以查找相关资料，继续进行深层次的研究。

第 22 章

Shell 脚本数据库操作实战

现代社会是一个信息的社会，在日常生活中，每一个人的周围都充斥着大量的数据。简单地说，每个人的手机中都存储着很多朋友的联系方式，这些联系方式包括移动电话、固定电话、地址、邮箱等。这些信息都需要存储在一个“仓库”中，在需要使用的时候能够到“仓库”中获取，这个仓库就是数据库。数据库的操作除了使用图形化的操作环境以外，还可以使用 Shell 脚本。本章将重点介绍在 Shell 脚本中如何操作数据库。

本章的主要内容如下：

- Linux 系统中的基本数据库：SQLite、MySQL 介绍
- SQL 语言基本介绍，以及如何在 Shell 中执行 SQL 语句
- 图书管理系统的实例操作

22.1 Linux 系统中的数据库

无论是 Windows 系统，还是 Linux 系统，都可以使用数据库来存储数据。在 Linux 系统中，在数据量不是很大的情况下，使用数据库时一般会选择 SQLite。对于中小型系统来说，MySQL 已经足够了。对于大型系统来说，一般会将 Oracle 作为首选数据库。本章只介绍常用的 SQLite 数据库和 MySQL 数据库。

22.1.1 SQLite 简介

SQLite 是一款非常轻巧的数据库，占用资源非常小，一般使用少量内存就可以流畅地运行，并且能够在各种主流操作系统（如 Windows、Linux 等）中运行。它还提供了各种编程语言的接口来实现对 SQLite 的操作。

SQLite 支持跨平台操作，其操作非常简单。除了使用命令进行操作之外，也有第三方 SQLite 的 GUI 软件可以操作 SQLite。在 Ubuntu 系统中，默认不存在 SQLite 数据库的操作环境，需要安装。在 Ubuntu 系统中安装 SQLite 可以使用 apt-get 命令，也可以通过 Ubuntu 软件中心进行安装。本小节将介绍如何使用 Ubuntu 软件中心进行安装。

Ubuntu 软件中心是 Ubuntu 系统中提供的一个软件包管理工具，该工具可以非常简单地实现系统中软件的安装、卸载、升级等工作。在【应用程序】中打开【Ubuntu 软件中心】，如图 22-1 所示。

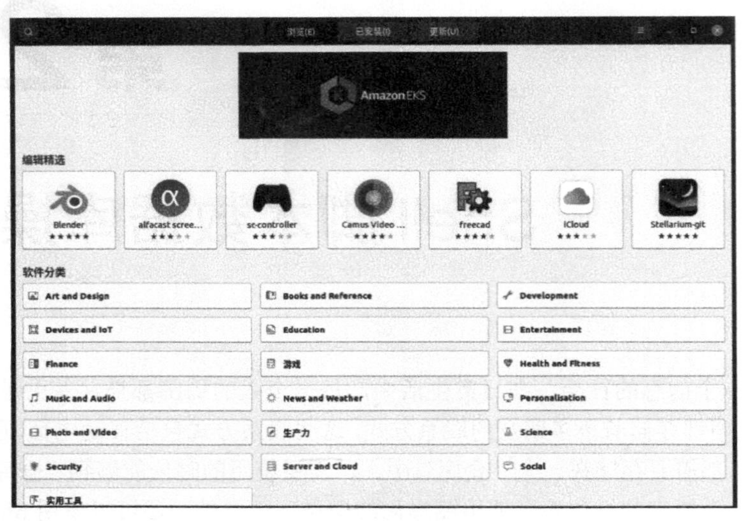

图 22-1 【Ubuntu 软件中心】界面

在打开的【Ubuntu 软件中心】中，选择需要添加的软件，然后单击【安装】按钮，系统就自动安装选中的软件。如果不知道需要安装的软件是否存在，可以单击左上角的搜索按钮，然后在出现的文本框中输入软件名称，再查询，最后在查询出来的结果中选择合适的软件进行安装，如图 22-2 所示。这里我们搜索 sqlite，然后安装相应的第三方软件。

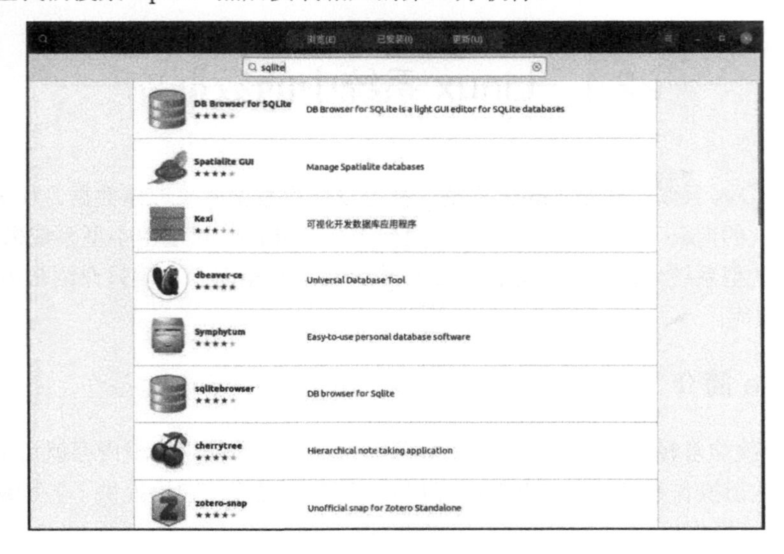

图 22-2 搜索软件

在 Ubuntu 软件中心中可以查询已经安装的软件，选中【已安装】以后，就能显示当前系统中已经安装的软件，如图 22-3 所示。

图 22-3　显示已安装的软件

如果某个已安装软件不再使用，可以卸载它。每个软件右边会显示一个【移除】按钮，单击【移除】按钮，就能将该软件从系统中卸载，如图 22-4 所示。

图 22-4　卸载软件

上面以 SQLite 数据库为例，介绍了如何利用 Ubuntu 软件中心安装软件。使用 Ubuntu 软件中心可以方便地进行软件的安装、卸载等管理工作。

注　意
在 Ubuntu 软件中心展示的软件种类来自于配置文件/etc/apt/sources.list，如果发现需要的文件不存在，可以更新该文件来获取需要的软件。

22.1.2　SQLite 的图形化操作

为了操作方便，SQLite 数据库还提供了图形化的操作环境，利用工具可以进一步简化数据库的操作。在 Linux 系统中，一般使用第三方软件作为 SQLite 的图形化操作环境，上一小节我们已经介绍了如何安装。依次单击【应用程序】|【安装好的第三方 SQLite】就可以打开 SQLite 的图形化操作工具，如图 22-5 所示。

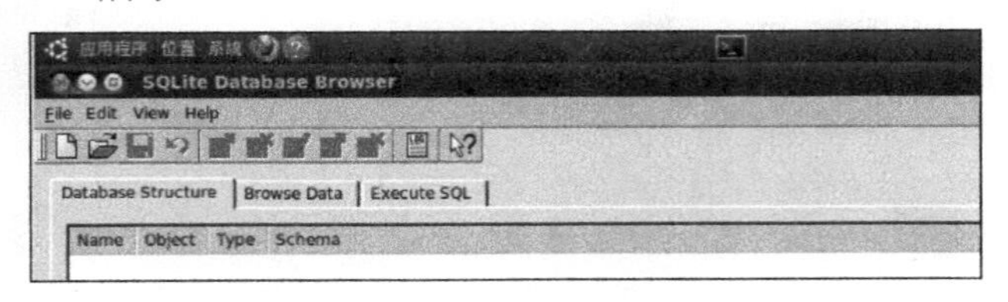

图 22-5　SQLite 图形化操作环境

从图 22-5 中可以看出，在 SQLite 的图形化操作环境中，可以进行各种操作来代替 SQL 语句的操作。在工具栏中，可以非常轻松地实现创建表、删除表、编辑表等各种操作，还可以查看数据表的数据结构、浏览表中的数据以及执行 SQL 语句。下面对常用的操作进行简单介绍。

在对数据库操作之前，需要首先创建数据库。可以选择如下两种方式进行创建：

- 依次打开【文件】|【创建新数据库】。
- 单击工具栏中的【新建数据库】按钮。

创建数据库时需要输入数据库的名称，然后选择文件的存储路径，最后单击【Save】按钮，对文件进行保存，如图 22-6 所示。

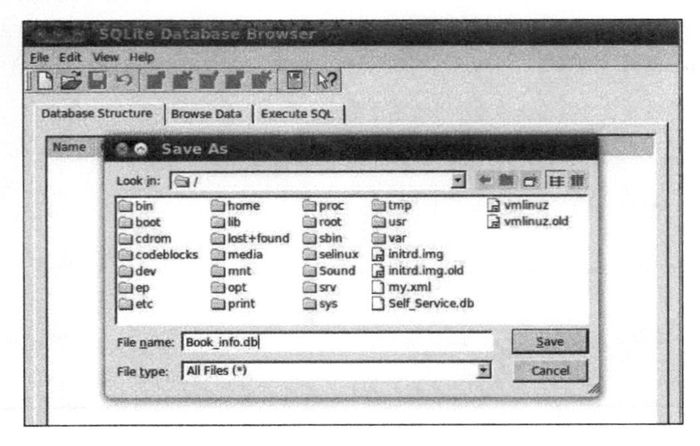

图 22-6　创建数据库

在单击了【Save】按钮之后，就完成了数据库的创建。如果数据库中没有数据表，就会直接跳转到创建表的界面中，如图 22-7 所示。

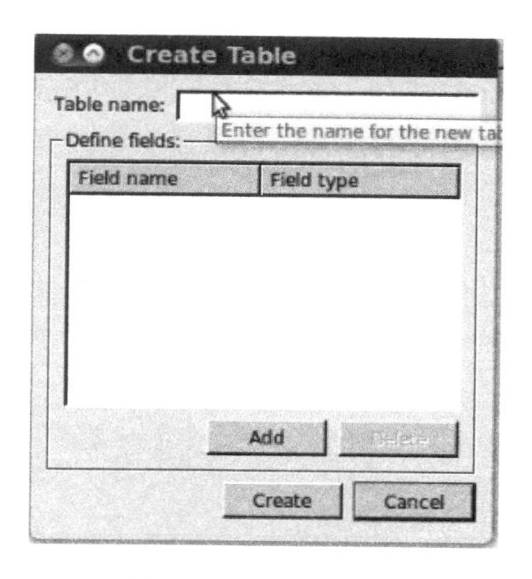

图 22-7 创建数据表

创建表时，需要编辑数据表名和添加数据列。在图 22-7 中鼠标的位置键入需要创建的数据表的名称，然后添加数据表中的各个字段。单击【Add】按钮，就可以实现数据列的添加，如图 22-8 所示。

在添加数据列时，需要同时指定数据列的数据类型，如图 22-8 所示。当完成所有数据列的编辑后，单击【Create】按钮，就完成了数据表的添加。所有的数据列都添加完毕后，单击【Create Table】页面中的【Create】按钮，就可以完成整个数据表的添加。

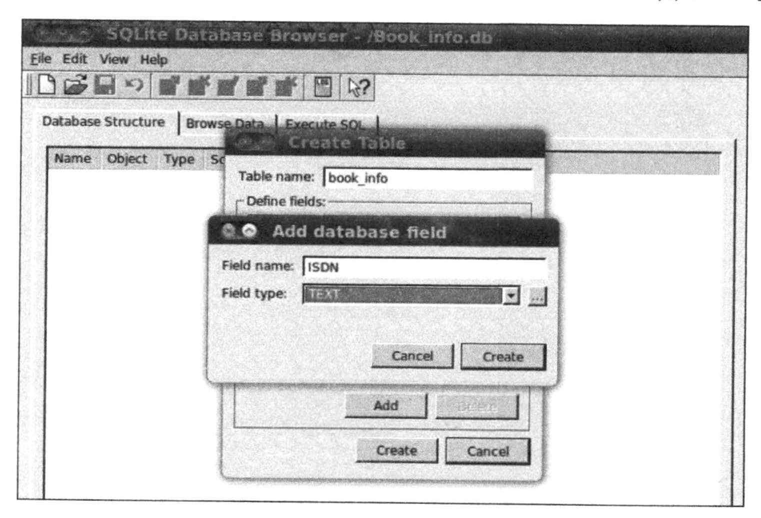

图 22-8 为数据表添加字段

当数据表创建成功之后，就可以向数据表中添加相应的数据了。在【Browse Data】标签页中，通过单击按钮【New Record】就可以增加一行新的纪录，在对应的字段位置添加相应的数据内容，即可完成一条记录的添加。除了可以添加数据之外，还可以删除记录或查看表中存在哪些记录，如图 22-9 所示。

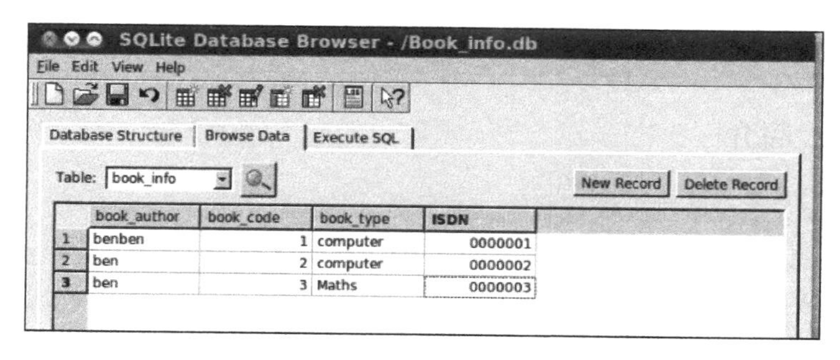

图 22-9 添加数据示意图

在完成数据表结构的编辑之后，即可查看数据表的结构以及数据表中的内容，并且能够执行 SQL 语句。单击【Database Structure】标签页，可以查看数据库中所有的表结构，单击相应的数据表前面的加号，可以显示该数据表的数据结构，如图 22-10 所示。

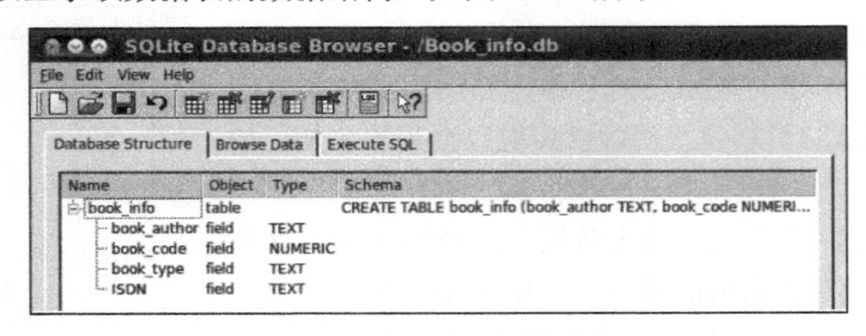

图 22-10 查看数据表结构

在 SQLite 中还可以执行 SQL 语句。单击【Execute SQL】标签页，可以在【SQL string】窗口内添加 SQL 语句，单击【Execute query】按钮后，SQL 语句就被执行。执行的结果将显示在【Data returned】窗口中，如图 22-11 所示。

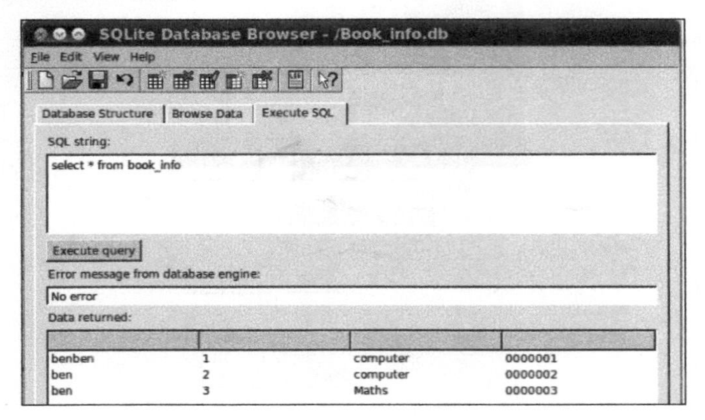

图 22-11 SQL 语句操作

如果执行的 SQL 语句出现错误，那么在中间的输出框中会显示错误的详细信息。用户可以根据错误信息对语句进行修改，从而保证 SQL 语句能够正常执行，得到需要的结果。

注 意
在对 SQLite 进行操作时，建议使用 root 用户操作。否则有可能会由于权限不足而不允许进行操作。

22.1.3 MySQL 简介

MySQL 是一个关系型数据库管理系统，并且是一种关联数据库管理系统。所谓关联数据库就是将不同的数据按照一定的关系保存在不同的表中，而不是将所有数据放在同一个表内，这样就增加了数据操作的速度和灵活性。MySQL 最大的特点是该数据库是开源的，其源代码全部对外开放，可以大大降低开发成本，从而使得一些中小型项目都将 MySQL 作为首选数据库。它可以搭配 PHP、Apache 一起使用，和 Linux 系统一起被称为“LAMP 组合”。

注　　意

LAMP 组合是指在 Linux 操作系统中，使用 Apache 作为 Web 服务器，MySQL 作为数据库，而 PHP 作为服务器端的脚本解释器。

MySQL 全部代码都使用 C/C++编写，并且经过多种编译器的测试，其程序能够在各种平台上顺利运行。MySQL 还支持多种操作系统，如 Linux、Windows、AIX 系统等。对于每一种操作系统都提供了很多 API（应用程序接口），在系统中可以使用多种语言来实现对 MySQL 的各种操作。

在对 MySQL 进行操作时，要保证服务器是启动状态。如果服务器未启动，需要启动服务器。在 Linux 系统中，启动相应的服务器需要使用相应的命令，如启动 MySQL 服务器，就使用命令 MySQL。在启动服务器时，需要确定服务器可执行程序的安装位置，如果在系统中找不到对应的命令和安装程序，则需要首先安装相应的 MySQL 服务器。

在 Ubuntu 系统中，可以使用 apt-get 命令来进行安装，还可以通过安装中心进行安装。使用 apt-get 命令安装 MySQL 服务器的方式如图 22-12 所示。

```
ben@ben-laptop:~$ sudo apt-get install mysql-server mysql-client
正在读取软件包列表... 完成
正在分析软件包的依赖关系树
正在读取状态信息... 完成
将会安装下列额外的软件包:
  libdbd-mysql-perl libdbi-perl libhtml-template-perl libmysqlclient16
  libnet-daemon-perl libplrpc-perl mysql-client-5.1 mysql-client-core-5.1
  mysql-common mysql-server-5.1 mysql-server-core-5.1
建议安装的软件包:
  dbishell libipc-sharedcache-perl tinyca mailx
下列【新】软件包将被安装:
  libdbd-mysql-perl libdbi-perl libhtml-template-perl libnet-daemon-perl
  libplrpc-perl mysql-client mysql-client-5.1 mysql-client-core-5.1
  mysql-server mysql-server-5.1 mysql-server-core-5.1
下列软件包将被升级:
  libmysqlclient16 mysql-common
升级了 2 个软件包，新安装了 11 个软件包，要卸载 0 个软件包，有 311 个软件包未被
升级。
需要下载 23.3MB 的软件包。
解压缩后会消耗掉 50.6MB 的额外空间。
您希望继续执行吗？[Y/n]
```

图 22-12　获取 MySQL 的相关软件包

在获取到相应的安装信息后，需要用户选择是否继续执行，如果输入 n，就会直接退出安装过程。如果确定安装，可选择 y，这样系统会自动安装 MySQL 服务器和客户端，如图 22-13 所示。

```
  libplrpc-perl mysql-client mysql-client-5.1 mysql-client-core-5.1
  mysql-server mysql-server-5.1 mysql-server-core-5.1
下列软件包将被升级:
  libmysqlclient16 mysql-common
升级了 2 个软件包，新安装了 11 个软件包，要卸载 0 个软件包，有 311 个软件包未被
升级。
需要下载 23.3MB 的软件包。
解压缩后会消耗掉 50.6MB 的额外空间。
您希望继续执行吗？[Y/n]y
获取：1 http://cn.archive.ubuntu.com/ubuntu/ lucid-updates/main mysql-common 5.1
.73-0ubuntu0.10.04.1 [72.6kB]
获取：2 http://cn.archive.ubuntu.com/ubuntu/ lucid/main libnet-daemon-perl 0.43-
1 [46.9kB]
获取：3 http://cn.archive.ubuntu.com/ubuntu/ lucid/main libplrpc-perl 0.2020-2 [
36.0kB]
获取：4 http://cn.archive.ubuntu.com/ubuntu/ lucid/main libdbi-perl 1.609-1build
1 [798kB]
获取：5 http://cn.archive.ubuntu.com/ubuntu/ lucid-updates/main libmysqlclient16
 5.1.73-0ubuntu0.10.04.1 [1,902kB]
获取：6 http://cn.archive.ubuntu.com/ubuntu/ lucid/main libdbd-mysql-perl 4.012-
1ubuntu1 [135kB]
获取：7 http://cn.archive.ubuntu.com/ubuntu/ lucid-updates/main mysql-client-cor
e-5.1 5.1.73-0ubuntu0.10.04.1 [155kB]
13% [7 mysql-client-core-5.1 62.9kB/155kB 40%]                 107kB/s 3分 9秒
```

图 22-13　安装 SQL 服务器和客户端

图 22-13 表示正在下载 MySQL 相关软件包，当软件包下载完成之后，会自动进行安装。安装时，需要输入 root 用户的密码，如图 22-14 所示。

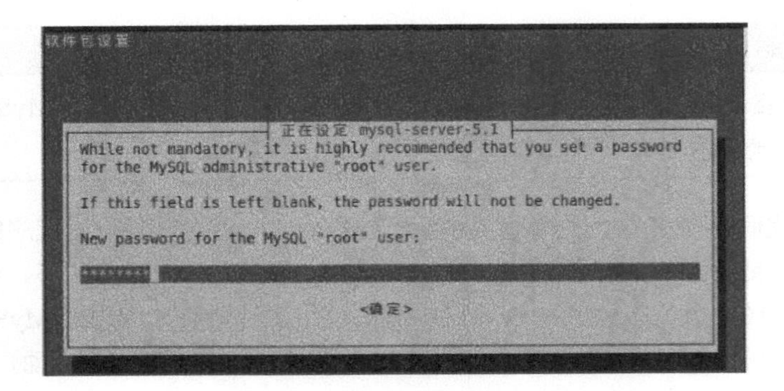

图 22-14　输入 MySQL 管理员密码

在输入 root 用户的密码之后，单击【确定】按钮，然后 MySQL 就会自动被安装到系统中，安装完成后，MySQL 就可以正常使用了，如图 22-15 所示。

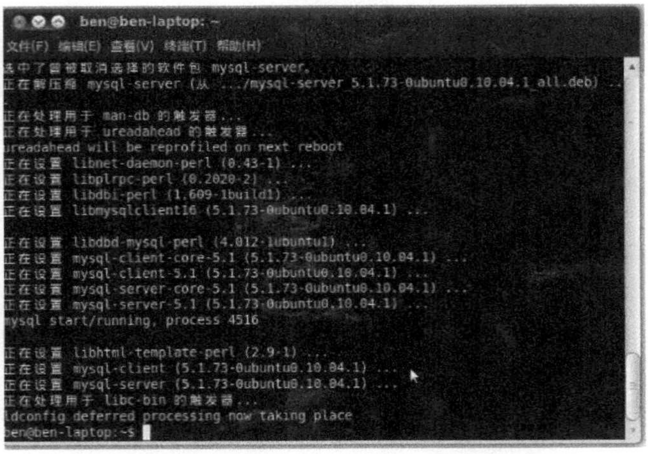

图 22-15　MySQL 软件包配置示意图

MySQL 安装完成之后，就可以使用相关的命令对 MySQL 进行各种操作了，如对数据库的操作以及对数据库中数据的操作。在进行操作时，可以直接使用 MySQL 命令进入 MySQL 命令行交互窗口，如下所示：

```
ben@ben-laptop:~ $mysql -u root -p
Enter password:
Welcome to the MySQL monitor.  Commands end with ; or \g.
Your MySQL connection id is 53
Server version: 5.0.96-log Source distribution

Copyright (c) 2000, 2011, Oracle and/or its affiliates. All rights reserved.

Oracle is a registered trademark of Oracle Corporation and/or its
affiliates. Other names may be trademarks of their respective
owners.
```

```
Type 'help;' or '\h' for help. Type '\c' to clear the current input statement.

mysql> use Book_Info;
Database changed
mysql> select * from book_info;

+----+----------+----------+----+---------+
| ISDN | book_code | book_type | book_author |
+----+----------+----------+----+---------+
| 001 | 1  | computer  | benben |
| 002 | 2  | computer  | ben |
| 003 | 3  | maths  | ben |
+----+----------+----------+----+---------+
2 row in set (0.00 sec)
mysql>
```

通过上面的操作界面，可以实现 MySQL 的大部分操作，用户可以选择在该命令行中进行日常操作。在执行 SQL 语句时，需要在语句的后面添加分号，用来标识语句的结束。

注　意

在安装 MySQL 时，只有 root 用户才能安装。因此，应该使用 root 用户进行安装或者使用 sudo 命令临时授权给普通用户安装，否则会提示权限不足。

22.2　SQL 语句

在操作数据库时，一般可以用 SQL 语句来实现数据库的操作。SQL 语言作为关系数据库的通用语言而得到广泛使用。本节将重点介绍如何使用 SQL 语句来完成对数据库的各种操作。

22.2.1　SQL 语言基本介绍

SQL 语言是一种数据库操作语言，是结构化查询语言（Structured Query Language）的简称，也是一种通用的数据库查询和程序设计语言，广泛应用于关系数据库系统的查询、修改、管理等基本操作。SQL 语言中主要包含以下 3 部分：

- 数据定义（DDL）
- 数据操纵（DML）
- 数据控制（DCL）

这 3 部分涵盖了对数据库、表、表中的数据的各种操作，如创建表、对表中的数据进行增删改查等基本操作。SQL 语句在使用过程中，只需要告诉数据库系统要“做什么”，然后数据库系统就能够自动去执行。

SQL 语言非常简洁，整个 SQL 语言本身只有不到 100 个单词，而经常使用的语句仅有 6 个，经过简单的学习就可以比较熟练地使用。它还提供了数量众多、功能强大的函数，可以利用这些函数来处理一些日常中经常遇到的问题。

22.2.2 基本的 SQL 操作

最基本的数据库的操作一般是增删改查，也就是在数据库中对记录进行增加、删除、修改和检索。对于 MySQL 来说，可以使用标准 SQL 语句来进行这些操作。

1．创建表

在 MySQL 中，可以使用如下语句来创建数据表：

```
create table userinfo(
user_id   int,
name     varchar(20),
address   varchar(40),
serial_number, varchar(16)
)
```

在上面的示例中，使用 create table 来创建数据表 userinfo，在表中添加相应的字段，其基本格式如下：

```
字段名 字段的数据类型
```

数据表可以根据实际需要选择使用多少个字段，但是每个字段必须添加数据类型（也可以称为数据约束），MySQL 中的数据类型如表 22-1 所示。

表 22-1 MySQL 中使用的数据类型

数据类型	作　　用	数据类型	作　　用
int	整型	date	日期类型，格式为 YYYY-MM-DD
char	描述固定长度的字符	time	时间类型，格式为 HH：MM：SS
float	浮点型，即小数类型	timestamp	日期和时间类型
varchar	描述可变长度的字符串	text	长字符串类型
boolean	描述布尔值		

在创建数据表时，还可以使用 primary key 来设定数据表中的某个字段为主键，或者使用 NOT NULL 来设定该字段不能为空。设定为主键的字段不能为空，并且保证每一条记录中该字段的数值不能重复，如果设定该字段为非空，那么该字段不能出现空值，如下列的 SQL 语句所示：

```
create table userinfo(
user_id   int  primary key,
name     varchar(20),
address   varchar(40),
serial_number, varchar(16)  NOT NULL
)
```

在上面的语句中，user_id 字段设定为表 userinfo 的主键，因此在表 userinfo 中，不允许出现重复的 user_id 值。而字段 serial_number 设定为非空值，表示不能出现空的 serial_number 字段值。

2. 增加记录

在 MySQL 中，插入记录一般使用 insert 语句，该语句的一般格式如下：

```
insert into 表名[字段列表] values(数值列表)
```

在上面的格式中，字段列表是可选项，如果不添加字段列表，那么在进行数据插入时，表示为所有的字段赋值。values 后面的数值列表必须和字段列表一一对应，否则在插入的时候会提示数据类型不匹配。字段列表和数值列表都是通过英文逗号“,”来分隔的。如果是字符串类型，还需要使用双引号把字符串括起来，insert 语句的用法如下：

```
insert into userinfo(user_id, name, address, serial_number) values(880009530001, "张三", "北京市", "18600000001");
insert into userinfo values(880009530002, "李四", "北京市", "18600000002");
insert into userinfo(user_id, serial_number) values(880009530001, "18600000003");
```

在上面的 3 条语句中，第 1 条是标准的使用方式，字段列表和数值列表都按照创建数据表时的结构进行添加。第 2 条语句省略了字段列表，而数值列表按照创建数据表时的结构进行添加，并且逐一对应。对于第 3 条语句来说，直接插入 user_id 和 serial_number 这两个字段值，而对于可空字段 name、address，使用默认为空值的操作。

3. 查询记录

在 MySQL 中，使用 select 命令可以检索出表中符合条件的数据，select 命令的基本形式如下：

```
select 字段列表 from 表名 [条件]
```

使用 select 命令时，需要查找哪个字段，就在字段列表中列出该字段。如果有多个字段，可以使用英文逗号将字段进行分隔。如果需要查询数据表中的所有数据，可以直接使用通配符“*”来表示。使用 select 命令时，可以添加条件，也可以不使用条件。不使用条件时，默认查找该表中的所有记录。select 命令的使用方式如下：

```
select * from userinfo;
select * from userinfo where user_id = '880009530002';
select * from userinfo where serial_number = '18600000003';
```

上面的 3 条语句中，第 1 条语句查询 userinfo 表中所有的记录，第 2 条语句和第 3 条语句分别查找 user_id 为 880009530002 和 serial_number 为 18600000003 的记录。如果在数据库中存在相应的记录，就会显示相应的记录信息；如果没有记录，就显示为空。

4. 修改记录

数据库中的记录可以被修改。在 MySQL 中，可以使用 update 命令来修改记录。update 命令的基本使用格式如下：

```
update 表名 set 字段名=新值 [条件]
```

使用 update 命令修改字段时，如果不使用条件，那么数据表中所有记录的当前字段都会被修改为新值，当需要一次修改多个字段时，只需要在 set 命令后使用多个表达式来表示即可，表达式之间需要使用英文逗号分隔，update 命令的使用方式如下：

```
update userinfo set user_id=' 880009530004';
update userinfo set user_id=' 880009530003' where serial_number =
'18600000003';
```

上面的语句中，第 1 条语句执行之后，数据表中所有的 user_id 都会变成 880009530004。而当执行了第 2 条语句之后，serial_number 为 18600000003 的 user_id 就会修改成 880009530003。

5. 删除记录

在 MySQL 中，删除记录可以使用 delete 命令实现。delete 命令的基本使用格式如下：

```
delete from 表名 [条件]
```

在上面的表达式中，delete 命令将删除表中符合条件的数据，如果不添加任何条件，将删除表中所有的数据。因此，在使用 delete 命令的时候，要注意记录是不是真的需要删除，一旦删除以后，记录将很难恢复。delete 语句的用法如下：

```
delete from userinfo where user_id = '880009530001';
select * from userinfo ;
delete from userinfo ;
select * from userinfo ;
```

注　意
在 delete 命令的后面没有星号，只有在 select 命令后面才会出现星号。

上面介绍了在 MySQL 中使用频率最高的几个语句，这些语句同属于 SQL 中的基本内容，在所有支持 SQL 语句的数据库中都可以使用，如在 SQLite、MySQL、Oracle 等数据库中，都可以使用上面的语句来实现数据库的增删改查操作。

22.2.3 在 Shell 脚本中执行 SQL 语句

上面介绍了 SQL 语句的基本知识，掌握这些知识之后，就可以在 Shell 脚本中使用这些语句来实现对数据库的操作了。

在确定安装并启动 MySQL 服务器之后，就可以使用 MySQL 命令来对数据库进行各种操作了。在对数据库操作之前，首先需要连接数据库。在连接数据库时，需要指定使用哪个用户连接哪个数据库，在连接的时候，还需要输入用户的密码来验证用户的有效性和合法性。在登录服务器时，需要指定数据库的有效用户以及对应的密码，可以在启动客户器时同时指定用户名和密码，一般使用 -u 选项指定使用的用户，-p 选项来指定相应的密码。这种使用方式如下：

```
mysql -u root -p binghehj
```

在 Shell 脚本中，可以将需要执行的 SQL 语句放到 MySQL 的命令行中执行。对于 MySQL 来说，如果需要执行语句，可以使用-e 选项来实现语句的添加。当 MySQL 命令执行完之后，相应的 SQL 语句也同时被执行，如示例 22-1.sh 所示。

【示例 22-1.sh】

```
#示例 22-1.sh  MySQL 的基本使用
#! /bin/bash

echo  连接数据库
mysql -u root -p binghehj

echo 执行查询语句
mysql -e "select * from book_info"
```

为示例 22-1.sh 赋予可执行权限后执行脚本，结果如下：

```
ben@ben-laptop:~ $chmod u+x 22-1.sh
ben@ben-laptop:~ $./22-1.sh
连接数据库
执行查询语句
+----+----------+----------+----+---------+
| ISDN | book_code | book_type | book_author |
+----+----------+----------+----+---------+
|  001 | 1  | computer  | benben |
|  002 | 2  | computer  | ben |
 |  003 | 3  | maths  | ben |
+----+----------+----------+----+---------+
2 row in set (0.00 sec)
```

对于复杂的语句来说，如创建表、负责的查询语句等，还可以将所有的语句封装到 EOF 语句块中。EOF 一般和符号“<<”一起使用，它是两个 EOF 组成一个语句块，中间的语句作为子命令或子 Shell 的输入，执行完这些语句之后，再返回到主调 Shell 脚本中。

22.3　实战：图书管理系统中数据库操作

前面介绍了如何在 Shell 脚本中使用 SQL 语句，以及如何使用 SQL 语句来操作数据库中的数据。本节将讲解如何在 Shell 脚本中使用 SQL 语句来操作数据库。下面仅以一条记录为例，演示对数据库以及数据表中数据的各种操作。

22.3.1 数据库操作基本流程

对数据库操作的前提是打开数据库，也就是说事先要连接上数据库。在连接数据库时，需要指定连接哪台主机上的哪个数据库，还需要指定使用哪个用户连接，以及用户的登录密码。连接上数据库之后，如果需要的数据表不存在，还需要创建这些表。表创建完成后，可以根据实际需要添加必要的数据。当数据需要修改时，可以更新表中的需要修改的字段值。当数据不再使用时，还可以将数据进行删除。当数据库不再使用时，需要断开数据库连接。数据库操作的一般流程如图 22-16 所示。

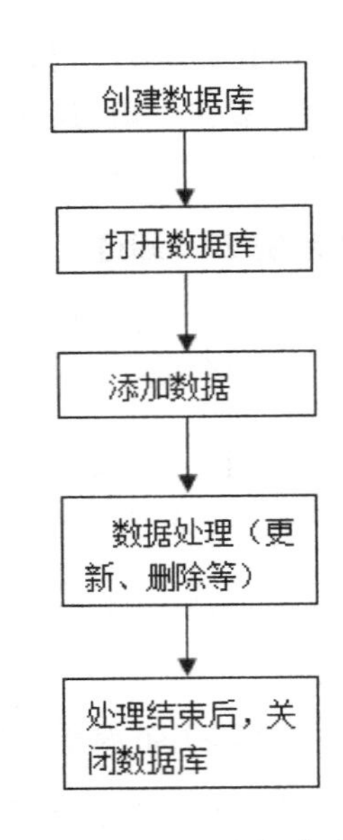

图 22-16 数据库操作流程

22.3.2 创建表

数据库操作的第一步就是保证能够连接上数据库，并把数据库打开。数据库连接的实例已由示例 22-1.sh 展示了，读者可以参照它进行学习。

数据库中可创建各种需要的数据表，这些表用来存储数据。使用 Shell 脚本实现创建表的语句如下所示：

```
create table BookInfo
{
   ISBN varchar(20) NOT NULL,
   Book_Code nvarchar(100) NOT NULL,
   Book_Name nvarchar(100) ,
   Book_Type nvarchar(50) ,
   Publish_Name nvarchar(100) ,
   Author_Name nvarchar(100) ,
   Book_Price decimal(30, 2) ,
   Book_Quantity int ,
   Book_Page int ,
   Book_ Num  int ,
   Book_Desc nvarchar(max) ,
   Buy_Date date ,
    Is_User  Boolean,
   Create_Date datetime
}
```

使用上面的语句就可以创建一个图书信息表 BookInfo，在表中存在描述图书的各种信息，其中，ISBN 代表每一本书的国际标准编码 ISBN，而 Book_Code 表示该书的一个编号，使用这两个编号来唯一地标识一本书。其余的信息都可以为空，如这本书的书名、类型、出版社、作者姓名、价格等。

在 Shell 脚本中调用上述语句，就可以在数据库中创建表 BookInfo，将上面的建表语句赋值给变量 CreateTableSql，其调用方式如示例 22-2.sh 所示。

【示例 22-2.sh】

```
#示例 22-2.sh   建表的基本使用
#! /bin/bash

echo 连接数据库
mysql -u root -p binghehj

echo 创建表
mysql -e "${CreateTableSql}"
```

为示例 22-2.sh 赋予可执行权限后执行脚本，结果如下：

```
ben@ben-laptop:~ $chmod u+x 22-2.sh
ben@ben-laptop:~ $./22-2.sh
连接数据库
创建表
```

从示例 22-2.sh 的执行结果可以看出，连接上数据库之后，就可以进行诸如创建表之类的操作了。使用类似的语句可以创建各种需要的内容，能够连接上数据库是进行各种操作的前提。

22.3.3　增加图书信息

创建数据表之后，就可以向表中插入数据了。在插入数据时，可以使用 SQL 语言中的 insert 语句来完成。脚本中，insert 语句通过 MySQL 命令来实现数据的插入，即使用 MySQL 命令的-e 选项来执行 insert 语句，从而最终完成数据的插入。其用法如示例 22-3.sh 所示。

【示例 22-3.sh】

```
#示例 22-3.sh   插入语句的基本使用
#! /bin/bash

InsertSql="INSERT INTO Book_Info
          (ISDN
          ,Book_Code
          ,Book_Name
          ,Book_Type
          ,Publish_Name
          ,Author_Name
          ,Book_Price
          ,Book_Quantity
          ,Book_Page
          ,Book_Num
         ,Book_Desc
          ,Buy_Date)
    VALUES
          ('001'
          ,N'C++入门经典'
          ,N'教科书'
```

```
            ,N'清华大学出版社'
            ,N'黄静'
            ,121.50
            ,2
            ,758
        ,N'该书适合初学者，入门教程'
            ,'2014-01-22');"
echo 连接数据库
mysql -u root -p binghehj

echo 插入记录
mysql -e "${InsertSql}"
```

为示例 22-3.sh 赋予可执行权限后执行脚本，结果如下：

```
ben@ben-laptop:~ $chmod u+x 22-3.sh
ben@ben-laptop:~ $./22-3.sh
连接数据库
插入记录
```

从示例 22-3.sh 可以在表中插入一条语句，可以使用多条 insert 语句完成多条记录的插入，从而将数据添加到数据库中。

22.3.4 修改图书信息

如果图书的信息发生变化，如该图书的借阅者发生变化、库存量发生变化、图书已经损坏等，此时就需要对图书的信息进行修改，从而维护最新的图书信息。可以使用 update 语句来实现图书信息的修改，如示例 22-4.sh 所示。

【示例 22-4.sh】

```
#示例 22-4.sh  插入语句的基本使用
#! /bin/bash

UpdateSql="update Book_Info set Book_Num=10 where ISDN=001"
echo 连接数据库
mysql -u root -p binghehj

echo 插入记录
mysql -e "${ UpdateSql }"
```

为示例 22-4.sh 赋予可执行权限后执行脚本，结果如下：

```
ben@ben-laptop:~ $chmod u+x 22-4.sh
ben@ben-laptop:~ $./22-4.sh
连接数据库
插入记录
```

通过示例 22-4.sh 可以更改数据库中 ISDN 为 001 的图书的库存数量，当更新完毕后，再次查询数据库，得到的该书库存数量就变成了 10，而不再是以前的数据了。

22.3.5　删除图书信息

如果某本书不再使用，那么为了节省存储空间，就可以将该书的相关信息从数据库中删除。将数据从数据库中删除之后，再进行查询时，就找不到相关的信息了，如示例 22-5.sh 所示。

【示例 22-5.sh】

```
#示例 22-5.sh　删除语句的基本使用
#! /bin/bash

DeleteSql="delete Book_Info  where ISDN=001"
echo 连接数据库
mysql -u root -p binghehj

echo 删除记录
mysql -e "${ DeleteSql }"
```

为示例 22-5.sh 赋予可执行权限后执行脚本，结果如下：

```
ben@ben-laptop:~ $chmod u+x 22-5.sh
ben@ben-laptop:~ $./22-5.sh
连接数据库
删除记录
```

通过示例 22-5.sh，可以将数据库中 ISDN 为 001 的所有记录全部移除。再次查询数据库时，该类型的记录将不再存在。

注　意
在对数据库中的数据进行更新、删除等操作时，需要仔细核实是否需要删除这些记录，如果对数据进行了错误的处理，一般情况下是很难复原的。

22.4　小　结

本章主要介绍了数据库操作的基本知识，以及如何在 Shell 脚本中使用 SQL 语句对数据库进行操作。在 Shell 脚本中，使用 SQL 语句可以非常方便地对 SQLite 和 MySQL 进行数据操作。

数据库作为数据存储的方式之一，现在已经广泛用来开发各种应用程序。使用结构化查询语言 SQL，可以实现对多种关系型数据库的操作。SQLite 作为一种“短小精悍”的数据库，广泛用于嵌入式系统中。而 MySQL 因为其源代码的开放特性，降低了应用开发的软件成本，进而增加了使用范围。

SQL 语句作为一种结构化查询语言，广泛应用于大部分的关系型数据库，本章介绍了使用简单的 SQL 语句实现数据的增删改查等基本操作。我们还可以将这些语句嵌入到 Shell 脚本中，从而完成数据库的自动化操作。

第 23 章

两个 Shell 脚本编程实战

本章将介绍如何使用前面讲解的 Sell 脚本编程知识来创建日志文件和远程复制文件。在每个脚本中，我们还将介绍一些常用的命令来充实读者的运维知识库。

本章的主要内容如下：

- date 命令和 cut 命令
- scp 命令和 fput 命令
- 创建日志文件
- 远程复制文件

23.1 创建日志文件

在 Linux 日常的系统管理中，经常需要创建日志文件，如对于大型的系统来说，每天一个日志文件是不可缺少的。这些日志文件能够记录系统操作的细节，帮助我们时刻掌握系统的运行情况。而按照日期每天创建一个对应的日志文件，也可以帮助我们更好地去检索和管理日志，而不至于眉毛胡子一把抓。

23.1.1 功能分析

前面我们多次使用了 date 命令和 cut 命令，这两个命令对于日志记录来说比较常用。它们可以用来创建日志文件，下面详细讲解一下这两个命令的用法。

1. date 命令

date 命令一般是用来获取当前的时间，默认的展示格式如下所示：

```
ben@ben-laptop:~ $ date
2021 年 01 月 29 日 星期五 10:17:34 CST
```

上面的示例可以看到，使用 date 之后获得的日期记录包含年月日时分秒这些信息。通过选项控制还可以获得确切的信息，常用的选项如表 23-1 所示。

表 23-1 date 命令使用的选项

选　项	作　用
%Y	表示年
%m	表示月
%d	表示日
%H	表示小时
%M	表示分钟
%S	表示秒

对于日志文件的创建，一般精确到年月日即可。时分秒一般用于日志文件的记录中。获取时间可以使用 date 命令，并且使用表 23-1 中的选项来获取需要的字段。

2. cut 命令

date 命令可以精确到纳秒，如果到纳秒这个级别，则时间字符串就会变得非常长，如下所示：

```
ben@ben-laptop:~ $ date +%N
426458449
ben@ben-laptop:~ $ date
2021 年 01 月 29 日 星期五 10:47:12 CST
ben@ben-laptop:~ $
```

此时需要使用 cut 命令来截取获取的时间字符串，可以根据需要截取。cut 命令一般用来对字符串进行选取操作，也可以理解为将字符串按照一定的规则进行切割。默认的分隔符为 Tab 键，也可以使用选项自行指定分隔符。常用的选项如表 23-2 所示。

表 23-2 cut 命令常用选项

选　项	作　用
-f	与-d 一起使用，指定显示哪个区域
-d	自定义分隔符，默认为制表符
--complement :	此选项用于排除所指定的字段
--output-delimiter :	更改输出内容的分隔符
-c	以字符为单位进行分割
-n	取消分割多字节字符

cut 命令的简单用法如下所示：

```
ben@ben-laptop:~ $cut -d ':' -f 1 /etc/passwd
root
bin
daemon
```

```
adm
lp
sync
shutdown
```

上面代码使用分隔符冒号“:”来打印/etc/passwd 文件中每一行的第一个字段。此外，还可以提取部分字段，如我们提取文件/etc/passwd 文件提取第 1 个和第 6 个字段，可以使用下列的方式：

```
ben@ben-laptop:~ $ cut -d ':' -f 1,6 /etc/passwd
root:/root
bin:/bin
daemon:/sbin
```

23.1.2 创建脚本

日志文件一般是按照年月日来命名，而时分秒则用来记录日志的时间。因此，在每次创建日志文件之前，首先需要判断一下该日志文件是否存在，如果不存在该日志文件，才能重新创建。因此需要使用 if 条件语句，判断文件是否存在，如下所示：

```
if [ -e $fileName ] then
else
touch $fileName
fi
```

创建日志文件的完整脚本如示例 23-1.sh 所示。

【示例 23-1.sh】

```
#示例 23-1.sh  创建日志文件
ben@ben-laptop:~ $cat 23-1.sh
#!/bin/bash
#按照时间生成日志文件或日志目录
#定义 datetime 变量
datetime=`date +%Y%m%d_%H%M%S_%N |cut -b1-20`
date=$(date +%Y%m%d)
#echo 输出年月日
#echo $date
echo 使用 touch 命令创建文件
#touch log_${datetime}.log
#创建目录 使用 mkdir 命令
#首先判断目录是否存在，如果不存在则创建，存在则不再创建
if [ ! -d "./log_${date}" ]
then
#echo "目录不存在,可以进行创建"
mkdir log_$date
fi
echo 在创建的目录下面创建日志文件
touch ./log_${date}/${date}.log
```

为示例 23-1.sh 赋予可执行权限后执行脚本，结果如下：

```
ben@ben-laptop:~ $chmod u+ 23-1.sh
ben@ben-laptop:~ $./23-1.sh
输出年月日
20210129
使用 touch 命令创建文件
在创建的目录下面创建日志文件
```

命令执行后，目录下面的文件如下所示：

```
ben@ben-laptop:~ $ ls *log*
log_20210129_164454_0925.log  log_20210129_164547_8617.log
log_20210129_164719_6529.log

log_20210129:
20210129.log
ben@ben-laptop:~ $
```

从上面的结果可以看出，我们创建了以日期为名称的目录文件，并且在目录中创建了一个日志文件。和目录文件平级的目录中，我们创建了几个日志文件，这样就可以将对应的日志记录到相应的文件中，从而方便进行日志查询和其他操作。

23.2　远程复制文件

对于大型应用系统来说，一般会采用主机集群的方式提供服务，因此主机之间的文件同步、共享也成为日常运维不可缺少的一部分。本节将介绍如何使用 scp 命令来实现主机之间的复制操作，从而实现在任何一台主机上都能够访问其他主机的文件。

23.2.1　功能分析

1. scp 命令使用

scp（secure copy）命令一般用于 Linux 系统之间复制文件和目录，是基于 ssh 登录实现远程文件拷贝的安全命令。在使用 scp 命令时，需要知道远程主机的用户名和密码，否则无法进行操作。

说　明
在 Linux 系统中，还可以使用 rcp 命令来复制远程文件。但是 rcp 命令不加密，而 scp 是加密的。

scp 命令的一般格式如下：

```
scp [可选参数] file_source file_target
```

常用的命令格式如下：

```
scp local_file remote_username@remote_ip:remote_folder
scp local_file remote_username@remote_ip:remote_file
scp local_file remote_ip:remote_folder
scp local_file remote_ip:remote_file
```

在上面的格式中，第 1、2 条指定了用户名，命令执行后需要再输入密码，第 1 条仅指定了远程的目录，文件名字不变，第 2 条指定了文件名。

第 3、4 条没有指定用户名，命令执行后需要输入用户名和密码。第 3 条仅指定了远程的目录，文件名字不变，第 4 条指定了文件名。

scp 命令常用的参数如表 23-3 所示。

表 23-3 scp 命令的常用选项

选　项	命令解释
-1	强制 scp 命令使用协议 ssh1
-2	强制 scp 命令使用协议 ssh2
-4	强制 scp 命令只使用 IPv4 寻址
-6	强制 scp 命令只使用 IPv6 寻址
-C	允许压缩
-p	保留原文件的修改时间、访问时间和访问权限
-q	不显示传输进度条
-r	递归复制整个目录
-v	详细方式显示输出，这些信息用于调试连接、验证和配置问题
-F ssh_config	指定一个替代的 ssh 配置文件，此参数直接传递给 ssh
-l limit	限定用户所能使用的带宽，以 Kbit/s 为单位
-P port：（P 为大写）	指定数据传输用到的端口号

2．fput 命令使用

FTP（File Transfer Protocol，FTP）是 TCP/IP 网络上两台计算机传送文件的协议。FTP 是 TCP/IP 网络和 Internet 上最早使用的协议之一，它属于网络协议的应用层。在 Linux 系统中，ftp 命令也是最常用的命令之一。该命令实现了用命令的方式在本地机和远程机之间传送文件。FTP 客户机可以给 FTP 服务器发出命令来下载文件、上载文件、创建或改变服务器上的目录。下面分别介绍常用的几个 FTP 命令。

（1）连接 FTP 服务器

基本格式如下：

```
ftp [hostname| ip-address]
```

在使用 ftp 命令时，服务器一般会要求输入用户名和相应的密码，认证通过后，方可进行后面的操作。

（2）下载文件

下载文件通常用 get 和 mget 这两条命令。最常用的是 get 命令，其基本格式如下：

```
get [remote-file] [local-file]
```

该命令实现了将远端主机中地文件传送至本地主机中。如果需要下载远程主机目录/usr/your 下的 1.txt 文件到本地目录，并且改名为 2.txt，则用法如下：

```
get  /usr/your/1.txt 2.txt
```

（3）.上传文件

上传文件一般使用 put 命令来实现，格式如下：

```
put local-file [remote-file]
```

该命令实现了将本地一个文件传送至远端主机的功能。

如果要把本地的 1.txt 传送到远端主机的/usr/your 目录，并改名为 2.txt，方式如下：

```
put 1.txt/usr/your/2.txt
```

（4）断开连接

断开 FTP 服务器的连接，一般使用 bye 命令来实现。断开连接后，如果想要再次上传或者下载文件，需要重新执行 ftp 命令连接 FTP 服务器。

23.2.2　创建脚本

通过上面 FTP 传送文件的过程分析，一个完整的远程复制文件的脚本实现如示例 23-2.sh 所示。

【示例 23-2.sh】

```
#示例 23-2.sh  远程复制文件
ben@ben-laptop:~ $cat 23-2.sh
#! /bin/bash
echo '复制远程文件到本地 '
echo '***********开始*************'
scp ftpuser@127.0.0.1:/home/ben/scp* /tmp/scp/
echo '***********复制远程文件的到本地结束*************'

USER=ben
IP=192.168.1.120
PASSWORD=ben
echo "上传文件到 FTP 服务器"
sftp ${USER}@${IP}<<EOF
lcd /ben/scp
cd /tmp/scp/
mput *.res
bye
EOF
```

```
echo "上传文件到 FTP 服务器"

echo "再次登录 FTP 服务器检查上传的文件个数"
sftp ${USER}@${IP} <<EOF
lcd /ben/scp/chk
cd /tmp/scp/
get *.res
bye
EOF
fileNum=`ls -l /cbss/drecv/user/haojun/*.res|wc -l`
echo "文件个数为 $fileNum 个，请检查"
```

为示例 scpFtp.sh 赋予可执行权限后执行脚本，结果如下：

```
ben@ben-laptop:~ $chmod u+ 23-2.sh
ben@ben-laptop:~ $./23-2.sh
复制远程文件到本地
复制远程文件的到本地结束
上传文件到 FTP 服务器
上传文件到 FTP 服务器
再次登录 FTP 服务器检查上传的文件个数
文件个数为 5 个，请检查
```

在上面的脚本中，我们展示了如何使用 scp 命令从远程主机复制文件到本地，并且将本地文件上传到 FTP 服务器上，然后对上传的结果进行稽核。这个脚本的内容非常简单，在具体使用过程中，读者根据自己的实际情况，对其功能进行完善和修改。

23.3 小　结

本章首先介绍了如何使用 date 命令和 cut 命令来创建以日期为名称的日志文件，从而方便我们对问题进行定位。然后介绍了如何使用 scp 来远程复制文件，从而将我们的操作范围从一台主机扩展到了整个网络。最后介绍了如何使用 FTP 服务器来保存数据，从而实现了远程文件备份，并避免了本地数据丢失后无法找到文件的烦恼。

到此，我们的 Shell 编程就讲解完毕了。本书的目的是教会读者如何使用 Shell 命令来编写脚本，从而提高运维的工作效率。希望读者能够从中吸取到自己需要的营养，为进一步提高 Linux 系统运维水平打下基础。也希望读者不要停止学习的步伐，因为在 Linux 开源的世界中，几乎每天都会出现新的知识。只有不断地学习，才能紧随 Linux 技术的发展。